图灵数学 · 统计学丛书

普林斯顿
数学分析读本

[美] 拉菲·格林贝格◎著　李馨◎译

The Real Analysis Lifesaver
All the Tools You Need to Understand Proofs

人民邮电出版社
北京

图书在版编目（CIP）数据

普林斯顿数学分析读本 / （美）拉菲·格林贝格
(Raffi Grinberg) 著；李馨译. -- 北京：人民邮电出
版社，2020.8
（图灵数学·统计学丛书）
ISBN 978-7-115-54384-4

I. ①普… II. ①拉… ②李… III. ①数学分析
IV. ①O17

中国版本图书馆CIP数据核字 (2020) 第1177677号

内 容 提 要

　　本书讲解了实分析的基础内容，包括基本的数学与逻辑、实数、集合、拓扑、序列等. 作者以通俗易懂且略带幽默的口吻讲述了两步式求解方法：首先展示如何回溯到求解问题的关键，之后说明如何严谨规范地写下解题过程. 书中给出了丰富的示例，帮助学生巩固所学知识.

　　本书适用于大学数学系学生、想学习数学分析的数学爱好者以及广大数学教师，既可以作为教材、习题集，也可以作为学习指南，同时还有利于教师备课.

◆ 著　　　　[美] 拉菲·格林贝格
　　译　　　　李　馨
　　责任编辑　傅志红
　　责任印制　周昇亮

◆ 人民邮电出版社出版发行　　北京市丰台区成寿寺路 11 号
　　邮编 100164　电子邮件 315@ptpress.com.cn
　　网址 https://www.ptpress.com.cn
　　北京天宇星印刷厂印刷

◆ 开本：700×1000　1/16
　　印张：13.5　　　　　　　　　　2020 年 8 月第 1 版
　　字数：230 千字　　　　　　　2024 年 8 月北京第 24 次印刷
　　著作权合同登记号　图字：01-2017-2042 号

定价：69.00 元
读者服务热线：(010)84084456-6009 印装质量热线：(010)81055316
反盗版热线：(010)81055315
广告经营许可证：京东市监广登字 20170147 号

海阔凭鱼跃 天高任鸟飞

写这篇短文，是想向读者推荐一本值得认真阅读或者在教学中参阅（如果读者是一位高校数学教师的话）的好书，书的原名是 *The Real Analysis Lifesaver: All the Tools You Need to Understand Proofs*，一个比较冗长的中文翻译是《实分析的救生员：理解实分析中的证明所需的工具尽在于此》。**救生员**是什么意思？救谁？怎么救？我们就从这里开始这篇介绍。

首先说救什么人？回答是**既救学生，又救老师**。不过，对象不同施救的方法也就不同，**救生员**究竟是什么人自然也就不同了。这一切都是历史形成的。从我国现状看，一个大学生，不管是哪个专业，多数要学一点微积分。这门课程也叫作微积分或高等数学。这门课通常以直观感觉为基础、以某种应用（近年来可以不讲数学的应用，而讲"通识教育"）为目的，教学的重点则可能是计算的技巧；也会讲到某种严格性，可是似乎谁也不清楚什么叫严格性。

实分析是学生遇到的第一门讲究严格性的数学课程。所谓**严格性**就是必须时时处处按照逻辑规则来思考、来计算、来表述。对于大多数学生，这是他从未经历过的事。所以，这本书给读者的第一个建议是**慢慢来：慢慢读，慢慢写，并仔细思考**。本书作者说，你是一个非常聪明的学生。实际上，作者的经验说明：他的学生时常觉得自己很不错，能够考上这样一所好大学，心里一直有些自得；他不知道自己面前有哪些困难，有些东西（例如 ϵ-δ）曾听高班的学兄、学姐说过，所以容易掉以轻心，不大在乎。实际上，这会是他遇到的第一只拦路虎：到底是先有 ϵ 还是先有 δ，$\exists \epsilon$ 和 $\forall \delta$ 是不是一回事，应该用哪一个，甚至应该用 $\exists \forall \delta \epsilon$（这当然是错误的）也未可知。有些学生还可能有另外的知识来源，例如从某些学术讲座里听到过刘徽的名言："割之弥细，所失弥少，割之又割以至于不可割，则与圆合体而无所失矣。"他们会以为这就是极限理论。这些学生大多是好学生，甚至被说成是"学霸"。（我很厌恶这个称呼，无非多考了几分，有什么可霸的呢？何况他们多数很好学求上进。）

问题在于按这本推荐的书（以后就简称为"本书"），刘徽的说法是很含糊的。刘徽讲的"以至于不可割"，这个"不可割"究竟是什么？他说"与圆合体而无所失矣"，合体显然是指重合、一模一样、没有区别，但是"无所失矣"又是什么意思？让学过微积分的人理解，这个"不可割"应该说就是一个无穷小。但是我们都知道一句著名的话:"一尺之棰,日取其半,万世不竭."所以无穷小也应该可以分割,这显然与"不可割"矛盾. 如果说这个"不可割"就是零,那么请注意了,刘徽这里是在讲圆的分割,把一个圆平分一次得到两个扇形(也就是半圆),再分下去,分割 n 次(n 是正整数)就会得到 2^n 个扇形,每个扇形的圆心角是 $\pi/2^{n-1}$,想要圆心角是零,就得分无穷多次. 请注意了,在中国古代数学中,从没有见到过无穷大、无穷小之类的名词,也没有无穷这个概念. 所以,不管怎么说都是说不清楚的. 当然,刘徽是公元 3 世纪的人,希望他能够达到将近两千年后的今天的水平是不应该的. 但是本书的目的,是让今天的大学生,能够按今天的认识水平来理解这些问题,以今天的方式和语言来表述这些问题,特别是,还能最后参与到推进现代数学的事业中去,其困难可想而知.

　　下面我们举一个例子来看本书是怎样帮助学生们能够达到上述要求的. 这个例子是本书留给读者的一个习题,希望读者自己证明关于并集和交集的性质的定理(即定理 3.12). 下面这一段抄录于本书第 20 页.

定理 3.12 中性质 3 的证明

　　假设 $A \subset B$. 我们想要证明 $A \subset (A \cap B)$ 和_____. 第一个结果显然成立: 由于 $A \subset B$,如果 $x \in A$,那么_____,因此,如果 $x \in A$,那么 $x \in A$ 且 $x \in B$. 第二个结果可以利用_____ 得到.

　　反过来,假设_____. 利用第一条性质,$B \supset$_____,于是有 $A =$_____ $\subset B$.

　　这是一个填空题,要求学生做到: 只利用原书讲过的概念和符号,在符合原书所有的规定下把这些空白填满,证明集合论中的一个定理.

　　这样说来,原来书名中的**救生员**(lifesaver)宁可解释成一个游泳教练,他的任务是带出一批优秀的运动员,到各种比赛中去大显身手. 于是,他就把(例如)自由泳的动作分成用脚踏水、用手划水、侧身换气等各个部分,分别列出其要领和标准,让学生们一个一个认真去做,不准偷懒,不准马虎. 只有学生们能熟练准确地做到这一切,才有可能成为优秀的游泳运动员. 人们时常谈论游泳的天赋,只有达到这个地步,天赋才可能表现出来,并且得到进一步的培养. 而要达到这个地步,必须假以时日.

　　这虽然是在讲游泳,学好实分析这门课程也必须这样做. 正因为如此,本书强调慢慢来:**慢慢读,慢慢写,并仔细思考**. 这也是本书对于基础课教学的主张. 近年来似乎有一种论调,认为基本功不再重要了,把强调基础与强调创新对立起来. 本书中译本书名强调了这是普林斯顿的教材,普林斯顿大学是一所世界一流的大学，凡是在这里念过书的人都知道，它是非常重视教学的. 知名的《范氏大代数》的作者"范"（Henry B. Fine）对建立普林斯顿大学数学系做出了重要的贡献. 在他的参与努力下，普林斯顿大学发展了高质量教学的传统，成为世界著名的数学学术中心. 所以，我认为"慢慢来：慢慢读，慢慢写，并仔细思考"正是体现了这个优秀传统，值得我们认真吸收. 这里的填充题式的教学方法，不只是一种技术，也值得我们学习借鉴.

上面是从学生角度来看问题，现在转到教师角度来看一下本书又能给我们什么启发. 这里需要从数学在我国的发展历史谈起. 上面说了刘徽的局限性，那么，中国从什么时候开始才有了本书这样的分析数学呢？我不敢乱猜，但是如果说在五四运动以后，才在当时少数高水平的高等学校里开始认真地教数学系学生学 ϵ-δ，大概差不多. 我是解放前几个月才到武汉大学数学系念书的，到 1950 年"学习苏联"时，采用斯米尔诺夫的《高等数学教程》为教材（这是一套很好的教材），其中的数学分析部分是达到这个水平的，但是有许多数学教师感到比较难以接受. 原因在于，他们习惯了当时非数学专业的初等微积分或高等数学水平的教学，让他们一下子转到以 ϵ-δ 为标志的实分析，当然不是一件容易的事.

再往下看，如果从教学的角度来看这本书，就会发现本书是相当困难的. 如果说对于学生，我们还只需要他们做到"慢慢来：慢慢读，慢慢写，并仔细思考"，那么对于教师，则有两个方面的要求：一是从教学内容来看，二是从教学方法来看. 从教学内容来看，除了要求他们掌握 ϵ-δ 语言之外，还需要他们掌握许多复杂的技巧；从教学方法来看，也有一些教师们以前没有遇到过的新问题.

本书以下的内容都是这种情况. 我们不妨以第 11、12 章为例说明这一点，这两章是以紧集为中心议题的. 第 11 章从紧集的定义开始，先给出集合的覆盖的概念，然后定义紧集就是其每一个开覆盖均有有限子覆盖的集合，接着指出有界闭集合必定是紧集，而开集一定不是紧集. 这样，在讨论了紧集与闭集、开集的关系，紧集与有界性的关系等问题以后，得出了紧集就是有界闭集. 这个基本结果称为海涅-博雷尔定理，而且由它可以得出我们通常说的波尔查诺-魏尔斯特拉斯定理（即关于极限点存在的基本定理）.

紧集必有区间套性质，这就是本书的定理 12.1. 值得注意的是，我们可以在高维的 $\mathbb{R}^k$ 空间中来证明它. 一维闭区间 $[a,b]$ 在 $\mathbb{R}^k$ 中的类似物本书称为格子，其实就是闭的 k 维长方体. 重要的是它也是一个紧集，因此前面所讲的关于紧集的一切结果都是成立的. 这件事虽然直观地看来很简单，真要严格地给以证明却非易事. 许多教材上都是直接宣布它们成立就完事了. 所以我们这里也不来证明，而是一言以蔽之，说"紧集的乘积仍是紧集". 倒是有一件事我们想提一下，就是

问如果 $k \to \infty$，极限情况应该如何？但是什么是极限情况应该说明．粗略地说，我们会有著名的吉洪诺夫定理，指出紧集的无穷维乘积仍是紧集．这个结果在数学中意义重大，限于篇幅我们不能多说了．

在整个 19 世纪末，有许多数学家参与实分析基础的研究，得到了许多重要的结果，彼此甚至形式也很相近，许多我们现在主要依靠的结果都出现于这个时期．例如魏尔斯特拉斯定理、波尔查诺-魏尔斯特拉斯定理等，皆是如此．这样，当我们阅读不同文献时会看到不同的讲法，"知识产权"的归属更加混乱．

我们当然希望有一个更加系统清晰的陈述方式．为此我们首先来介绍如何把一个数学定义改写成定理的形式．为了方便理解，我们来举一个例子．正三角形就是三个角相等的三角形，或者是三边长度相等的三角形．我们用 $\mathbf{P}_a$（下标 a 表示角）表示命题

$$\mathbf{P}_a：三角形的三个角相等，$$

用 $\mathbf{P}_s$（下标 s 表示边）表示命题

$$\mathbf{P}_s：三角形的三条边长度相同，$$

于是正三角形的定义可以写成命题

$$\mathbf{P}_a \Longleftrightarrow \mathbf{P}_s.$$

我们最多还可以再加一句话："这个三角形就称为正三角形"，不过这句话并不是上述数学命题的一部分．

这样一来，海涅-博雷尔定理就可以写成书中的形式．

定理 12.6 (海涅-博雷尔定理) $\mathbb{R}^k$ 的子集 E 是紧集当且仅当它既是闭集又是有界集．

请读者注意，定理的陈述中有当且仅当的字样，它就是 $\Longleftrightarrow$，也就是命题的等价关系．根据紧集的定义，这个命题可以重述如下．

定理 12.6' (海涅-博雷尔定理) $\mathbb{R}^k$ 的子集 E 具有有限覆盖当且仅当它既是闭集又是有界集．

海涅-博雷尔定理是实分析的中心结果之一，特别是关于紧集理论的中心结果．在这个意义下，本书作者觉得他所需的工具尽在于此了．就这一点而言，他已经完成他的工作了，不需要再往下写，这本书作为这门学科的**救生员**起到了一种指导的作用．

写到这里，读者可以体会到本书并不是一本容易读的书．我们见到的实分析的书写得如此深入的并不多见，但是我们还面临着教学方法上的困难．从本书的引言可以看到，本书只供实分析一个学期之所需．一学期大概就是十几个星期，就算一星期上 6 学时的课也就八九十个学时，又是这么深的内容，老师该怎么教呢？

就此我们转而讨论教学方法的问题. 经过这些年的改革和开放的过程, 我们多少知道了在普林斯顿大学这样的第一流学府中是怎样教书的. 一个好的数学教师首先必须是一个好的数学家, 这样, 他才能够深知他所教的东西的实质. 进一步, 他又能以清楚明晰的语言表述出许多难以理解的内容. 由此, 他才能做到深入浅出, 特别是把自己的心得教给学生. 他能够言简意赅、引人入胜地把学生们带到科学的高严门墙前, 使得学生们 (当然不会有很多这样的学生) 登堂入室之念油然而起, 使他们走上正路. 这里的要点是教和学两方面的交流, 乃至交融. 所谓教师人格的力量也许尽在于此.

这不是说国内没有这样的教师. 从我们每个人的经历来看, 我们无不受到过一些好教师的影响, 才能有我们的今天和明天. 只是说我们希望能发扬老师们的优秀品质, 从质与量两个方面满足我们学生的要求. 另一方面, 又有许多毛病需要认真指出. 一个常见的毛病是讲授唯恐不细, 希望面面俱到而又必然挂一漏万. 教师出于好心, 希望所有学生、至少是大多数学生能够有好成绩, 对于自己认为是重要的、最有心得的内容反反复复地讲解, 而学生则可能漠然对之, 了无意兴. 在我看来, 目前教学方法上存在的主要问题就是没有把教与学两方面的积极性结合起来.

讲到这里我应该感谢我的老师余家荣教授. 今年是余老师百岁华诞, 我愿在此衷心祝他健康长寿, 生活幸福! 我从 1951 年就开始听余老师的课 (主要是实变函数论), 毕业后又一直在余老师的关怀下工作. 这个期间, 他多次对我说, 不论读书还是教书, 你不要怕接触新的困难的问题. 不要怕自己和学生不懂这些问题. 一个问题即使你当时不懂, 将来再次接触的时候, 会有一种似曾相识的感觉. 这对你是很有好处的事. 记得在那时, 余老师让我念过蒂奇马什的《函数论》. 这也是一本名著, 许多大学的老前辈们都一再要求自己的学生认真读这本书, 其中最应该提到的是陈建功老先生. 我当时也念了关于实变函数的部分章节. 例如, 本书里讲到怎样利用对角线方法, 怎样从有理数集作出无理数来, 等等. 我曾多次遇到过, 只是因为余老师过去要求我念过. 虽然蒂奇马什的《函数论》比本书难得多, 但后来再次接触它就感到自如多了. 本书英文副书名说, 理解实分析中的证明所需的工具尽在于此, 在我现在看来, 许多读者都会遇到本书解决不了的问题. 所以说, 会有更多读者希望跃出这个界限, 达到"海阔凭鱼跃, 天高任鸟飞"的境界. 现在就以对读者们的愿望结束此文.

齐民友

2020 年 7 月 7 日

目　录

尽管我建议你阅读所有章节，以涵盖典型的实分析课程（因为本书材料有其自身的结构），但是可以通过只阅读标有 ⋆ 的章节来快速浏览本书.

第一部分　预备知识 ·············· 1

第 1 章　引言 ················· 2

第 2 章　基础数学与逻辑⋆ ······· 6

第 3 章　集合论⋆ ············· 15

第二部分　实数 ················ 27

第 4 章　上确界⋆ ············· 28

第 5 章　实数域⋆ ············· 37

第 6 章　复数与欧几里得空间 ··· 50

第三部分　拓扑学 ·············· 63

第 7 章　双射 ················ 64

第 8 章　可数性 ·············· 72

第 9 章　拓扑定义⋆ ··········· 85

第 10 章　闭集和开集⋆ ········· 98

第 11 章　紧集⋆ ·············· 107

第 12 章　海涅-博雷尔定理⋆ ···· 118

第 13 章　完备集与连通集 ······ 128

第四部分　序列 ················ 139

第 14 章　收敛⋆ ·············· 140

第 15 章　极限与子序列⋆ ······· 149

第 16 章　柯西序列与单调
序列⋆ ············· 159

第 17 章　子序列极限 ········· 169

第 18 章　特殊序列 ············ 179

第 19 章　级数⋆ ·············· 187

第 20 章　总结 ··············· 197

致　谢 ···················· 200

参考文献 ························ 201

索　引 ····················· 203

第一部分
预备知识

第 1 章 引言

请慢下来，学霸. 我知道你很聪明——你或许一直都很擅长数字运算，并且能熟练地计算微积分——但我希望你慢下来. 实分析①不同于微积分，甚至与线性代数也完全不同. 除了更难之外，这门课并不适合通过记忆公式和算法并将已知条件代入的学习方法. 相反，你要反复地阅读定义和证明，直到理解了更宽泛的概念，这样才能把这些概念应用到自己的证明中. 要做到这一点，最好的方法就是慢慢来：慢慢读，慢慢写，并仔细思考.

下面简单地介绍一下我写这本书的原因以及你应该如何阅读这本书.

我为什么要写这本书

实分析很难. 它会让你开始了解以证明为基础且难度更大的数学. 但我坚信，只要解释清楚，每个人都能掌握任何想学的知识.

我的第一门实分析课学得很辛苦. 我总觉得是在自学，非常希望有人能以清晰的、线性的方式把这些知识解释清楚. 我努力奋斗并最终取得了成功，这使我能够成为指导你的绝佳人选. 我可以轻松地回想起第一次看到这些内容的感觉. 我记得那些让我感到困惑的地方，那些一直都没搞清楚的地方，以及哪些内容难倒了我. 在本书中，我会先给出一些常见的解释，以此来解答你的大部分疑问.

我当初使用的是 Walter Rudin 编写的《数学分析原理（第 3 版）》[*Principle of Mathematical Analysis*，也被称为 Baby Rudin 或者 That Grueling Little Bule Book（那本折磨人的小蓝书）]. 通常认为，这本书是经典的、标准的实分析教材. 我现在非常佩服 Rudin，他的书条理清晰、简明扼要. 但我可以告诉你，当我第一次学习那本书时，整个过程十分艰难. 它没有给出任何解释！Rudin 列出了一些定义，但没有给出例子，并在没有告知他是如何思考的情况下写出了完美的证明.

请不要误解我的意思：强迫自己把事情搞清楚是非常有意义的. 富有挑战性地去理解为什么这种方法可行而不是按部就班地接受给定的思路，这会让你成为一个更好的思考者和学习者. 但我相信，作为一种教学技巧，在没有教你如何游泳的情况下，必须要把握好"把你扔到深水池中"的尺度. 毕竟，你的老师希望

---

① 本书所说的实分析通常称为数学分析，是大学数学专业的第一门课程；实分析主要研究实变函数，是数学分析的深化和继续. ——编者注

你学会游泳，而不是被淹死．我认为 Rudin 可以提供最大的帮助，这本书也能在需要时为你答疑解惑．

我写这本书的初衷是，如果你很聪慧但不是天才（就像我这样），并且真心想学好实分析，那么这本书正是你需要的．

什么是实分析

数学家把实分析称为**严格的微积分**．"严格"意味着我们进行的每一步以及使用的每一个公式都必须得到证明．如果从一组称为**公理**或假说的基本假设出发，那么我们总是可以通过一个又一个合理的步骤得到最终想要的结论．

在微积分中，你可能已经证明了一些重要结论，但其中有很多结果被认为是显而易见的．究竟什么是极限，如何确定什么时候无穷和会"收敛"到一个数？每一门实分析基础课都会重新介绍连续性、可微性等这些你曾见过的概念，但这一次，我们要弄清楚这些概念的本质．当弄清楚这些之后，你基本上就证明了微积分的**合理性**．

实分析通常是纯数学理论的第一门课程，因为它在熟悉的材料背景下向你介绍纯数学的重要思想和方法．

一旦严格地掌握了那些熟悉的概念，你就可以把这种思维方式应用到不熟悉的领域里．实分析的核心问题是："如何把某些概念（比如和）推广到无限的情形？"如果不进行严格论证，我们就无法理解像无穷和这样的难题．因此，你必须掌握那些核心的证明技巧，进而将它们应用到那些更有趣的新问题上（并非高中微积分）．

如何阅读本书

这本书并不打算简单地说一说．以第 7 章为例，我花了好几页的篇幅来论述 Rudin 在短短两页里所做的事情．为了使定义不那么抽象，我在定义之后附加了一些例子．这里的证明不仅仅是为了向你展示定理**为什么**成立，也是为了告诉你该**如何**自己去证明它．我尽量把论证中用到的每一个事实都陈述一遍，而不是像高级数学文献那样把这些基本的事实省略掉．

如果你正在使用 Rudin 的教材，那么你会发现我特意涵盖了他谈到的所有定义和定理，而且大多是按照相同的顺序给出的．这本书和 Rudin 的书并不是一一映射的（说笑了）．例如，下一章阐释了基本的集合论，而 Rudin 则在讨论了实数之后才解释它．另外，为了丰富你的知识，我还引入了一些额外的内容．不过，本书将尽可能地遵循 Rudin 的结构和记号，这样你就可以轻松地在两本书之间自由穿梭.

　　与其他一些常用来浏览、略读或参考的数学书不同,你应该逐章地阅读本书.本书的章节特意写得很简短,其内容相当于一个容易理解的一小时演讲. 从每一章的开头开始,不要跳来跳去,按部就班地直到读完为止.

　　现在给你一些建议:积极地阅读. 把那些我希望你填充的空白补充完整.(我故意不给出这些问题的答案;偷看的诱惑实在太大了.)即便是那些我没有提到的地方,也要做笔记. 如果你习惯通过不断重复来学习,那就把定义抄到笔记本上;如果你希望有直观的认识,那就多画些图. 在页边空白处写下你想到的任何疑问. 当你把一章读完两遍之后,如果仍有解决不了的问题,那就问问你的学习小组、助教或者教授(也可以分别都问一遍;你听到的越多,你就会学得越好).在阅读每一章时,尽量总结其主要思想或方法. 你会发现,几乎每个主题都有一两个可以用来解决大部分证明的技巧.

　　如果你的时间有限,或者你正在复习已经学过的知识,那么可以利用下列图标来略读:

- 从这里开始逐步给出一个例子或证明.

- 这是一个重要的说明,或是需要你记住的东西.

- 试着完成这个填充空白的练习!

- 这是一个比较复杂的主题,此处只简单地提一下.

　　多学点东西绝对没坏处. 事实上,你读的教科书越多,你学好高等数学的概率就越大. 最好的方法是,你全身心地投入学习一到两本初级教材(比如这本书和 Rudin 的书). 如果这些初级教材满足不了你的需求,那么你可以去查阅其他书,从中获得额外的练习和解释. 倘若你选择忽视这一点,并试图读完与实分析有关的**所有书**,进而学到实分析的**全部知识**……那么祝你好运!

　　这本书涵盖了经典实分析课程第一学期的大部分内容,但你的学校可能会介绍更多相关知识. 如果这本书没有完全涵盖学校的课程,你也不要惊慌! 每一步都要建立在它之前的基础上,所以成功最重要的因素是对基础知识的理解. 我们将详细介绍这些基础知识,以确保你有一个坚实的基础来继续学习(同时避免使用易造成混淆的隐晦说法,比如"这句").

　　一些推荐书的清单以及我的注解和评价,请阅读参考书目.

翻过这一页, 我们将开始学习一些基本的数学概念和逻辑概念, 它们是严格学习实分析的重要背景知识. (到目前为止, 我用了多少次"严格"这个词? 用了这么多次: $\lim\limits_{n\to\infty} \frac{n^{\alpha}}{(1+p)^n} + 7.$)

第 2 章 基础数学与逻辑

如果你之前看过这些内容，那就太棒了！如果没有，也不要担心，我们慢慢来．

一些符号

下面是一些你应该熟知的符号约定．

符号 $\forall$ 表示"对于所有的"或者"对于每一个"，也可以读作"只要"．例如，偶数的定义告诉我们：$\forall$ 偶数 n，n 能被 2 整除．读作："对于所有的偶数 n，n 能被 2 整除"，或者"只要 n 是偶数，n 就能被 2 整除"．

符号 $\exists$ 表示"存在"或者"存在某个"．例如，数 e 的其中一个定义告诉我们：$\exists a$ 使得 $\frac{\mathrm{d}}{\mathrm{d}x}a^x = a^x$．这个说法是正确的，因为确实存在这样一个数 a，它就是 e = 2.71828....

注意，下面两个命题的含义完全不同：

$$\forall x, \exists y \text{ 使得 } y > x$$
$$\exists y \text{ 使得 } \forall x, y > x$$

第一个命题的意思是，对于任意给定的 x，存在某个 y 使得 $y > x$．第二个命题的意思是，存在某个 y 大于**每一个** x．如果 x 和 y 都是实数，那么第一个命题是真的，因为对于任意 x，我们可以令 $y = x + 1$．第二个命题是假的，因为不管 y 有多大，总是存在比它更大的数．

序列是按整数顺序索引的一列数．例如，$2, 4, 6, \cdots$ 是一个序列，而符号"$\cdots$"表示按照类似的模式无限延伸下去．在 $2, 4, 6, \cdots$ 中，该序列的第 10 个元素是 20．由定义可知，序列会一直延续下去（因此仅有数字 $2, 4, 6$ 无法构成一个序列）．

序列也可以由变量组成，如 $x_1, x_2, x_3, \cdots$．只要 i 是正整数，我们就可以说 x_i 是序列的第 i 个元素（于是，用上面的符号来描述：$\forall i \geqslant 1$，x_i 是序列的第 i 个元素）．对于一个特定的 x，其整数下标就是该元素在序列中的**索引**．

具有相同形式的元素之和可以用**求和符号** $\sum$（大写的希腊字母 sigma）来简写．例如，前 n 个整数的和可以写成 $\sum_{i=1}^{n} i$，读作"从 $i = 1$ 到 $i = n$，所有 i 的和"．你可能已经注意到，按照惯例，从 $\sum$ 的下标开始，直到上标结束，和的索引始终采用整数值. 另一个例子是 $\sum_{i=1}^{n} 1$, 读作"从 $i = 1$ 到 $i = n$, 全体 1 的和", 这个和就是 $1 + 1 + 1 + \cdots + 1$, 一共加了 n 次, 最后的结果就等于 n.

我们也可以对一列数求和 (记住, 序列中包含无穷多个元素), 这种和称为**无穷级数**, 或者就称为**级数**. 例如, 上述序列 $2, 4, 6, \cdots$ 中所有元素的和可以写成级数 $\sum_{i=1}^{\infty} 2i = 2 + 4 + 6 + \cdots$. 另一个例子是 $\sum_{i=0}^{\infty} \frac{1}{i!}$, 它就等于数 e.

某些数集有特定的符号:

- $\mathbb{N}$ 是全体自然数的集合, 其元素是所有正整数 (不包含 0).
- $\mathbb{Z}$ 是全体整数的集合, 它包含 0 和负整数.
- $\mathbb{Q}$ 是全体有理数的集合. 有理数定义为形如 $\frac{m}{n}$ 的数, 其中 $m \in \mathbb{Z}, n \in \mathbb{Z}$ 且 $n \neq 0$.
- $\mathbb{R}$ 是全体实数的集合. 稍后我们将定义什么是**实数**.

你可以通过以下助记法来记住这些符号: N 表示自然数 (Natural number), R 表示实数 (Real number), Q 表示商 (Quotient), Z 表示整数 (德语 Zahlen).

第 4 章将给出 $\mathbb{N}$、$\mathbb{Z}$ 和 $\mathbb{Q}$ 中的数进行代数运算的所有常用结论. 在第 5 章中, 我们将进一步研究这些性质.

形式逻辑

接下来给出逻辑研究中的一些概念, 我们将在证明中反复使用它们.

只有当两个逻辑命题要么同时为真要么同时为假时, 这两个命题才是**等价的**. 例如, "我已经活了 5 年"等价于"我 5 岁了", 因为如果其中一个命题是真的, 那么另一个也是真的; 如果其中一个命题是假的, 那么另一个也是假的.

符号 $\Longrightarrow$ 表示"蕴涵". 例如, 下面四个命题是等价的:

命题 1. 如果 $n = 5$, 那么 n 属于 $\mathbb{N}$.

命题 2. 当 $n = 5$ 时 n 属于 $\mathbb{N}$.

命题 3. 仅当 n 属于 $\mathbb{N}$ 时 $n = 5$.

命题 4. $n = 5 \Longrightarrow n$ 属于 $\mathbb{N}$.

注意, 这些命题不等价于"当 n 属于 $\mathbb{N}$ 时 $n = 5$". (而且这一说法显然是不正确的, 因为存在不等于 5 的自然数, 比如我最喜欢的数 $246\,734$.)

符号 $\Longleftrightarrow$ 表示"当且仅当"(简写为 iff), 它用来表示一个蕴涵的两个方向都为真. 例如, "n 是偶数 $\Longleftrightarrow n$ 能被 2 整除". 左端的命题蕴涵着右端的命题, 反之亦然. 这个特殊的 iff 命题是真的, 因为它就是偶数的定义.

在给出定义时，有一个让人有点儿困惑的数学约定. 从理论上讲，所有定义都应该写成"当且仅当"（if and only if）. 例如，"一个数称为偶数当且仅当它能被 2 整除". 这里的"当"（if）是双向的，因为"偶数"只是我们分配给特定的数的一个名称. 但是，数学家总是很懒. 为了节省时间，他们通常只在定义中写"当"而不是"当且仅当". 不要被迷惑! 如果你看到下列命题：

定义 (偶数). 当一个数能被 2 整除时，它就称为**偶数**.

你应该读成：

定义 (偶数). 一个数称为**偶数**，当且仅当它能被 2 整除.

我们想证明的任何命题都可以表示为 $\mathbf{A} \Longrightarrow \mathbf{B}$，其中 $\mathbf{A}$ 和 $\mathbf{B}$ 是任意论述.

其**逆命题**是 $\mathbf{B} \Longrightarrow \mathbf{A}$. 仅由命题 $\mathbf{A} \Longrightarrow \mathbf{B}$ 为真得不到其逆命题 $\mathbf{B} \Longrightarrow \mathbf{A}$ 为真. 例如，我们知道"$n = 5 \Longrightarrow n$ 属于 $\mathbb{N}$"，但由"n 属于 $\mathbb{N}$"推不出"$n = 5$".

其**否命题**是 $\neg\mathbf{A} \Longrightarrow \neg\mathbf{B}$（其中符号 $\neg$ 表示"非"）. 同样地，仅由命题 $\mathbf{A} \Longrightarrow \mathbf{B}$ 为真推不出其否命题 $\neg\mathbf{A} \Longrightarrow \neg\mathbf{B}$ 为真. 例如，我们知道"$n = 5 \Longrightarrow n$ 属于 $\mathbb{N}$"，但"$n \neq 5$"并不代表"n 不属于 $\mathbb{N}$"（比如，n 可以是数 $246\,734$）.

如果 $\mathbf{A} \Longrightarrow \mathbf{B}$ 是一个命题，那么 $\neg\mathbf{B} \Longrightarrow \neg\mathbf{A}$ 就是它的**逆否命题**. 事实上，命题 $\mathbf{A} \Longrightarrow \mathbf{B}$ 总是等价于命题 $\neg\mathbf{B} \Longrightarrow \neg\mathbf{A}$. 如果其中一个命题为真，那么另一个也为真；如果其中一个命题为假，那么另一个也为假.

为什么每一个命题都等价于它的逆否命题呢？将 $\mathbf{A} \Longrightarrow \mathbf{B}$ 看作"如果 x 属于 $\mathbf{A}$，那么 x 也属于 $\mathbf{B}$"会更容易理解. 通过这种读法，我们可以把 $\mathbf{A}$ 视为一个完全包含在 $\mathbf{B}$ 中的集合.

图 2.1 让我们更直观地看到这一点：如果 x 不属于 $\mathbf{B}$，那么它肯定不属于 $\mathbf{A}$.

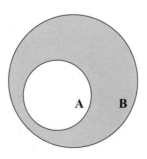

图 2.1 事实上 $\mathbf{A}$ 完全包含在 $\mathbf{B}$ 中. 如果 x 属于 $\mathbf{A}$，那么 x 也属于 $\mathbf{B}$

最后还要注意，如果 A 是 x 的某种性质，那么以下两种表述是等价的：

命题 1. $\neg(\forall x, x$ 具有性质 $A)$.

命题 2. $\exists x$ 满足 $\neg(x$ 具有性质 $A)$.

第一个命题说"并不是每个 x 都具有性质 A"，第二个命题说的是"有一些 x 没有性质 A"．大声地读出这两句话，你就会明白为什么它们说的是一回事.

同样地，下面两个命题也是等价的：

命题 3. $\neg(\exists x$ 满足 x 具有性质 $A)$.

命题 4. $\forall x, \neg(x$ 具有性质 $A)$.

试着大声读出来，把所有符号都翻译成中文.

证明的技巧

证明一个定理有许多不同的方法．有时候，不止一种方法可行．本书采用五种主要的技巧：

1. 举反例证明.
2. 证明逆否命题.
3. 反证法.
4. 归纳证明.
5. 分两步直接证明.

举反例证明. 在某些情况下，证明可能只需要举出一个反例．如何证明并非每个整数都是偶数？如果我说"每个整数都是偶数"，那么你只需要找到一个不是偶数的整数，比如数 3，这样就能证明我是错的．任何形如"$\exists x$ 满足 x 具有性质 A"或"$\neg(\forall x, x$ 具有性质 $A)$"的命题都可以通过举反例来证明.[①] 对于第一种形式，我们只需要找到一个具有性质 A 的 x；对于第二种形式，我们只需要找到一个没有性质 A 的 x.

例 2.1 (举反例证明).

试着证明下面这个命题："并非每个连续函数都是可微的"．为此，我们只需要给出一个反例，任意一个连续且不可微的函数都可以，比如 $f(x) = |x|$.

现在我们需要严格地证明 $|x|$ 是连续且不可微的．在以后的实分析学习中，你将学会如何做到这一点.

---

① 对于第一种形式，更恰当的说法应该是"通过举例来证明".——编者注

这个例子告诉我们，给出一个反例只完成了一半的工作. 难点在于我们要严格地证明它确实满足所有必要条件.

证明逆否命题. 正如我们之前所了解的，¬B ⟹ ¬A 等价于 A ⟹ B. 因此，为了证明 A ⟹ B，我们可以假设 B 为假并证明 A 也为假.

例 2.2 (证明逆否命题).

试着证明以下命题：对于任意两个数 x 和 y，当且仅当 $\forall \epsilon > 0, |x - y| < \epsilon$ 时 $x = y$. 这个命题断言如果两个数可以任意接近（这意味着我们可以选择任意小的距离 ϵ，并且这两个数之间的距离比 ϵ 还要小），那么它们就是相等的. 由于该命题中包含"当且仅当"（iff），因此蕴涵是双向的，两个方向都要证明.

1. $x = y \implies \forall \epsilon > 0, |x - y| < \epsilon$.

证明这个方向很简单. 假设 $x = y$. 那么 $x - y = 0$，因此 $|x - y| = 0$. 由于我们选择的任何 ϵ 都必须大于 0，所以 $|x - y| = 0 < \epsilon$. 于是，$\forall \epsilon > 0, |x - y| < \epsilon$.

2. $\forall \epsilon > 0, |x - y| < \epsilon \implies x = y$.

这个命题应该很直观. 也就是说，如果 x 和 y 之间的距离小于每一个正数，那么它们之间的距离必须等于 0.

为了证明这个方向，我们来证明其逆否命题. 此时，命题 ¬B ⟹ ¬A 就是

$$x \neq y \implies \neg(\forall \epsilon > 0, |x - y| < \epsilon).$$

回忆一下之前的逻辑讨论，上式右端可以简化成

$$x \neq y \implies \exists \epsilon > 0 \text{ 使得 } \neg(|x - y| < \epsilon).$$

如果 $x \neq y$，那么 x 一定等于 y 加上某个 z，其中 $z \neq 0$. 于是，$|x - y| = |z|$. 任何非零数的绝对值都是正的，所以如果令 $\epsilon = |z|$，那么 $\epsilon > 0$ 且 $|x - y| = \epsilon$. 这样就证明了 $\exists \epsilon > 0$，使得 $\neg(|x - y| < \epsilon)$！

反证法. 不要把"反证法"和"证明逆否命题"混为一谈，反证法是完全不同的东西. 不妨设我们要证明 A ⟹ B. 如果假设 A 为真但 B 为假，那么就会出现严重的错误. 我们最终会得到一个矛盾，一些违反基本数学公理或定义的东西，比如"$0 = 1$"或"5.3 是整数". 当这种情况发生时，我们就证明了如果 A 为真，那么 B 不可能为假——否则数学的定义就会崩溃.

例 2.3 (反证法).

我们来证明定理"$\sqrt{2}$ 不是有理数". 此时，如果把该定理写成 A ⟹ B 的形

式，那么 **B** 就是 "$\sqrt{2}$ 不是有理数". 注意，这里并不存在命题 **A**. 由该定理可知，除了通常的数学公理外，**B** 为真不需要任何必要条件. 因此，利用逆否命题证明是行不通的. 那么反证法可行吗？假设 $\sqrt{2}$ 属于 $\mathbb{Q}$，并证明这将导致可怕的错误.

在开始证明之前，这里有一些关于数的一般事实将会派上用场.

事实 1. 任何有理数 $\frac{m}{n}$ 都可以化简成 m 和 n 不同时为偶数的形式. （如果 m 和 n 都是偶数，那么只要让分子和分母同时除以 2，我们就可以得到该有理数的更简单的形式. ）

事实 2. 对于某些整数 a 和 b，如果 $a = 2b$，那么 a 一定是偶数，因为它可以被 2 整除.

事实 3. 如果数 a 是奇数，那么 a^2 也是奇数，因为 a^2 是一个奇数自加了奇数次.

现在开始证明. 如果 $\sqrt{2}$ 是有理数，那么由事实 1 可知，$\sqrt{2}$ 可以写成一个化简后的分数，因此存在整数 m 和 n（不同时为偶数）使得 $(\frac{m}{n})^2 = 2$. 于是 $m^2 = 2n^2$，由事实 2 可知，m^2 一定是个偶数. 根据事实 3，如果 m 是奇数，那么 m^2 也是奇数，所以 m 一定是偶数.

我们可以把 m 写成 $2b$，其中 b 是某个整数，那么 $m^2 = (2b)^2 = 4b^2$，这意味着 m^2 可以被 4 整除. 那么 $2n^2$ 也可以被 4 整除，所以 n^2 是偶数. 同样地，由事实 3 可知，n 一定是偶数.

等等！事实 1 告诉我们，如果 $\sqrt{2}$ 是有理数，那么它可以写成 $\frac{m}{n}$，其中 m 和 n 不同时为偶数. 但我们刚刚证明了它们都是偶数！这与分数的基本公理相矛盾，所以唯一可能的逻辑结论是：我们的主要假设（即 $\sqrt{2}$ 是有理数）一定是错误的.

顺便说一下，这种方法同样适用于证明任何素数的平方根都是无理数.

通常认为反证法是最后采用的办法. 在很多情况下，如果你用反证法证明了某个定理，那么你也可以用相同的关键步骤来直接证明这个结论. 不过，在 $\sqrt{2}$ 的例子中，情况并非如此. 请注意，反证法是着手思考问题的好方法，但你也要经常检验自己是否可以进一步直接证明结论（这是学习数学的加分点）.

归纳证明. 数学归纳法就像多米诺骨牌一样：如果我们把所有的多米诺骨牌都摆好，然后只撞倒第一张骨牌，那么其余所有的骨牌都会倒下. 归纳法适用于需要证明无穷多种情形的问题（实际上，这种问题一定包含**可数**无穷多种情形，当学到第 8 章时，你就会明白这意味着什么）.

假设我们能够通过证明以下几点来建立多米诺骨牌：当定理在情形 1 下成立时，它在情形 2 下也一定成立；当定理在情形 2 下成立时，它在情形 3 下也一定成立；以此类推．概括地说，我们只需要证明：当定理在情形 $n-1$ 下成立时，它在情形 n 下也一定成立．现在我们要做的就是证明定理在情形 1 下成立，即撞倒第一张多米诺骨牌．接下来所有的多米诺骨牌都会倒下，这是因为由假设可知，一旦定理在情形 1 下成立，那么它在情形 2 下也成立；现在情形 2 下的定理成立了，那么在情形 3 下定理也一定成立；以此类推．

撞倒第一张多米诺骨牌会更容易些，所以我们通常先考虑第 1 种情形（这一步称为**基本情形**）．然后我们假设定理在第 $n-1$ 种情形下成立（这个假设称为**归纳假设**），并证明它在第 n 种情形下也成立（这一步称为**归纳步骤**）．

例 2.4（归纳证明）．

我们试着找出计算前 n 个自然数之和的公式，即 $1+2+3+\cdots+n$．使用上一节的符号，这个和就等于 $\sum_{i=1}^{n} i$．如果花费足够的时间来考察这个和，你可能会突然找到答案：

$$\sum_{i=1}^{n} i = \frac{n(n+1)}{2}.$$

你可以代入几个值来验证一下这个公式的正确性．为了证明这个公式，我们需要更加严格的证明（几个例子并不能构成一个证明，因为它们无法排除存在反例的可能性）．我们要证明这个公式适用于所有可能的正整数 n．因此，归纳法可能是最好的选择．

1. **基本情形**．我们只需要证明当 $n=1$ 时公式成立．由于 $\sum_{i=1}^{1} i = 1 = \frac{1(1+1)}{2}$，因此第一步就完成了．哇哦！（基本情形通常都很简单．）

2. **归纳步骤**．由归纳假设可知，我们要假设公式适用于 $n-1$ 的情形，因此不妨设 $\sum_{i=1}^{n-1} i = \frac{(n-1)n}{2}$．利用这个假设，我们要证明该公式对 n 成立，即 $\sum_{i=1}^{n} i = \frac{n(n+1)}{2}$．通过替换和化简，我们得到

$$\sum_{i=1}^{n} i = \left(\sum_{i=1}^{n-1} i\right) + n = \frac{(n-1)n}{2} + n = \frac{n^2-n}{2} + \frac{2n}{2} = \frac{n^2+n}{2} = \frac{n(n+1)}{2},$$

这一步就完成了！

尽管这看起来好像太简单了，但记住这并不神奇．我们没有"自举"证明或使用循环逻辑．我们只是按照归纳步骤来推导，即"如果它适用于 1，那么它也适用于 2；如果它适用于 2，那么它也适用于 3；依此类推"．因为基本情形"它

适用于 1"是成立的，所以我们就证明了它适用于每一个可能的正整数 n（即，适用于 $\mathbb{N}$ 中的每一个 n）.

分两步直接证明. 到目前为止，我们已经讲过的所有技巧都没有展示如何直接证明 $A \Longrightarrow B$，即假设 A 为真，然后通过逻辑步骤推出 B 为真.

要想得出一个直接证明，你需要反复思考一段时间，直到你找到了问题的症结并弄清楚该如何解决它为止. 在很多情况下，关键是要找到一些合适的函数或变量，使问题变得清晰明了. 除非你写的是一本教科书，否则读者并不关心你是如何解决这个难题的，他们只想知道这个定理为什么成立. 一旦确定了证明定理所要使用的关键步骤，下一步你只需要以线性方式清晰地写出该定理即可.

例 2.5 (分两步直接证明).

在微积分中，我们把函数的极限定义为：$\lim_{x \to p} f(x) = q$，当且仅当对于任意 $\epsilon > 0$，存在某个 $\delta > 0$ 使得

$$|x - p| < \delta \Longrightarrow |f(x) - q| < \epsilon.$$

当你学到连续性时，会更详细地理解其中的含义. 不过，现在让我们看看下面这个命题："令 $f(x) = 3x + 1$，则 $\lim_{x \to 2} f(x) = 7$." 这个结论应该是正确的，因为所有多项式都是连续的. 这个命题的证明方法有很多种，但我们试着用刚才看到的定义去直接证明.

首先，需要做一些工作来找出关键步骤. 对于每一个可能的 $\epsilon > 0$，我们要找到合适的 $\delta > 0$ 使得

$$|x - 2| < \delta \Longrightarrow |f(x) - 7| < \epsilon,$$

也就是

$$-\delta + 2 < x < \delta + 2 \Longrightarrow -\epsilon < 3x - 6 < \epsilon.$$

因此所求的 δ 要使得

$$\frac{-\epsilon + 6}{3} < x < \frac{\epsilon + 6}{3},$$

于是，只需要令

$$\delta + 2 = \frac{\epsilon + 6}{3} \Longrightarrow \delta = \frac{\epsilon}{3}.$$

既然已经找到了合适的 δ，接下来就可以简明地写出证明过程：对于任意 $\epsilon > 0$，令 $\delta = \frac{\epsilon}{3}$. 于是 $\delta > 0$，并且

$$|x - p| < \delta \Longrightarrow |x - 2| < \frac{\epsilon}{3}$$

$$\Longrightarrow 2 - \frac{\epsilon}{3} < x < 2 + \frac{\epsilon}{3}$$

$$\Longrightarrow -\epsilon < 3x - 6 < \epsilon$$

$$\Longrightarrow |(3x + 1) - 7| < \epsilon$$

$$\Longrightarrow |f(x) - q| < \epsilon.$$

这样就得到了 $\lim\limits_{x \to 2}(3x + 1) = 7$.

关于证明,这里再给出一点提示:如果你遇到了困难,请看看还有哪些已知条件没有使用. 在前面的例子中,唯一可用的"事实"是极限的定义. 但是在后面的章节中,你将有大量的定义和定理可供参考. 一个被你遗忘的"事实"很有可能是让你走出困境的关键.

在后面的章节中,我们将把这个象征着 Q.E.D. 的符号 □ 放在每一个证明的末尾. 它代表拉丁文 quod erat demonstrandum,基本意思是(我随意解释一下)"我们已经证明了我们说过要证明的东西".

我们要出发了!现在你已经知道了实分析入门所需要的一切预备知识. 按照之前的承诺,我们将在下一章学习集合,然后再考察实数.

第 3 章 集合论

在开始学习实分析之前，了解集合的基本知识（以及如何处理它们）会非常有用．集合是什么？好吧，并非所有数都是实数．事实上，我们要考察的"事物"并不都是数．**集合**是一个有用的抽象概念．集合包含**元素**，元素可以是实数、虚数、美元、人、白鲸，等等．

在这一章中，我们将回顾描述抽象集合的基本符号和定理．当提到数学运算时，你通常会想到加法、减法、乘法和除法．然而，集合的基本操作却是**并集**、**交集**和**补集**．

定义 3.1 (集合). **集合**是一堆**元素**的集体. 包含无穷多个元素的集合称为**无限集**.

例 3.2 (集合).

下面是一些集合及其符号的例子：

- $\{1,2,3\}$
  包含数 1、2 和 3 的集合. 用 $1 \in \{1,2,3\}$ 来表示 1 是集合中的元素.

- A
  名字为 A 的集合.

- $A = \{1,2,3\}$
  包含数 1、2 和 3 的集合 A.

- $\{a,b,c\}$
  包含元素 a、b 和 c 的集合 A（这些元素不一定是数）.

- $\{A,B,C\}$
  包含元素 A、B 和 C 的集合. 集合通常用大写字母来表示，因此这个集合可能包含其他三个集合.

- $\mathbb{R}$
  包含全体实数的集合. 例如，$\pi \in \mathbb{R}$. 这是一个无限集.

- $\{x \in \mathbb{R} \mid x < 3\}$
  这个符号读作："$\mathbb{R}$ 中所有小于 3 的 x 的集合"，因此这是全体小于 3 的实数的集合. 这也是一个无限集.

- $\{p \in A \mid p \neq 3\}$

集合 A 中所有不等于 3 的元素的集合. 稍后将会看到, 这个集合也可以表示为 $A \setminus \{3\}$, 即集合 A 中去掉由单个元素 3 构成的集合.

- $\varnothing$

  这个集合在每个数学家心中都占有特殊的位置. 它称为**空集**, 也就是: 没有元素的集合. 任何不是空集的集合都称为**非空集**.

- $|A| = 3$

  这个符号表示 A 的大小是 3, 所以 A 包含 3 个元素. 注意, $|\{A\}|$ 不一定等于 $|A|$. 第一个集合只包含集合 A, 其大小是 $|\{A\}| = 1$, 但是如果 A 包含 100 个元素, 那么 $|A| = 100$.

定义 3.3 (索引族).

如果每一个 $i \in I$ 都对应着一个集合 A_i, 那么 $\mathscr{A} = \{A_i \,|\, i \in I\}$ 就是**索引集**为 I 的集合 A 的**索引族**.

在某些情况下, 当我们要处理任意索引集 (其元素为 α) 时, 可以将集合的索引族写成 $\{A_\alpha\}$. 这种类型的索引族也称为**集合族**.

例 3.4 (索引族).

对于所有 $n \in \mathbb{N}$, 如果 $A_n = \{1, 2, n^2\}$, 那么 $A_3 = \{1, 2, 9\}$. 于是, 如果

$$\mathscr{A} = \{A_n \,|\, n \in \mathbb{N}, \ n \leqslant 10\},$$

那么 $\mathscr{A}$ 就是一组集合的集合, 就像这样

$$\mathscr{A} = \{\{1, 2, 1\}, \{1, 2, 4\}, \cdots, \{1, 2, 100\}\}.$$

注意, 索引族不一定是有限集. 在这个例子中, 如果

$$\mathscr{B} = \{A_n \,|\, n \in \mathbb{N}\},$$

那么 $\mathscr{B}$ 是包含无穷多个集合的集合, 就像这样

$$\mathscr{B} = \{\{1, 2, 1\}, \{1, 2, 4\}, \{1, 2, 9\}, \cdots\}.$$

不要被集合 $\{1, 2, 1\}$ 迷惑. 它与集合 $\{1, 2\}$ 是一样的, 只是书写方式更冗余而已. 例如, 如果我们有一个集合 $\{1\}$, 那么你可以把它写成 $\{1, 1, 1, 1\}$.

但是请不要这么做.

定义 3.5 (子集).

如果集合 A 中的每一个元素也都是集合 B 的元素,那么集合 A 就是集合 B 的**子集**,记作 $A \subseteq B$ 或者 $B \supseteq A$. 此时,B 称为 A 的**超集**.

如果集合 A 与集合 B 具有完全相同的元素,那么集合 A 就**等于**集合 B,记作 $A = B$. (如果两个集合相等,那么它们就是同一个集合.) 这就相当于说 "$A \subseteq B$ 且 $B \subseteq A$".

如果集合 A 的每一个元素也都是集合 B 的元素,但集合 B 在集合 A 之外还有一些其他元素,那么集合 A 就是集合 B 的**真子集**,记作 $A \subset B$ 或 $B \supset A$. 用符号表示即:

$$A \subset B \iff A \subseteq B \text{ 且 } A \neq B.$$

例 3.6 (子集).

如果 $A = \{1, 2\}$ 且 $B = \{1, 2, 3\}$,那么 $A \subseteq$. 更进一步,$A \subset B$.

使用例 3.2 中的符号,我们有 $\{x \mid x \text{ 是实数}\} = \mathbb{R}$. 另外,由于每个有理数都是实数,所以 $\mathbb{Q} \subseteq \mathbb{R}$. 更进一步,$\mathbb{Q} \subset \mathbb{R}$,这是因为有些实数不是有理数 (例如 $\sqrt{2}$).

奇怪的不精确的数学惯例. 出于某种原因,即使集合 A 可能等于集合 B,传统的表示法也是写成 $A \subset B$ 而不是 $A \subseteq B$. 我知道这与之前的写法相矛盾,这只是我采用的一种惯例,从而使你习惯大多数数学家的书写方式. 因此,当你看到 $A \subset B$ 时,除非明确声明,否则不要假定 A 是 B 的真子集.

为了进一步迷惑你. 注意,$A \in B$ 和 $A \subset B$ 这两种书写方式是有区别的. 前者意味着 B 是一组集合的集合,而集合 A 是其元素之一,而后者意味着 B 包含 A 中的所有元素.

例如,令 $A = \{1, 2\}$. 为了得到 $A \in B$,B 必须形如 $\{\{1, 2\}, \{3, 4\}, \{1\}, \{100\}\}$ (所以 B 是由一组集合构成的集合). 如果 $A \subset B$,那么 B 形如 $\{1, 2, 3, 100\}$.

定理 3.7 (每个集合都包含空集). 对于任意集合 A,有 $\varnothing \subset A$.

注意,我们不能说 "$\varnothing$ 是所有集合 A 的真子集",因为 A 可能等于空集.

证明. 我们必须证明 $\varnothing$ 的每个元素也都是 A 的元素. 但是 $\varnothing$ 不包含元素,故其所有元素均在 A 中. $\qquad\square$

定义 3.8 (区间).

开区间 (a,b) 是集合

$$(a,b) = \{x \in \mathbb{R} \mid a < x < b\}.$$

闭区间 $[a,b]$ 是集合

$$[a,b] = \{x \in \mathbb{R} \mid a \leqslant x \leqslant b\}.$$

半开区间是集合

$$[a,b) = \{x \in \mathbb{R} \mid a \leqslant x < b\},$$

或者集合

$$(a,b] = \{x \in \mathbb{R} \mid a < x \leqslant b\}.$$

有些人也称开区间为**线段**,称闭区间为（普通的）**区间**,但这个术语有点过时了（而且更容易造成混淆）. 为了保持一致性,我们将坚持使用术语**开区间** (a,b) 和**闭区间** $[a,b]$.

例 3.9 (区间). $(-3,3)$ 是开区间, $[0,99.5]$ 是闭区间. 它们都是实数集的子集.

定义 3.10 (并集和交集).

集合 A 与 B 的**并集**是由 A 的所有元素和 B 的所有元素共同构成的集合.

A 与 B 的并集用符号来表示即:

$$A \cup B = \{x \mid x \in A \text{ 或 } x \in B\}.$$

集合 A 与 B 的**交集**是由既包含在 A 中又包含在 B 中的所有元素构成的集合.

A 与 B 的交集用符号来表示即:

$$A \cap B = \{x \mid x \in A \text{ 且 } x \in B\}.$$

如果 $A \cap B = \varnothing$, 那么 A 与 B **不相交**. 否则, 我们说 A 与 B **相交**.

例 3.11 (并集和交集).

并集 $\{1,2,3\} \cup \{3,4,5\}$ 是 $\{1,2,3,4,5\}$, 也可以记作 $\{n \in \mathbb{N} \mid 1 \leqslant n \leqslant 5\}$. 交集 $\{1,2,3\} \cap \{3,4,5\}$ 是集合 $\{3\}$, 它由单个元素 3 组成.

由于区间都是集合, 所以我们可以对区间取并集和交集. 例如, $[1,3] \cup [2,4] = [1,4]$, $[1,3] \cap [2,4] = [2,3]$. 注意, $(1,3) \cup (3,5) \neq (1,5)$, 而是

$$(1,3) \cup (3,5) = \{x \in \mathbb{R} \mid 1 < x < 3 \text{ 或 } 3 < x < 5\},$$

因此 $(1,3)\cup(3,5)$ 是这个并集最简单的写法. 另外, $(1,3)\cap(3,5)=\varnothing$.

记住, 由定义可知, 区间只包含实数. 我们把 a 与 b 之间全体有理数的集合记作 $(a,b)\cap\mathbb{Q}$. 注意, $\mathbb{Q}\cup\mathbb{R}=\mathbb{R}$ 且 $\mathbb{Q}\cap\mathbb{R}=\mathbb{Q}$.

最后一个例子是关于并集和交集的一些简单事实.

事实 1. 对于任意集合 A, 有

$$A\cup A=A=A\cap A.$$

事实 2. 如果 x 属于 A 或 x 属于 B, 那么我们也可以说 x 属于 B 或 x 属于 A (我们只是交换了顺序), 这使得下面的交换律和结合律显然成立:

$$A\cup B=B\cup A \quad 且 \quad (A\cup B)\cup C=A\cup(B\cup C),$$
$$A\cap B=B\cap A \quad 且 \quad (A\cap B)\cap C=A\cap(B\cap C).$$

事实 3. $A\cup\varnothing=A$ 且 $A\cap\varnothing=\varnothing$. 因此, 每个集合都与空集不相交.

定理 3.12 (并集和交集的性质).

对于任意集合 A 与集合 B, 下列性质均成立.

性质 1. $A\subset(A\cup B)$ 且 $A\supset(A\cap B)$.

性质 2. 当且仅当 $A\cup B=B$ 时 $A\subset B$.

性质 3. 当且仅当 $A\cap B=A$ 时 $A\subset B$.

性质 4. 对于任意 $n\in\mathbb{N}$, 有

$$A\cup(B_1\cap B_2\cap\cdots\cap B_n)=(A\cup B_1)\cap(A\cup B_2)\cap\cdots\cap(A\cup B_n).$$

性质 5. 对于任意 $n\in\mathbb{N}$, 有

$$A\cap(B_1\cup B_2\cup\cdots\cup B_n)=(A\cap B_1)\cup(A\cap B_2)\cup\cdots\cup(A\cap B_n).$$

证明. 这些性质的证明都非常简单. 试着把性质 3 和性质 5 的证明补充完整.

性质 1. 令 $x\in A$. 那么 $x\in A$ 或 $x\in B$.

对于第二个结果, 令 $x\in A\cap B$. 那么 $x\in A$ 且 $x\in B$, 因此 $x\in A$.

性质 2. 假设 $A\subset B$. 如果我们能证明 $B\subset(A\cup B)$ 和 $B\supset(A\cup B)$, 那么就证明了 $A\cup B=B$. 根据刚刚证明的第一条性质, $B\subset(A\cup B)$ 是成立的. 根据假设 $A\subset B$, 将该式两端同时与 B 做并集就会得到 $(A\cup B)\subset(B\cup B)=B$, 结论得证.

为了证明另一个方向, 假设 $A \cup B = B$. 同样由第一条性质可得 $A \subset (A \cup B)$, 于是 $A \subset (A \cup B) = B$, 因此 $A \subset B$.

性质 3. 这个证明与上一个证明几乎相同.

> **定理 3.12 中性质 3 的证明**
>
> 假设 $A \subset B$. 我们想要证明 $A \subset (A \cap B)$ 和 _____ . 第一个结果显然成立: 由于 $A \subset B$, 如果 $x \in A$, 那么 _____ , 因此, 如果 $x \in A$, 那么 $x \in A$ 且 $x \in B$. 第二个结果可以利用 _____ 得到.
>
> 反过来, 假设 _____ . 利用第一条性质, $B \supset$ _____ , 于是有 $A =$ _____ $\subset B$.

性质 4. 下面给出一些符号, 用来简化我们要证明的内容:

$$A \cup \left(\bigcap_{i=1}^{n} B_i \right) = \bigcap_{i=1}^{n} (A \cup B_i).$$

大交集符号与求和符号 $\sum_{i=1}^{n}$ 的工作方式相同. 我们首先证明

$$A \cup \left(\bigcap_{i=1}^{n} B_i \right) \subset \bigcap_{i=1}^{n} (A \cup B_i),$$

然后证明

$$A \cup \left(\bigcap_{i=1}^{n} B_i \right) \supset \bigcap_{i=1}^{n} (A \cup B_i).$$

这条性质的说明见图 3.1. 通过绘制类似的文氏图, 你可以更好地理解并集和交集的概念. 作图时, 要确保图中包含所有可能的交集. 例如, 如果你画了另一个叫作 B_3 的区域, 而它看起来只与 A 相交 (而与 B_1 和 B_2 都不相交), 那么最后可能会得到关于这些集合的错误结论.

令 $x \in A \cup (\bigcap_{i=1}^{n} B_i)$, 那么 $x \in A$ 或 $x \in \bigcap_{i=1}^{n} B_i$. 如果 $x \in A$, 那么对于每一个 i 均有 $x \in A \cup B_i$ (这是因为由第一条性质可知 $A \subset (A \cup B_i)$), 于是 $x \in \bigcap_{i=1}^{n}(A \cup B_i)$. 如果 $x \in \bigcap_{i=1}^{n} B_i$, 那么对于每一个 i 均有 $x \in B_i$, 因此对于每一个 i 都有 $x \in A \cup B_i$, 于是 $x \in \bigcap_{i=1}^{i}(A \cup B_i)$.

为了得到这个子集等式的另一个方向, 猜猜我们要做什么? 要做几乎完全一样的事情. 令 $x \in \bigcap_{i=1}^{n}(A \cup B_i)$, 那么对于每一个 i 均有 $x \in A \cup B_i$. 现在, 我们将其分为两种可能的情形:

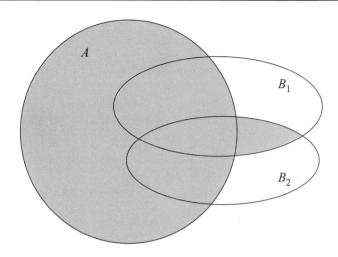

图 3.1 阴影区域是 $A \cup (B_1 \cap B_2) = (A \cup B_1) \cap (A \cup B_2)$

情形 1. $x \in A$. 显然 $x \in A \cup (\bigcap_{i=1}^n B_i)$. （为什么？因为 $A \subset A \cup (\bigcap_{i=1}^n B_i)$. 看到我们是如何继续使用第一条性质了吗？）

情形 2. $x \notin A$. 那么 x 一定属于每一个 B_i（因为 x 或者属于 A 或者属于每一个 B_i）. 于是 $x \in \bigcap_{i=1}^n B_i$，进而 $x \in A \cup (\bigcap_{i=1}^n B_i)$.

性质 5. 这些论述远没有看上去那么复杂，只要使用"$A \subset B$ 且 $A \supset B \Longrightarrow A = B$"的技巧就行了. 对于证明的每一个方向，我们只考察集合中的一个元素，看看由它可以轻松得出哪些结论. 我已经把这部分证明简写成符号和箭头，从而使你能快速地把它补充完整. 但首先要画一幅像图 3.1 那样的图，这样你就可以直观地理解这个结论为什么成立.

定理 3.12 中性质 5 的证明

$A \cap (\bigcup_{i=1}^n B_i) \subset \bigcup_{i=1}^n (A \cap B_i)$，因为：

$$x \in A \cap \left(\bigcup_{i=1}^n B_i \right) \Longrightarrow \underline{\hspace{3cm}} \text{ 且 } \underline{\hspace{3cm}}$$

$$\Longrightarrow x \in \underline{\hspace{3cm}} \text{（存在某个 } i\text{）}$$

$$\Longrightarrow x \in A \cap B_i \text{（存在 } \underline{\hspace{3cm}}\text{）}$$

$$\Longrightarrow \underline{\hspace{2cm}} \text{ 或 } x \in A \cap B_2 \text{ 或 } \cdots \text{ 或 } \underline{\hspace{2cm}}$$

$$\Longrightarrow x \in \bigcup_{i=1}^n (A \cap B_i).$$

另一方面，_____，因为：

$$x \in \bigcup_{i=1}^{n}(A \cap B_i) \implies \underline{\hspace{4cm}} \quad (\text{存在某个 } i)$$

$$\implies \underline{\hspace{2cm}} \text{ 且 } \underline{\hspace{2cm}} \quad (\text{存在某个 } i)$$

$$\implies \underline{\hspace{1.5cm}} \text{ 或 } \underline{\hspace{1.5cm}} \text{ 或 } \cdots \text{ 或 } \underline{\hspace{1.5cm}}$$

$$\implies x \in A \text{ 且 } x \in \bigcup_{i=1}^{n} B_i$$

$$\implies \underline{\hspace{6cm}}.$$

$\square$

定义 3.13（索引族中的并集和交集）.

索引族 $\mathscr{A} = \{A_i \mid i \in I\}$ 中集合的**并集** $\bigcup_{i \in I} A_i$ 定义为至少包含在某一个 A_i 中的元素的集合.

索引族 $\mathscr{A} = \{A_i \mid i \in I\}$ 中集合的**交集** $\bigcap_{i \in I} A_i$ 定义为包含在每一个 A_i 中的元素的集合.

注意，这种表示法使我们可以处理无限并集和无限交集. 定理 3.12 的性质 4 和性质 5 也同样适用于无限并集和无限交集的情形. 在论证中，我们不需要假设索引 i 属于一个有限索引集.

例 3.14（索引族中的并集和交集）.

在符号表示中，注意 $\bigcup_{n=1}^{\infty} A_n = \bigcup_{n \in \mathbb{N}} A_n$ 且 $\bigcap_{n=1}^{\infty} A_n = \bigcap_{n \in \mathbb{N}} A_n$. 当然，全体自然数的无限并集就是 $\bigcup_{n=1}^{\infty} \{n\} = \mathbb{N}$.

对于任意 α，令 $A_\alpha = \{\alpha\}$. 那么 $\bigcup_{\alpha \in \mathbb{R}} A_\alpha = \mathbb{R}$ 且 $\bigcap_{\alpha \in \mathbb{R}} A_\alpha = \varnothing$. 实际上，对于任意索引集 I，我们都有 $\bigcup_{\alpha \in I} \{\alpha\} = I$ 和 $\bigcap_{\alpha \in I} \{\alpha\} = \varnothing$.[①]

对于任意 $n \in \mathbb{N}$，令 $A_n = (-\frac{1}{n}, \frac{1}{n})$. 那么 $\bigcup_{n=1}^{\infty} A_n = (-1, 1)$. 为什么? 对于任意 $m > n$，均有 $A_m \subset A_n$，所以由定理 3.12 的性质 2 可知，这个并集就是索引族中最大的集合，即下标最小的集合 A. 于是

$$\bigcup_{n=1}^{\infty} A_n = A_1 = (-1, 1).$$

[①] 注意例外情形: 当 I 是单元素集时，$\bigcap_{\alpha \in I} \{\alpha\} = I \neq \varnothing$. ——编者注

对于任意 $n \in \mathbb{N}$, 令 $A_n = [0, 2 - \frac{1}{n}]$. 那么 $\bigcup_{n=1}^{\infty} A_n = [0, 2)$. (注意, 这是一个半开区间. 这个区间不包含数 2, 因为不存在 $n \in \mathbb{N}$ 使得 $2 \in A_n$.) 为什么? 当学到定理 5.5 时, 我们才能理解该结论为什么成立. 另外, $\bigcap_{n=1}^{\infty} A_n = [0, 1]$. 为什么? 对于任意 $m > n$, 均有 $A_m \supset A_n$, 所以由定理 3.12 的性质 3 可知, 这个交集就是索引族中最小的集合, 即下标最小的集合 A. 于是

$$\bigcap_{n=1}^{\infty} A_n = A_1 = [0, 1].$$

定义 3.15 (补集).

集合 A 在另一个集合 B 中的**补集**是由属于 B 但不属于 A 的元素构成的集合, 记作在 B 中 A^C, 或者记作 $B \setminus A$.

用符号来表示在 B 中 A 的补集, 即:

$$B \setminus A = \{x \in B \mid x \notin A\}.$$

例 3.16 (补集).

在 $\mathbb{R}$ 中, $[-3, 3]$ 的补集是 $(-\infty, -3) \cup (3, \infty)$, $(-3, 3)$ 的补集是 $(-\infty, -3] \cup [3, \infty)$. 注意, 在 $\mathbb{R}$ 中, $\mathbb{Q}^C$ 是全体无理数的集合.

对于任意集合 A 与集合 B, 均有 $(A \cup B) \setminus B = A \setminus B$ 和 $(A \cap B) \setminus B = \varnothing$. 如果 $A \subset B$, 那么 $A \setminus B = \varnothing$. ($(A \cap B) \setminus B = \varnothing$ 就是这个结论的一个实例, 原因在于 $(A \cap B) \subset B$.)

集合 A 的补集的补集就是那些不是不属于 A 的元素所构成的集合, 也就是集合 A 本身. 因此, 我们总有 $B \setminus (B \setminus A) = A$.

我们还可以用补集来描述不包含某些元素的集合. 例如, 如果 $A = \{1, 2, 100\}$, 那么 $A \setminus \{100\}$ 就是 A 中 $\{100\}$ 的补集, 它包含 A 中除了元素 100 以外的所有元素, 即集合 $\{1, 2\}$.

接下来的定理是一个几乎适用于所有数学领域的标准结论. 这个定理以 Augustus De Morgan 的名字命名, 因为 Augustus De Morgan 正式确立了该定理在逻辑学领域的类似定理: 对于两个命题 $\boldsymbol{A}$ 和 $\boldsymbol{B}$, 有

$$\neg(\boldsymbol{A} \text{ 或 } \boldsymbol{B}) \iff (\neg\boldsymbol{A}) \text{ 且 } (\neg\boldsymbol{B})$$

$$\neg(\boldsymbol{A} \text{ 且 } \boldsymbol{B}) \iff (\neg\boldsymbol{A}) \text{ 或 } (\neg\boldsymbol{B}).$$

定理 3.17 (德摩根律).

令 E_α 表示任意一族 (有限个或无穷多个) 集合, 令所有 E_α 都是集合 X 的子集. (在该定理及其证明中, 我们将简写成 "E_α^C", 而不是 "在 X 中 E_α^C".)

则下列命题成立:

$$\left(\bigcup_{\alpha} E_{\alpha}\right)^{C} = \bigcap_{\alpha} \left(E_{\alpha}^{C}\right),$$

$$\left(\bigcap_{\alpha} E_{\alpha}\right)^{C} = \bigcup_{\alpha} \left(E_{\alpha}^{C}\right).$$

看看这两个命题与前面给出的两个逻辑结果有什么相似之处? 并集对应逻辑运算符"或", 而交集对应逻辑运算符"且". 德摩根律基本上是说并集的补集就是各补集的交集, 反之亦然. 看一看图 3.2, 弄明白该定律为什么有意义.

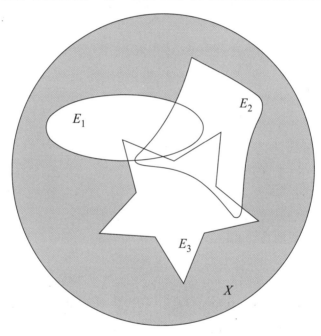

图 3.2 阴影区域是 $(E_1 \cup E_2 \cup E_3)^{C} = E_1^{C} \cap E_2^{C} \cap E_3^{C}$

 证明. 你要如何证明该定律呢? 你可能会在房间里四处走动以使自己更清醒一些, 但却被电视节目分散了注意力. 你意识到自己可能太累了, 于是去喝了杯咖啡, 却偶遇了一位年初认识的人, 你已经忘记了这个人的名字 (于是你笨拙地挥了挥手). 接着就跑回房间, 想看看锻炼是否会有所帮助. 又发现这是个非常糟糕的主意, 因为现在你更累了, 满身是汗. 然后你坐下来, 盯着书本发呆……接着突然顿悟: "嘿! 我可以采用作者在上亿次证明中所使用的方法!"没错: 只需要令 $A = (\bigcup_{\alpha} E_{\alpha})^{C}$ 和 $B = \bigcap_{\alpha} (E_{\alpha}^{C})$, 然后证明 $A \subset B$ 且 $B \subset A$ 即可.

令 $x \in A$, 那么由补集的定义可知 $x \in X$ 且 $x \notin \bigcup_\alpha E_\alpha$. 因此 x 不属于任意一个 E_α, 所以 x 属于每一个 E_α^C. 于是 $x \in \bigcap_\alpha (E_\alpha^C) = B$, 从而有 $A \subset B$.

现在, 令 $x \in B$, 那么对于任意 α, 均有 $x \in E_\alpha^C$, 所以 $x \in X$ 且 x 不属于任意一个 E_α. 于是, $x \notin \bigcup_\alpha E_\alpha$, 因此 $x \in (\bigcup_\alpha E_\alpha)^C = A$, 从而有 $B \subset A$.

现在, 为了得到第二个结论, 我们只需要做补集. 因为 $\{E_\alpha\}$ 是任意一族集合, 所以我们可以把已经证明的结论应用到索引族 $\{E_\alpha^C\}$ 上, 从而得到

$$\left(\bigcup_\alpha E_\alpha^C \right)^C = \bigcap_\alpha (E_\alpha^C)^C = \bigcap_\alpha E_\alpha.$$

对两端同时取补集就得到了我们想要的结论, 即 $\bigcup_\alpha E_\alpha^C = (\bigcap_\alpha E_\alpha)^C$.

当你看到这样一个简单而又严密的证明时, 你的视线会很自然地继续向前移动, 同时点头说"是的, 这是有道理的", 但你并没有真正理解发生了什么. 为了确保你的注意力集中 (并真正熟练掌握集合的相关知识), 请把这个证明抄写到笔记本上, 然后再把该证明默写到另一张纸上.

已经完成证明了吗? 没错, 你可以去睡觉了. □

不久, 我们就要开始利用_____数 (填空!) 来研究实分析. 实数集实际上是一个有序域. 有序域是一种特定类型的集合, 我们将在第 5 章中讨论有序域的性质. 但首先, 我们要学习边界的相关知识.

第 二 部 分
实 数

第 4 章　上确界

自然数是可以计数的数；整数包含 0、自然数及其相反数；有理数是通过整数做除法运算得到的；实数则是……实数到底是什么呢？当然，实数是由有理数和无理数共同构成的，但无理数只不过意味着"不是有理数"，我们没有定义这些数的真正含义.

我们将在下一个定理中看到，"$\sqrt{2}$ 不包含在 $\mathbb{Q}$ 中"这一事实使得有理数集中留下了一个"洞"，这样就形成了没有最小数的子集和没有最大数的子集. 这些洞使得 $\mathbb{Q}$ 缺少了**上确界**这一特殊性质.

为了填满这些洞，我们构造了 $\mathbb{Q}$ 的一个超集 $\mathbb{R}$，它具有上确界的性质.

定理 4.1 ($\mathbb{Q}$ 有"洞"). 存在没有最小数的有理数的子集，也存在没有最大数的有理数的子集.

证明. 对于这个定理，举例证明就足够了. 我们只需要找到 $\mathbb{Q}$ 的一个没有最小数的子集，以及另一个没有最大数的子集就行了.（如果想更专业一些，你会注意到定理说的"子集"是复数形式，所以对于每一种类型的子集，我们都应该找两个例子. 如果这对你来说有些困难，那就把找出每种类型的另一个例子留作练习题. 阿哈！这就是你从专业性上获得的东西.）

由例 2.3 可知，$\sqrt{2} \notin \mathbb{Q}$. 设 A 是由满足 $p^2 < 2$ 且 $p > 0$ 的所有 $p \in \mathbb{Q}$ 构成的集合. 为了证明 A 没有最大数，我们必须证明对于 A 中的任意一个元素，在集合 A 中一定存在比它更大的元素. 用符号表示，即：

$$p \in A \implies \exists q \in A \text{ 使得 } q > p.$$

经过一段时间的摸索，我们发现 $q = \frac{2p+2}{p+2}$ 是可行的.（在定理 5.8 的证明中，我们会给出一个一般公式来求像 q 这样的数.）我们有

$$\begin{aligned}
q &= \frac{2p+2}{p+2} \\
&= \frac{2p+2+p^2-p^2}{p+2} \\
&= \frac{p(p+2)-p^2+2}{p+2}
\end{aligned}$$

$$= p - \frac{p^2 - 2}{p + 2}.$$

因为 $p^2 < 2$，所以 $p^2 - 2 < 0$；因为 $p > 0$，所以 $p + 2 > 0$．于是 $\frac{p^2-2}{p+2} < 0$，从而 $p - \frac{p^2-2}{p+2} > p$．换言之，$q > p$．

我们还要证明 $q^2 < 2$（从而保证 $q \in A$）．我们有

$$\begin{aligned} q^2 - 2 &= \frac{(2p+2)^2}{(p+2)^2} - 2 \\ &= \frac{(4p^2 + 8p + 4) - 2(p^2 + 4p + 4)}{(p+2)^2} \\ &= \frac{2(p^2 - 2)}{(p+2)^2}. \end{aligned}$$

同样地，由 $p^2 < 2$ 可知 $2(p^2 - 2) < 0$，由 $p > 0$ 可知 $(p+2)^2 > 0$．于是 $\frac{2(p^2-2)}{(p+2)^2} < 0$，进而有 $q^2 - 2 < 0$．

为了找到 $\mathbb{Q}$ 的一个没有最小数的子集，设 B 是满足 $p^2 > 2$ 且 $p > 0$ 的所有 $p \in \mathbb{Q}$ 的集合．这里我们需要证明 "$p \in B \implies \exists q \in B$ 使得 $q < p$"．事实证明，上面的 q 对 B 也适用！为了证明 $q < p$ 且 $q^2 > 2$，请把下面的空白补充完整．

证明 $\mathbb{Q}$ 的子集 B 没有最小数

根据之前的讨论，我们知道

$$q = p - \underline{\hspace{3cm}}.$$

因为对于任意 $p \in \underline{\hspace{1.5cm}}$ 均有 $p^2 > 2$，所以 $2(p^2 - 2) \underline{\hspace{1.5cm}} 0$．由 $p > 0$ 可知 $p + 2 > 0$．于是 q 等于 p 减去某个正数，所以 $q < p$．

另外，我们有

$$q^2 - 2 = \underline{\hspace{3cm}}.$$

由 $p^2 > 2$ 可知 $\underline{\hspace{2cm}} > 0$，由 $p > 0$ 可知 $\underline{\hspace{2cm}} > 0$．因此 $q^2 - 2 > \underline{\hspace{1cm}}$．

$\square$

稍后，我们将回顾集合 A 与集合 B．我们有

$$A = \{p \in \mathbb{Q} \mid p^2 < 2 \text{ 且 } p > 0\},$$
$$B = \{p \in \mathbb{Q} \mid p^2 > 2 \text{ 且 } p > 0\}.$$

换句话说，它们可以记作

$$A = (0, \sqrt{2}) \cap \mathbb{Q},$$
$$B = (\sqrt{2}, \infty) \cap \mathbb{Q}.$$

为了证明前面的定理，我们想当然地认为 $\mathbb{Q}$ 的元素可以按顺序排列，每个有理数都夹在另外两个有理数之间. 这个性质使 $\mathbb{Q}$ 成为一个有序集，我们应该更严格地来定义有序集.

定义 4.2 (有序集).

集合 S 上的**顺序**是一种关系，记作 $<$，它具有下列性质.

性质 1. 对于 $x, y \in S$，以下结论恰好有一个成立：

$$x < y \quad \text{或} \quad x = y \quad \text{或} \quad y < x.$$

性质 2. 对于 $x, y, z \in S$，如果 $x < y$ 且 $y < z$ 则 $x < z$.

如果 S 上定义了一个顺序，那么 S 就是一个**有序集**.

$x < y$ 也可以写成 $y > x$. $x < y$ 或 $x = y$ 也可以写成 $x \leqslant y$. 用符号表示，这意味着：

$$x \leqslant y \iff \neg(x > y),$$
$$x \geqslant y \iff \neg(x < y).$$

如果一个集合是有序集，那么我们就可以得到最小值和最大值的概念.

定义 4.3 (最小值和最大值). 有序集 A 的**最小值**就是 A 中的最小元素. 有序集 A 的**最大值**就是 A 中的最大元素.

例 4.4 (最小值和最大值).

A 的最小值和最大值通常记作 $\min A$ 和 $\max A$. 例如，$\min \{1, 2, 100\} = 1$ 且 $\max \{1, 2, 100\} = 100$.

注意，如果 $A \subset B$ 且 A 和 B 都有最小值，那么 $\min A \geqslant \min B$. 为什么？因为 $|A| \leqslant |B|$，所以 B 的最小元素 b 可能包含在 A 中，也可能不包含在 A 中. 如果 $b \in A$，那么 b 也是 A 的最小元素 (因为 b 比 B 中的所有元素都小，其中也包含 A 中的所有元素)，所以 $\min A = \min B$；如果 $b \notin A$，那么 A 的最小元素一定比 b 大 (否则，这个元素也会是 B 的最小值). 类似地，如果 $A \subset B$，那么 $\max A \leqslant \max B$.

我们也可以对索引族中集合的大小取最小值, 即 $\min_{\alpha} |A_{\alpha}|$. 考虑由所有 $|A_{\alpha}|$ 构成的集合. 因为每个 $|A_{\alpha}|$ 都是一个数, 所以这个集合是有序的, 我们可以取该集合关于索引 α 的最小值. 例如, 任意给定一个 $\alpha \in \mathbb{R}$, 令

$$A_{\alpha} = \{n \in \mathbb{N} \mid n \leqslant \alpha\}.$$

那么 $\min_{\alpha} |A_{\alpha}| = 0$, 这是因为存在一个 $\alpha \in \mathbb{R}$, 使得所有自然数都大于它. 例如, $A_{0.5} = \varnothing$, 那么 $|A_{0.5}| = 0$.

那么 $\max_{\alpha} |A_{\alpha}|$ 是多少? 对于任意 $\alpha \in \mathbb{R}$, $A_{\alpha+1}$ 至少比 A_{α} 多一个元素. 因此, 给定任意一个 $|A_{\alpha}|$ 的可能的最大值, 我们总可以找到一个大于该值的元素. 当这种情况发生时, 我们说最大值不存在.

在很多情况下, 我们不能对无限集取最小值或最大值. 例如, $\min(-3, 3)$ 是无定义的, 因为这个区间没有最小数. (如果你觉得可以找到一个最小数 a, 那么我们总能找到某个 b 使得 $-3 < b < a$.) 另一方面, 虽然 $[-3, 3]$ 是一个无限集, 但是 $\min[-3, 3] = -3$. 这里的规则是: 我们总能取到有限有序集的最小值和最大值, 但无限有序集的最小值和最大值可能存在, 也可能不存在.

定义 4.5 (边界).

设 E 是有序集 S 的子集, 如果存在一个 $\alpha \in S$, 使得 E 的每个元素都小于等于 α, 那么 α 是 E 的**上界**, 即 E 是**有上界的**.

用符号表示, E 有上界即:

$$\exists \alpha \in S \text{ 使得 } \forall x \in E \text{ 均有 } x \leqslant \alpha.$$

类似地, 如果存在一个 $\beta \in S$, 使得 E 的每个元素都大于等于 β, 那么 β 是 E 的**下界**, 即 E 是**有下界的**.

用符号表示, E 有下界即:

$$\exists \beta \in S \text{ 使得 } \forall x \in E \text{ 均有 } x \geqslant \beta.$$

注意, 与最小值和最大值不同, E 的上下界不一定是 E 的元素, 它们只需要包含在超集 S 中即可.

例 4.6 (边界).

在 $S = \mathbb{Q}$ 中, 集合 $E = (-\infty, 3) \cap \mathbb{Q}$ 没有下界, 因为对于 $\mathbb{Q}$ 的任意元素 β, 我们总可以在 E 中找到一个小于 β 的元素. 另一方面, E 是有上界的, 任何满

足 $\alpha \in \mathbb{Q}$ 且 $\alpha \geqslant 3$ 的 α 都是 E 的上界. 注意, $\alpha \notin E$ 这一点无关紧要, 只要满足 $\alpha \in S$ 即可. 另外, 无限区间 $(-\infty, \infty)$ 既无上界也无下界.

如果设定理 4.1 的证明中的 A 和 B 都是 $\mathbb{R}$ 的子集, 那么 $\sqrt{2}$ 是 A 的上界 (并且任何大于 $\sqrt{2}$ 的数都是 A 的上界). 因此, $\{\sqrt{2}\} \cup B$ 中的每一个元素都是 A 的上界; 同样地, $\{\sqrt{2}\} \cup A$ 中的每一个元素都是 B 的下界.

如果我们忽略 $\mathbb{R}$, 只考虑包含在 $\mathbb{Q}$ 中的 A 和 B, 那么 A 和 B 以对方的每一个元素为边界, 但 $\sqrt{2}$ 不是 A 和 B 的边界 (因为 $\sqrt{2} \notin \mathbb{Q}$).

为了进一步说明这种区别, 设 $E = (0,3), S_1 = \mathbb{R}, S_2 = (-3,3), S_3 = E$. 如果我们在 S_1 中考察 E, 那么 E 显然既有上界又有下界 (任何大于等于 3 的数都是 E 的上界; 任何小于等于 0 的数都是 E 的下界). 如果在 S_2 中考察 E, 那么 E 是没有上界的, 因为任何大于等于 3 的数都不包含在 S_2 中. 但是, $(-3,0]$ 中的任意元素都是 E 的下界. 如果在 S_3 中考察 E (即 E 作为其自身的一个子集), 那么 E 既无上界也无下界.

更精确的写法通常是 "E 在 S 中有上界或下界", 而不仅仅是 "E 有上界或下界". 在上面的例子中, 我们可以说 E 在 S_1 中有上界, 但在 S_2 和 S_3 中没有上界; E 在 S_1 和 S_2 中有下界, 但在 S_3 中没有下界.

定义 4.7 (上确界和下确界).

设 E 是有序集 S 的子集. 如果 S 中存在 E 的一个上界 α, 使得 S 中任何小于 α 的元素都不是 E 的上界, 那么 α 是 E 的**最小上界**或**上确界**.

用符号表示, $\alpha = \sup E$ 即:

$$\alpha \in S;\ x \in E \Longrightarrow x \leqslant \alpha;\ \text{且}\ \gamma \in S, \gamma < \alpha \Longrightarrow \gamma\ \text{不是}\ E\ \text{的上界}.$$

同样地, 如果 S 中存在 E 的一个下界 β, 使得 S 中任何大于 β 的元素都不是 E 的下界, 那么 β 是 E 的**最大下界**或**下确界**.

用符号表示, $\beta = \inf E$ 即:

$$\beta \in S;\ x \in E \Longrightarrow x \geqslant \beta;\ \text{且}\ \gamma \in S, \gamma > \beta \Longrightarrow \gamma\ \text{不是}\ E\ \text{的下界}.$$

这个定义清楚地说明了为什么上确界被称为**最小上界**: 任何小于它的元素都不是上界. 注意, 之所以称为上确界是因为它必须是唯一的. 如果存在另一个上确界, 那么这个上确界就一定大于另一个, 此时这个上确界就不是最小上界.

与普通的上下界一样, 集合 E 的上确界和下确界不一定是 E 的元素, 它们只需要包含在超集 S 中就行了. 因此, 尽管集合 $(-3,3)$ 没有最小值和最大值 (见例 4.4), 但它在 $\mathbb{Q}$ 中确实有上确界和下确界, 即 3 和 -3.

例 4.8 (上确界和下确界).

在 $S = \mathbb{Q}$ 中, 集合 $E = (-\infty, 3) \cap \mathbb{Q}$ 没有下界, 但 E 的一个上界 $3 \in S$ 其实就是它的上确界. 为了证明这一点, 我们必须证明任何 $\gamma < 3$ 都不是 E 的上界. 这是成立的, 因为 $\frac{\gamma+3}{2}$ (即 γ 和 3 的中点) 是小于 3 的有理数, 它包含在 E 中. 但是 $\frac{\gamma+3}{2} > \gamma$, 因此 γ 不可能大于等于 E 中的每一个元素.

如果设定理 4.1 的证明中的 A 和 B 都是 $\mathbb{R}$ 的子集, 那么 $\sqrt{2}$ 就是 A 的上界. 任何实数 $p < \sqrt{2}$ 都不是 A 的上界 (因为 $q = \frac{2p+2}{p+2}$ 属于 A 且 $q > p$), 因此 $\sup A = \sqrt{2}$. 类似地, $\inf B = \sqrt{2}$.

如果我们忽略 $\mathbb{R}$, 只考虑包含在 $\mathbb{Q}$ 中的 A 和 B, 那么 A 没有上确界, B 也没有下确界, 因为定理 4.1 表明 B (其元素都是 A 的上界) 没有最小元素, 而 A (其元素都是 B 的下界) 没有最大元素.

试着填充下框中的空白.

$\left\{\frac{1}{n} \mid n \in \mathbb{N}\right\}$ 的上确界和下确界

在 $S = \mathbb{Q}$ 中, 集合 $E = \left\{\frac{1}{n} \mid n \in \mathbb{N}\right\}$ 既有上确界又有下确界.

上确界是 $\alpha = $ _____. 首先, 因为 $\alpha \in S$, 并且对每一个 $x \in E$ 均有 _____, 所以我们验证了 α 是 E 的上界. 其次, 对于任意 $\gamma < \alpha$, γ 不是 E 的 _____, 这是因为 α 属于 E 且 $\alpha > \gamma$.

下确界是 $\beta = $ _____. 首先, 因为 $\beta \in S$, 并且对于每一个 _____ 均有 $x \geqslant \beta$, 所以我们验证了 β 是 E 的下界. 其次, 对于任意 $\gamma > \beta$, γ 不是 E 的 _____, 这是因为 _____ 属于 E 且小于 γ.

提示: 为了填充最后一个空白, 你需要找到一个介于 β 和 γ 之间且形如 $\frac{1}{n}$ 的数, 其中 n 是某个自然数. 显然, $\frac{1}{n}$ 大于 β, 所以我们只需要找到一个满足 $\frac{1}{n} < \gamma$ 的自然数 n, 即满足 $n > \frac{1}{\gamma}$ 的自然数 n. 不过, $\frac{1}{\gamma}$ 可能不是自然数, 但如果将其向上舍入, 它就会变成一个自然数. 我们使用**上取整**符号 $\lceil x \rceil$ 表示 "x 向上舍入到最接近的整数". 于是 $\left\lceil \frac{1}{\gamma} \right\rceil \in \mathbb{N}$ 且 $\left\lceil \frac{1}{\gamma} \right\rceil \geqslant \frac{1}{\gamma}$. 但我们真正需要的是 $n > \frac{1}{\gamma}$, 而不是 $n \geqslant \frac{1}{\gamma}$. 只要加上 1, 我们就能使 n 严格变大, 所以令 $n = 1 + \left\lceil \frac{1}{\gamma} \right\rceil$, 这样就得到了我们想要的数:

$$\frac{1}{n} = \frac{1}{1 + \left\lceil \frac{1}{\gamma} \right\rceil}.$$

请注意, 上述例子中的上确界阐述了以下内容: 如果 E 的某个上界是 E 的元素, 那么该上界就自然成为 E 的上确界. 下面给出这个结果的定理形式.

定理 4.9 (包含在集合中的边界).

设 E 是有序集 S 的子集. 如果 E 的某个上界包含在 E 中, 那么它就是最小上界. 如果 E 的某个下界包含在 E 中, 那么它就是最大下界.

证明. 设 α 是 E 的一个上界, 且 $\alpha \in E$. 对于任意 $\gamma < \alpha$, γ 不可能是 E 的上界, 因为 E 中存在一个大于 γ 的元素 $\alpha \in E$. 因此, α 是 E 的上确界.

同样地, 设 β 是 E 的一个下界, 且 $\beta \in E$. 对于任意 $\gamma > \beta$, γ 不可能是 E 的下界, 因为 E 中存在一个小于 γ 的元素 $\beta \in E$. 因此, β 是 E 的下确界. □

当然, 如果一个集合不包含它的任何上界, 那么它可能有上确界, 也可能没有上确界.

兴奋起来! 接下来, 我们将定义实分析中最重要的概念之一.

定义 4.10. 设 S 是有序集. 如果 S 的每一个有上界的非空子集 E 都在 S 中存在 $\sup E$, 那么称有序集 S 具有**最小上界性**.

例 4.11. $\mathbb{Q}$ 具有最小上界性吗? 回顾定理 4.1 的证明, 例 4.8 表明 A 是 $\mathbb{Q}$ 的一个有上界的非空子集 (B 的所有元素都是 A 的上界). 但是, A 在 $\mathbb{Q}$ 中没有上确界 (因为 $\sqrt{2} \notin \mathbb{Q}$). 因此, $\mathbb{Q}$ 没有最小上界性. 哦, 好吧. (实际上, $\mathbb{Q}$ 缺少最小上界性的事实是我们定义 $\mathbb{R}$ 的主要动力.)

你可能会问: "如果有最小上界性, 那么难道不应该有最大下界性吗?" 嗯, 是的, 但事实证明, 这两条性质是等价的!

定理 4.12 (下界集的上确界).

设 S 是具有最小上界性的有序集, 那么 S 也具有最大下界性. 也就是说, S 的每一个有下界的非空子集 B 都在 S 中存在 $\inf B$.

此外, 如果设 L 为 B 的全体下界的集合, 那么 $\inf B = \sup L$.

实际上, 这个定理不仅证明了一条性质蕴涵着另一条性质, 它还告诉我们, 在一个具有最小上界性的集合中, 任何子集的下确界都是该子集全体下界的上确界.

证明. 取 B 全体下界的集合为 L. 首先, 我们要证明在 S 中存在 $\sup L$, 然后证明 $\sup L = \inf B$.

为了证明在 S 中存在 $\sup L$, 我们要利用最小上界性, 所以我们要证明 L 是 S 的一个有上界的非空集. 由 B 在 S 中有下界可知, L 至少有一个元素包含在 S 中. 我们该如何证明 L 在 S 中有上界? L 的每个元素都小于等于 B 的所有元素, 因此 B 的每一个元素都是 L 的上界. 因为 B 是 S 的非空子集, 所以 L 在 S 中至少有一个上界. 现在利用最小上界性就证明了在 S 中存在 $\sup L$, 不妨记作 α.

接下来的证明请参阅图 4.1.

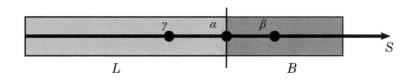

图 4.1　将子集 B 和 L 表示为直线 S 上的区间

为了证明 α 等于 $\inf B$, 首先必须证明 α 是 B 的下界. 因为 α 是 L 的上确界, 所以如果数 γ 小于 α, 那么 γ 就不是 L 的上界, 这意味着 γ 一定小于 L 的某个元素. 因此 γ 小于 B 的一个下界, 所以 γ 不可能包含在 B 中. 我们已经证明了任何小于 α 的数都不可能包含在 B 中, 所以 α 一定小于等于 B 中的每个元素, 因此 α 是 B 的一个下界.

现在 α 是 B 的下界. 因为 α 是 L 的上界, 所以对于任意 $\beta > \alpha$, β 都不可能属于 L. 也就是说, 任何 $\beta > \alpha$ 都不是 B 的下界, 所以 $\alpha = \inf B$. □

结合上述定理的逆命题, 我们就完成了最小上界性等价于最大下界性的证明.

定理 4.13 (上界集的下确界).

设 S 是具有最大下界性的有序集. 那么 S 也具有最小上界性. 也就是说, S 的每一个有上界的非空子集 B 都在 S 中存在 $\sup B$.

此外, 如果设 U 为 B 的全体上界的集合, 那么 $\sup B = \inf U$.

证明. 这个证明与上一个证明完全类似. 接下来把下框中的空白填充完整. 在完成第二段之前, 画一张类似于图 4.1 的图.

证明定理 4.13

为了证明在 S 中存在 $\inf U$, 我们要利用＿＿＿＿＿＿＿＿ 性质. 由 B 在 S 中有上界可知, U 至少有一个元素包含在 S 中, 所以 U 是＿＿＿＿＿＿. U 的每一个元素＿＿＿＿＿＿ B 的所有元素, 所以 B 的每一个元素都是 U 的＿＿＿＿＿＿. 因为 B 是 S 的非空子集, 所以 U 在 S 中至少有一个下界. 现在利用最大下界性就证明了在 S 中存在 $\inf U$, 不妨记作 α.

如果 $\gamma > \alpha$，那么 γ 就不是 U 的一个_____，这意味着 γ 一定大于 U 的某个元素，所以 $\gamma \notin B$. 因此 α 一定_____B 中的每一个元素，那么 α 就是 B 的一个上界. 因为 α 是 U 的下界，所以对于任意一个小于 α 的数 β，均有 β_____U. 也就是说，任何 $\beta < \alpha$ 都不是 B 的上界，所以 $\alpha =$_____.

$\square$

在实分析中经常要用到上确界和下确界. 有界无限集可能没有最小值或最大值，但它总是有上确界或下确界，这通常是我们描述最窄范围的最佳方法. 我们将来还会遇到上确界和下确界，所以现在有必要花些时间去真正理解它们的定义以及如何在证明中使用它们.（如果你讨厌这些概念，不想看到它们，那就试着在每次读 $\sup E$ 时说 "soupy"，这可能会让你感觉更好些.）

我们希望 $\mathbb{Q}$ 的有序超集 $\mathbb{R}$ 具有最小上界性和最大下界性. 另外，我们还希望可以在 $\mathbb{R}$ 中定义加法、乘法等运算，而这些都跟 "域" 的性质有关，在下一章中，我们将定义域的概念.

第 5 章 实数域

在学习了有序域的定义之后，我们终于可以理解实数是什么了．$\mathbb{R}$ 作为一个域具有三个重要特征：阿基米德性质、$\mathbb{Q}$ 的稠密性和根的存在性．我们将对这些特征逐一加以证明，并且以后也会经常用到它们．

定义 5.1 (域)．

设 F 是任意一个具有加法和乘法两种运算的集合．如果 F 满足下列**域公理**，那么 F 就是一个**域**：

A1.（加法的封闭性）如果 $x, y \in F$，那么 $x + y \in F$．

A2.（加法交换律）$\forall x, y \in F$, $x + y = y + x$．

A3.（加法结合律）$\forall x, y, z \in F$, $(x + y) + z = x + (y + z)$．

A4.（加法单位元）F 包含元素 0 使得 $\forall x \in F$, $x + 0 = x$．

A5.（加法逆元）对于每一个 $x \in F$，存在元素 $-x \in F$ 使得 $x + (-x) = 0$．

M1.（乘法的封闭性）如果 $x, y \in F$，那么 $xy \in F$．

M2.（乘法交换律）$\forall x, y \in F$, $xy = yx$．

M3.（乘法结合律）$\forall x, y, z \in F$, $(xy)z = x(yz)$．

M4.（乘法单位元）F 包含元素 1（且 $1 \neq 0$）使得 $\forall x \in F$, $1x = x$．

M5.（乘法逆元）对于每一个 $x \in F$，如果 $x \neq 0$，那么存在元素 $\frac{1}{x} \in F$ 使得 $(x)\frac{1}{x} = 1$．

D.（分配律）$\forall x, y, z \in F$, $x(y + z) = xy + xz$．

对于任意一个集合，如果将其与普通加法和乘法结合在一起，那么上面的大多数公理都自然成立．例如，乘法单位元是 1，因为 1 乘以任何数都等于它自身．如果有需要，我们可以在集合上定义一些不同于传统的新加法和新乘法，并试着让它们满足域公理，但我们并不是真的想要这么做．以抽象的方式研究像域这样的结构是代数学的重点，这是数学的高级领域，与"如果 $3x + 2 = 8$，求 x"完全不同．

就我们的目的而言，我们要考察的每一个域，其元素都是做传统加法和乘法的普通数，因此通常认为公理 A2–A5、M2–M5 和 D 是显然成立的. 然而，封闭性公理 A1 和 M1 在许多情况下都不是显然的. 如果想证明某个东西是一个域，我们必须给出封闭性的详细证明.

例 5.2 (域).

有理数集与普通的加法和乘法共同构成了一个域. 我们来验证一下封闭性公理是否成立. 对于任意 $x, y \in \mathbb{Q}$，我们可以记 $x = \frac{a}{b}$ 和 $y = \frac{c}{d}$，其中 $a, b, c, d \in \mathbb{Z}$. 那么

$$x + y = \frac{a}{b} + \frac{c}{d} = \frac{ad + bc}{bd}$$

是一个有理数，并且

$$xy = \frac{ac}{bd}$$

也是一个有理数.

另一方面，$\mathbb{N}$ 不是域. 由于 $\mathbb{N}$ 不包含负整数，所以 $\mathbb{N}$ 的每一个元素都没有加法逆元. $\mathbb{Z}$ 也不是域. 由于 $\mathbb{Z}$ 不包含分数，所以 $\mathbb{Z}$ 的每一个元素[①]都没有乘法逆元.

集合 $S = \{0, 1, 2, 3, 4\}$ 结合普通的加法和乘法无法构成一个域. 因为 S 包含 2 和 3，但是 $2 + 3 = 5$ 不属于 S，所以 S 对加法不封闭. 同样地，$(2)(3) = 6 \notin S$，所以 S 对乘法也不封闭.

但是，不妨设 $T = S \mod 5$，也就是说，我们在 S 中把数 5 设为 0. 那么 $10 = 5 + 5 = 0 + 0$；同样地，5 的任何倍数也都等于 0. 此时，$2 + 3 = 5 = 0$ 就包含在 T 中. 在 T 中，元素的任意和或积 x 均包含在 T 中；因为当 $x \geqslant 5$ 时，我们可以把 x 写成 $x = 5n + m = m$，其中 $m, n \in \mathbb{N}$ 且 $m < 5$. 这个奇怪的域 T 通常记作 $\mathbb{Z}_5$.

仅使用域公理，我们就可以证明域的许多基本性质，例如 $-(-x) = x$，$0x = 0$，当 $x \neq 0$ 时 $xy = 1 \implies y = \frac{1}{x}$，等等. 多使用几次域公理就可以证明这些性质.

定义 5.3 (有序域).

有序域 F 是一个域，它也是满足下列公理的有序集：

O1. 如果 $y < z$，那么 $\forall x, y, z \in F$，$x + y < x + z$.

O2. 如果 $x > 0$ 且 $y > 0$，那么 $\forall x, y \in F$，$xy > 0$.

---

① "每一个元素" 应改为 "除了 ± 1 之外的元素". ——编者注

回到定义 4.2，回顾一下有序集的含义.

有序域公理非常直观，我们可以利用它们来证明一些基本性质，例如 $x > 0$，$y < z \implies xy < xz$，$0 < x < y \implies 0 < \frac{1}{y} < \frac{1}{x}$，等等.（我们将跳过这些简单的证明，因为时间就是金钱，而金钱可以买到一个新的笔记本，你试着在笔记本上自己写出这些证明.）

现在我们来定义实数！

定义 5.4 (实数). **实数**集 $\mathbb{R}$ 是具有最小上界性且包含 $\mathbb{Q}$ 的有序域.

换句话说，$\mathbb{R}$ 满足有序域的全部公理，并填充了有理数集中的所有"洞".

虽然我们可以定义 $\mathbb{R}$，但这并不表示它一定存在. 由于实分析教学方法的不同，解决这一问题的方式也不同. 有些教科书只是假设这个 $\mathbb{R}$ 是存在的，并把这一假设称为"完备性公理"，这里的**完备性**就是最小上界性和最大下界性的另一种说法. 不过，在假设 $\mathbb{Q}$ 存在之后，$\mathbb{R}$ 的存在性是可以证明的. 有个（相当费力的）证明使用了一种叫作"戴德金分割"的方法. 如果感兴趣，你可以查一下.

除了完备性和包含 $\mathbb{Q}$ 以外，实数集还有一些非常有用的性质，接下来的三个定理将对此进行探讨.

定理 5.5 ($\mathbb{R}$ 的阿基米德性质).

对于任意一个给定的正实数，我们都可以找到一个自然数，使得这两个数的乘积任意大.

用符号表示，即：

$$\forall x, y \in \mathbb{R} \ \text{且}\ x > 0, \ \exists n \in \mathbb{N} \ \text{使得}\ nx > y.$$

换句话说，阿基米德性质断言：对于任意两个实数，你总是可以找到一个大于这两个实数比值的自然数. 一个常用的推论是 $\forall y \in \mathbb{R}$，$\exists n \in \mathbb{N}$ 使得 $n > y$（令定理中的 $x = 1$ 即得到该推论）.

当然，$\mathbb{Q}$ 也有阿基米德性质. 对于任意 $x, y \in \mathbb{Q}$ 且 $x > 0$，我们记 $x = \frac{a}{b}$ 和 $y = \frac{c}{d}$，其中 $a, b, c, d \in \mathbb{N}$. 令 $n = 2bc$，显然 $n \in \mathbb{N}$，并且

$$nx = (2bc)\frac{a}{b} = 2ac = (2ad)\frac{c}{d} = 2ady > y.$$

（这里假设 $y > 0$. 如果 $y \leq 0$，只需令 $n = 1$，又因为 $x > 0$，从而有 $nx = x > y$.）

证明实数集的阿基米德性质有点棘手，因为大部分实数都不像分数那样有一个简单的表示. 相反，我们将利用 $\mathbb{R}$ 的特殊之处：最小上界性.

证明. 我们借此机会来演示分两步证明的过程. 首先, 利用定义找出问题的关键, 进而逐步分解证明. 其次, 把已知条件用一种优美的线性方式写下来.

第一步. 设 A 为所有可能的 nx 的集合, 其中 n 是任意自然数. 阿基米德性质断言了 A 中存在大于 y 的元素. 如果想利用最小上界性, 那么集合 A 并没有什么用, 因为它没有上界, 除非我们假设阿基米德性质为假. 在这个假设下, A 的所有元素都不大于 y, 这意味着 y 是 A 的上界. 这似乎是一个合理的方向, 所以我们考虑利用反证法来证明.

假设阿基米德性质为假, y 是 $A = \{nx \mid n \in \mathbb{N}\}$ 的上界. 现在 A 是 $\mathbb{R}$ 的一个非空子集, 那么由定义 4.10 可知, 在 $\mathbb{R}$ 中存在 $\sup A$. 为方便起见, 令 $\alpha = \sup A$. 现在还有哪些已知条件没有用到? 我们能利用的基本上就是上确界的定义: 如果 $\gamma < \alpha$, 那么 γ 不是 A 的上界. 这意味着 γ 小于 A 的某个元素, 因此存在某个自然数 m, 使得 $\gamma < mx$.

这有帮助吗? 有点. 我们希望最终得到 "α 不是 A 的上界" 这个矛盾. 因此, 如果能证明某个自然数乘以 x 大于 α 就好了 (因为这与 $\alpha = \sup A$ 相矛盾). 现在已经得到了 $\gamma < mx$, 如果我们可以用 α 来表示 γ, 那么这个不等式就更有用了. 由于 γ 必须小于 α, 所以不妨记作 $\gamma = \alpha - k$, 其中 $k > 0$. 于是 $\gamma < mx \implies \alpha < mx + k$.

现在的目标是把 $mx + k$ 写成 nx 的形式, 其中 n 是自然数. 如果 $k = cx$ 且 $c \in \mathbb{N}$, 那么 $mx + k = mx + cx = (m+c)x$, 这确实是一个自然数乘以 x 的形式. 事实上, 令 $c = 1$ 就可以了, 此时 $k = x$ 就是我们想要的. 现在 $\alpha < (m+1)x$, 所以 α 小于 A 的某个元素, 这与 $\alpha = \sup A$ 相矛盾. 因此, 实数集的阿基米德性质一定为真.

第二步. 经过所有这些思考, 证明这个定理并不需要很多步骤. 我们现在就把它正式地写出来.

假设 $\mathbb{R}$ 没有阿基米德性质. 那么 $A = \{nx \mid n \in \mathbb{N}\}$ 有上界 y, 于是由 $\mathbb{R}$ 的最小上界性可知, 在 $\mathbb{R}$ 中存在 $\alpha = \sup A$. 因为 $x > 0$, 所以 $\alpha - x < \alpha$, 那么 $\alpha - x$ 不可能是 A 的上界. 因此, 存在 $m \in \mathbb{N}$ 使得 $\alpha - x < mx$, 即 $\alpha < (m+1)x$. 但是, $(m+1)x \in A$, 所以 α 不是 A 的上界, 这样就得到了矛盾.

如果愿意的话, 我们可以把几乎所有东西都用符号表示, 进而缩短证明过程:

$$\neg(\exists n \text{ 使得 } nx > y) \implies A = \{nx \mid n \in \mathbb{N}\} \leqslant y$$
$$\implies \alpha = \sup A \in \mathbb{R}$$
$$\implies \exists m \in \mathbb{N} \text{ 使得 } \alpha - x < mx$$

$$\Longrightarrow \alpha < (m+1)x$$

$$\Longrightarrow \bot .$$

（在逻辑上，符号 $\bot$ 表示"矛盾".） $\qquad\qquad$ □

定理 5.6 ($\mathbb{Q}$ 在 $\mathbb{R}$ 中稠密).

任意两个实数之间都至少存在一个有理数.

用符号表示，即：

$$x,y \in \mathbb{R} \text{ 且 } x < y \Longrightarrow \exists p \in \mathbb{Q} \text{ 使得 } x < p < y.$$

$\mathbb{Q}$ 在 $\mathbb{R}$ 中的这种性质称为**稠密性**. 我们说 $\mathbb{Q}$ 在 $\mathbb{R}$ 中**稠密**.

我们已经知道 $\mathbb{R}$ 本身是稠密的（我们总能在任意两个实数之间找出一个实数）. 为什么？对于任意 $x,y \in \mathbb{R}$ 且 $x < y$，令 $z = \frac{x+y}{2}$（即 x 和 y 的中点），那么 $x < z < y$.

按照同样的逻辑，不难看出 $\mathbb{Q}$ 本身也是稠密的，因为中点 $p = \frac{q+r}{2} \in \mathbb{Q}$ 始终介于 q 和 r 之间. 类似地，$\mathbb{Q}$ 在 $\mathbb{N}$ 中也是稠密的（$p = \frac{m+n}{2}$ 是介于自然数 m 和 n 之间的有理中点）.

另一方面，$\mathbb{N}$ 本身并不稠密，因为 2 和 3 之间没有自然数. 同样地，$\mathbb{N}$ 在 $\mathbb{Q}$ 中也不稠密，因为在 $\frac{1}{3}$ 和 $\frac{1}{2}$ 之间没有自然数.

注意，稠密性不仅保证了 x 和 y 之间有一个 p，而且保证了 x 和 y 之间有无穷多个有理数. 一旦有了 $x < p < y$，我们就可以再次利用该性质找到一个 $q \in \mathbb{Q}$，使得 $x < q < p$，并且这个过程可以无限次地重复下去.

该定理的一个特殊推论是，任何开区间 (a,b) 或闭区间 $[a,b]$ 都包含无穷多个点，$(a,b) \cap \mathbb{Q}$ 和 $[a,b] \cap \mathbb{Q}$ 也是如此.

证明. 我们想在 x 和 y 之间找到一个有理数 p，也就是说，我们想找到满足 $x < \frac{m}{n} < y$ 的 $m,n \in \mathbb{Z}$. 为了找到合适的 m 和 n，我们多次使用定理 5.5 中的阿基米德性质，如图 5.1 所示.

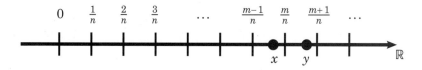

图 5.1 为了使增量 $\frac{1}{n}$ 不会跳过区间 (x,y)，我们必须选择足够大的 n，m 则必须是大于 nx 的最小整数

第一部分. 首先, 我们要保证 $n \in \mathbb{N}$ 足够大, 从而使得 $\frac{1}{n}, \frac{2}{n}, \frac{3}{n}, \cdots$ 中至少有一个分数落在 x 和 y 之间. 如果 n 太小, 那么分数 $\frac{1}{n}, \frac{2}{n}, \frac{3}{n}, \cdots$ 之间的增量就会太大, 这样会导致它们跳过区间 (x, y).

换句话说, 我们要让 $\frac{1}{n}$ 小于 $y - x$. 如果将这个不等式整理成 $n(y - x) > 1$, 则可以利用阿基米德性质来找到这样的 $n \in \mathbb{N}$. 于是就得到了 $ny > 1 + nx$, 我们稍后会用到这个不等式.

第二部分. 其次, 我们需要确保 $m \in \mathbb{Z}$ 是大于 nx 的最小整数, 从而使得 $nx < m < ny$.

因为我们要在两个连续的整数之间 "捕获" nx, 所以需要证明 $\exists m \in \mathbb{Z}$ 使得 $m - 1 \leqslant nx < m$. 这里有三种可能的情形.

情形 1.   如果 $nx > 0$, 那么我们可以利用阿基米德性质来证明至少存在一个 $m_1 \in \mathbb{N}$ 使得 $m_1 > nx$. (这里的变量名有点乱. 我们正在使用定理 5.5, 其中 $x \in \mathbb{R}$ 是 1, $y \in \mathbb{R}$ 是 nx, $n \in \mathbb{N}$ 是 m_1). 因此, 集合 $\{m_1 \in \mathbb{N} \mid m_1 > nx\}$ 是非空的.

数论中有一个公理叫 "良序原理", 它指出 $\mathbb{N}$ 的每个非空子集都有一个最小元素. (这应该很直观, 因为 1 是 $\mathbb{N}$ 的下界.) 由良序原理可知, $\{m_1 \in \mathbb{N} \mid m_1 > nx\}$ 有一个最小元素 m. 因为 m 是大于 nx 的最小整数, 所以 $m - 1$ 一定 $\leqslant nx$. 于是 $m - 1 \leqslant nx < m$.

情形 2. 如果 $nx = 0$, 那么 $0 \leqslant nx < 1$. 于是令 $m = 1$, 从而有 $m - 1 \leqslant nx < m$.

情形 3. 如果 $nx < 0$, 那么 $-nx$ 就满足情形 1 的条件, 这样就得到了一个自然数 m_2, 使得 $m_2 - 1 \leqslant -nx < m_2$. 于是 $-m_2 < nx \leqslant 1 - m_2$. 如果 $nx = 1 - m_2$, 那么 $m = 2 - m_2$ 就满足 $m - 1 \leqslant nx < m$. 否则, $nx < 1 - m_2$, 此时令 $m = 1 - m_2$, 则有 $m - 1 \leqslant nx < m$.

现在我们找到了一个使得 $nx < m$ 且 $m \leqslant 1 + nx$ 的整数 m. 如果将其与第一部分的不等式相结合, 则有

$$nx < m \leqslant 1 + nx < ny.$$

因为 $n > 0$, 所以将上式两端同时除以 n 可得 $x < \frac{m}{n} < y$, 这恰好就是我们想要的. $\square$

推论 5.7 (无理数在 $\mathbb{R}$ 中稠密).

任意两个实数之间至少有一个无理数.

用符号表示, 即:

$$x, y \in \mathbb{R} \text{ 且 } x < y \Longrightarrow \exists p \notin \mathbb{Q} \text{ 使得 } x < p < y.$$

证明. 令 $a = \frac{x}{\sqrt{2}}$ 且 $b = \frac{y}{\sqrt{2}}$. 由定理 5.6 可知, 存在一个有理数 q 使得 $a < q < b$. 那么 $x < \sqrt{2}q < y$, 所以 $p = \sqrt{2}q$ 就是我们想要的数. 注意, p 确实是无理数, 因为如果它是有理数, 那么 $\sqrt{2} = \frac{p}{q}$ 就是有理数. □

下面的定理 (三个重要定理中的最后一个) 是关于根的. 你知道 $y = \sqrt[n]{x}$ 或 $y = x^{\frac{1}{n}}$ 是什么吗?

定理 5.8 ($\mathbb{R}$ 中根的存在性).

对于任意 $n \in \mathbb{N}$, 每个正实数都有唯一的正 n 次方根.

用符号表示, 即:

$$\forall x \in \mathbb{R} \text{ 且 } x > 0, \forall n \in \mathbb{N}, \exists \text{ 唯一的 } y \in \mathbb{R}, \text{ 使得 } y > 0 \text{ 且 } y^n = x.$$

注意, 偶次方根 ($\sqrt{x}$, $\sqrt[4]{x}$, $\sqrt[6]{x}$ 等) 代表 $\mathbb{R}$ 中的两个数, 即 $+y$ 和 $-y$. 该定理断言有且只有一个正实根.

证明. y 的唯一性是证明中最简单的部分, 所以我们从这一点开始证明. 两个正实数不相等意味着其中一个必须大于另一个. 如果有两个不同的正实根 y_1 和 y_2, 使得 $y_1^n = x$ 且 $y_2^n = x$, 那么 $0 < y_1 < y_2$. 但由此可得 $0 < y_1^n < y_2^n$, 这意味着 $0 < x < x$, 显然这是不可能的. 因此, 只可能存在一个正实根.

为了证明在 $\mathbb{R}$ 中存在 $\sqrt[n]{x}$, 我们先弄清楚证明思路, 然后再严格地写出证明过程.

第一步. 我们要利用 $\mathbb{R}$ 的最小上界性. 还记得例 4.8 中对定理 4.1 的讨论吗? 我们最后看到 $\sqrt{2}$ 是集合 A 的上确界, 也是集合 B 的下确界. 如果构造一个更一般的集合 E, 即由小于 $\sqrt[n]{x}$ 的数构成的集合, 则可以利用最小上界性来证明在 $\mathbb{R}$ 中 $y = \sup E$ 存在. 因为我们还不知道 $\sqrt[n]{x}$ 是否存在, 所以现在不能用它来定义 E. 因此我们这样定义 E:

$$E = \{t \in \mathbb{R} \mid t > 0 \text{ 且 } t^n < x\}.$$

那么这个问题的关键就是证明 $y = \sqrt[n]{x}$. 在定理 4.1 中, 我们找到了 $q = \frac{2p+2}{p+2}$ 这个 "神奇的数", 用它来证明任何 $p < \sqrt{2}$ 都不是 A 的上界 (因为 $q \in A$, 但是 $q > p$). 但是对于正实数的一般根, 我们如何证明任何小于 $\sqrt[n]{x}$ 的数都不是 E 的上界呢?

我们的策略是证明 $y = \sup E$ 既不能小于 $\sqrt[n]{x}$ 也不能大于 $\sqrt[n]{x}$, 所以它必须等于 $\sqrt[n]{x}$. 如果 $y^n < x$, 我们最终会得到 "y 不是 E 的上界", 这与 $y = \sup E$ 相矛盾. 如果 $y^n > x$, 我们最终会得到 "某个小于 y 的数是 E 的上界", 这也与 $y = \sup E$ 相矛盾.

首先, 我们要证明 E 满足最小上界性的要求. 换句话说, E 必须非空且有上界. 为了证明 E 中至少有一个元素, 我们希望找到一个 $t > 0$, 使得 $t^n < x$. 我们不能简单地令 $t = \frac{\sqrt[n]{x}}{2}$, 因为目前还没有证明 $\sqrt[n]{x}$ 是实数. 相反, 如果能找到一个小于 x 且 $t^n \leqslant t$ 的 t, 那么问题就得到了解决 (此时, $t^n \leqslant t < x$). 不需要花费太多功夫, 像 $t = \frac{x}{x+1}$ 就满足上述要求.

为了证明 E 有上界, 我们希望找到一个 u 使得 $t > u \Longrightarrow t^n \geqslant x$. 同样地, 我们不能简单地令 $u = 2\sqrt[n]{x}$, 所以现在需要找到一个大于 x 且满足 $u^n \geqslant u$ 的 u (从而使得 $t > u \Longrightarrow t^n > u^n \geqslant u > x$). 不难看出, 像 $u = x + 1$ 就满足我们的需求 (记住 $x > 0$).

因为 $\mathbb{R}$ 具有最小上界性, 所以 $y = \sup E$ 存在.

现在我们来看一看, 当 $y^n < x$ 时会发生什么. 为了得到矛盾 "y 不是 E 的上界", 我们要找到 E 中大于 y 的元素, 即满足 $t^n < x$ 且 $t > y$ 的 t. 令 $t = y + h$, 我们需要找到一个满足 $(y + h)^n < x$ 的实数 $h > 0$.

当面对像这样的困难局面时, 我们可以利用幂的相关知识. 通过一些经典的代数运算, 不难求出

$$
\begin{aligned}
(b - a) \sum_{k=1}^{n} b^{n-k} a^{k-1} &= (b - a)(b^{n-1} + b^{n-2}a + \cdots + ba^{n-2} + a^{n-1}) \\
&= (b^n + b^{n-1}a + \cdots + b^2 a^{n-2} + ba^{n-1}) \\
&\quad - (b^{n-1}a + b^{n-2}a^2 + \cdots + ba^{n-1} + a^n) \\
&= b^n - a^n.
\end{aligned}
$$

此外, 当 $0 < a < b$ 时, 我们有

$$
\begin{aligned}
\sum_{k=1}^{n} b^{n-k} a^{k-1} &= b^{n-1} \sum_{k=1}^{n} \left(\frac{a}{b} \right)^{k-1} \\
&< b^{n-1} \sum_{k=1}^{n} (1)^{k-1} \\
&= n b^{n-1},
\end{aligned}
$$

这样就得到了不等式

$$b^n - a^n < (b-a)nb^{n-1}.$$

如果令 $b = y+h$，$a = y$（确实有 $0 < a < b$），那么

$$(y+h)^n - y^n < hn(y+h)^{n-1}.$$

因为我们要证明 $(y+h)^n < x$，所以现在只要证明 $hn(y+h)^{n-1} < x - y^n$ 就足够了（你可以把上述不等式串起来验证一下）。

　　等一下。凭空得出这个不等式好像挺简单的嘛？也许吧。在这样的复杂证明中，我认为你没办法解释清楚自己是如何想出每一步的。我的猜测是，给出这一证明的数学家们花了很长时间研究幂级数。在偶然发现一个可行的不等式之前，他们不得不尝试大量其他不等式。在大多数情况下，纯数学是探索和尝试新事物的过程，直到找出解决问题的灵丹妙药。另一方面，我不期待你在作业或考试中完成这样的任务（至少在没有明确提示的情况下，不希望你这样做）。

　　现在回到证明。记住，我们正试着找到一个满足 $hn(y+h)^{n-1} < x - y^n$ 的实数 $h > 0$。如果令 $h < 1$，那么我们的工作就简化了，因为此时 $hn(y+h)^{n-1} < hn(y+1)^{n-1}$。现在只要令

$$h < \frac{x - y^n}{n(y+1)^{n-1}},$$

就得到了我们想要的不等式。目前我们还没有使用假设 $y^n < x$，接下来就该它发挥作用了：$y^n < x$ 保证了上述分式为正，因此 $\frac{x-y^n}{n(y+1)^{n-1}}$ 是一个有效的正实数。

　　因此，对于满足

$$0 < h < \min\left\{1, \frac{x-y^n}{n(y+1)^{n-1}}\right\}$$

的任意实数 h，均有 $(y+h)^n < x$。所以，$y+h \in E$ 但 y 是 E 的一个上界，这是一个矛盾。

　　接下来，我们看看当 $y^n > x$ 时会发生什么。为了得到矛盾"某个小于 y 的数是 E 的上界"，我们需要找到一个实数 $k > 0$，使得 $y - k$ 是 E 的上界。注意，k 也必须小于 y，因为 $y - k$ 必须为正。所以，我们要证明任何大于 $y - k$ 的数都不包含在 E 中，也就是说 $t > y - k \Longrightarrow t^n \geqslant x$。

　　如果令 $t > y - k$，则有

$$y^n - t^n < y^n - (y-k)^n.$$

我们要证明的是：上式右端 $\leqslant y^n - x$. 这样就能得到 $y^n - t^n \leqslant y^n - x$, 从而有 $x \leqslant t^n$. 事实上，我们可以使用与前一部分相同的不等式！把 $b = y$ 和 $a = y - k$ 代入 $b^n - a^n < (b-a)nb^{n-1}$ 可得

$$y^n - (y-k)^n < kny^{n-1}$$

（因为 $0 < a < b$ 满足要求）. 于是，只要能确保 $0 < k < y$,

$$k = \frac{y^n - x}{ny^{n-1}}$$

就是我们所需要的. 由关键假设 $y^n > x$ 可知 k 一定是正的. 实际上，k 也满足

$$k = \frac{y^n - x}{ny^{n-1}} < \frac{y^n}{ny^{n-1}} = \frac{y}{n} \leqslant y.$$

因此，不难看出，任何大于 $y - k$ 的数都不包含在 E 中. 所以 $y - k$ 是一个上界，但 y 是上确界，这是矛盾的.

第二步. 呦！这个问题需要花很多时间来弄清楚，但实际证明过程却不会太长. 当你阅读下面的总结时，请参考第一步的内容，以确保你能理解每个结论是如何从上一个结论中得出的.

令

$$E = \{t \in \mathbb{R} \,|\, t > 0 \text{ 且 } t^n < x\}.$$

那么 E 是非空的，这是因为

$$t = \frac{x}{x+1} \Longrightarrow t^n \leqslant t \text{ (因为 } x < x+1, \text{ 所以 } t < 1)$$

$$\text{并且 } t < x \text{ (因为 } x < x + x^2)$$

$$\Longrightarrow 0 < t^n \leqslant t < x$$

$$\Longrightarrow t \in E.$$

E 是有上界的，因为令 $u = x + 1$, 则有

$$t > u \Longrightarrow t^n \geqslant t \text{ (因为 } x + 1 > 1, \text{ 所以 } t > 1)$$

$$\Longrightarrow t^n \geqslant t > u > x$$

$$\Longrightarrow t \notin E$$

$$\Longrightarrow u \text{ 是一个上界.}$$

所以由最小上界性可知，在 $\mathbb{R}$ 中存在 $y = \sup E$.

注意，对于任意 $0 < a < b$，我们有

$$b^n - a^n = (b-a)\sum_{k=1}^{n} b^{n-k}a^{k-1} < (b-a)nb^{n-1}.$$

假设 $y^n < x$，并且令

$$h < \min\left\{1, \frac{x-y^n}{n(y+1)^{n-1}}\right\},$$

那么存在满足上述不等式的正实数 h，使得 $0 < y < y+h$，从而有

$$(y+h)^n - y^n < hn(y+h)^{n-1}$$
$$< hn(y+1)^{n-1}$$
$$< x - y^n.$$

此时 $(y+h)^n < x$，所以 $y+h \in E$，但 y 是 E 的一个上界。这样就导致了矛盾，因此一定有 $y^n \geqslant x$。

假设 $y^n > x$，并且令

$$k = \frac{y^n - x}{ny^{n-1}}.$$

那么 $0 < k < y$（如上所述），所以对于任意 $t > y - k$，均有

$$y^n - t^n < y^n - (y-k)^n$$
$$< kny^{n-1}$$
$$= y^n - x.$$

现在有 $x < t^n$，所以 $t \notin E$，那么 $y - k$ 就是 E 的上界，但 y 是 E 的上确界。这样就导致了矛盾，因此一定有 $y^n \leqslant x$。

综上所述，y^n 一定等于 x，也就是说 $\sqrt[n]{x} \in \mathbb{R}$。　　□

推论 5.9 (开方运算满足分配律)．

正实数的开方运算对乘法有分配律．

用符号表示，即：

$$\forall a, b \in \mathbb{R} \text{ 且 } a, b > 0,\ \forall n \in \mathbb{N},\ (ab)^{\frac{1}{n}} = a^{\frac{1}{n}}b^{\frac{1}{n}}.$$

为什么这个推论不是显然成立呢？域公理 $M2$ 断言了 $ab = ba$，这意味着

$$(ab)^n = (ab)(ab)\cdots(ab) = (aa\cdots a)(bb\cdots b) = a^n b^n.$$

但要记住, x 的 n 次幂和 x 的 n 次方根是完全不同的. 前者只是乘法运算的简写, 而后者表示找到了一个正实数 y, 使得 $y^n = x$ (直到现在, 我们才知道这样的 y 是存在的).

证明. 由定理 5.8 可知, $\sqrt[n]{a}$ 和 $\sqrt[n]{b}$ 是存在的. 所以我们可以记 $a = (\sqrt[n]{a})^n$ 和 $b = (\sqrt[n]{b})^n$. 那么, 由域公理 $M2$ 可知

$$ab = (\sqrt[n]{a})^n(\sqrt[n]{b})^n = (\sqrt[n]{a}\,\sqrt[n]{b})^n.$$

定理 5.8 还断言了唯一性. 只可能存在一个正实数 y 使得 $y^n = ab$, 所以 $(\sqrt[n]{a}\,\sqrt[n]{b})^n = ab$ 意味着 $\sqrt[n]{a}\,\sqrt[n]{b} = \sqrt[n]{ab}$. 我们也可以把这个等式写成 $(ab)^{\frac{1}{n}} = a^{\frac{1}{n}}b^{\frac{1}{n}}$. $\qquad\square$

我们将说明如何处理无穷大, 以此来完成对实数域的阐述. $+\infty$ 和 $-\infty$ 不是实数, 但我们可以把它们作为符号来使用.

定义 5.10 (扩张的实数系).

扩张的实数系是 $\mathbb{R} \cup \{+\infty, -\infty\}$. 它与 $\mathbb{R}$ 有相同的顺序, 并且对于每一个 $x \in \mathbb{R}$, 均有附加规则 $-\infty < x < +\infty$.

$+\infty$ 和 $-\infty$ 遵循下面这些约定, 对于每一个 $x \in \mathbb{R}$:

$$x + \infty = +\infty, \; x - \infty = -\infty;$$

$$\frac{x}{+\infty} = \frac{x}{-\infty} = 0;$$

$$x > 0 \Longrightarrow x(+\infty) = +\infty, \; x(-\infty) = -\infty;$$

$$x < 0 \Longrightarrow x(+\infty) = -\infty, \; x(-\infty) = +\infty.$$

注意, 在计算

$$\infty - \infty, \; \frac{\infty}{\infty}, \; \frac{0}{\infty}^{①}, \; \frac{\infty}{0}, \; (\infty)(\infty)$$

方面没有给出任何约定, 这些都是无定义的量.

扩张的实数系满足定义 5.3 的有序域公理, 但不满足定义 5.1 的域公理 (例如, $+\infty$ 没有乘法逆). 再次强调, 扩张的实数集不是域, 但它偶尔会派上用场.

扩张的实数系有一个有趣的性质, 它的每一个子集都是有界的. 如果子集 $E \subset \mathbb{R}$ 在 $\mathbb{R}$ 中没有上界, 那么它在 $\mathbb{R} \cup \{+\infty, \infty\}$ 中是有上界的, 也就是说, $+\infty$ 是

---

① 根据定义 5.10, $\frac{0}{\infty} = 0$. ——编者注

E 的上界. 于是由 $\mathbb{R}$ 的最小上界性可知, E 一定有一个上确界, 而这个上确界就是 $+\infty$. 同样地, 如果 $E \subset \mathbb{R}$ 在 $\mathbb{R}$ 中没有下界, 那么在扩张的实数系中, $-\infty$ 就是 E 的下界和下确界.

这一章的结构相当紧凑! 但是, 能彻底理解什么是实数域真的让人感觉倍儿爽.

接下来, 我们将把 $\mathbb{R}$ 推广到向量空间 $\mathbb{R}^k$ 并研究其性质. 如果你一直想知道什么是 "虚数", 那么请翻开下一页……或者幻想一下.

第 6 章　复数与欧几里得空间

在实分析中，我们为什么要研究复数呢？复数不包括"虚数"吗？这些"虚数"显然不是"实数". 难道没有一个叫作"复分析"的单独研究领域？没错，这些问题的答案都是肯定的. 不过，复数也是二维实数（只是附加了一些特殊运算而已）.

为了证明复数集构成一个域，我们首先将复数定义为由 2 个实数组成的向量，如 (a, b). 然后再证明这些复数其实与你之前见到的 $a + bi$ 形式的虚数完全相同. 在证明了复数的一些性质之后，我们就会发现任意大小的实向量都具有类似的性质，由这些向量构成的集合称为**欧几里得空间**.

定义 6.1 (k 向量).

一个 k **向量**或 k **维向量**就是一个有序数集，记作 $(x_1, x_2, \cdots, x_k)$. 这里的"顺序"很重要，除非 $x_1 = x_2$，否则 $(x_1, x_2) \neq (x_2, x_1)$.

例如，(a, b) 是一个二维实向量，其中 $a, b \in \mathbb{R}$. 当且仅当 $a = c$ 且 $b = d$ 时两个 2 向量 $x = (a, b)$ 和 $y = (c, d)$ 相等.

定义 6.2 (复数).

一个**复数**就是一个 2 维实向量，其加法和乘法运算定义如下：

$$x + y = (a + c, b + d),$$
$$xy = (ac - bd, ad + bc).$$

复数集用 $\mathbb{C}$ 来表示. 如果不考虑复数的加法和乘法运算，那么全体复数就构成了二维实数集，用 $\mathbb{R}^2$ 来表示.

注意，和有理数一样，复数也是有序对. 但是，当且仅当 $a = c$ 且 $b = d$ 时 $(a, b) = (c, d)$. 这一点与有理数不同，例如，当 $a = 2c$ 且 $b = 2d$ 时 $\frac{a}{b}$ 和 $\frac{c}{d}$ 相等.

区别. 复数 $(-3, 3)$ 与开区间 $(-3, 3)$ 并不相同. 前者是由两个实数（-3 和 3）构成的数对，而后者是 -3 和 3 之间全体实数的集合. 这种模棱两可的状况似乎会给人带来不必要的麻烦，但这通常不会有什么问题，在给定的上下文中，你应该能够分清开区间和复数.

定理 6.3 (ℂ 是一个域).

全体复数的集合构成一个域.

具体地说, $(0, 0)$ 是加法单位元, $(1, 0)$ 是乘法单位元. 对于任意复数 $x = (a, b)$, $-x = (-a, -b)$ 是 x 的加法逆元; 如果 $x \neq (0, 0)$, 那么 $\frac{1}{x} = \left(\frac{a}{a^2+b^2}, \frac{-b}{a^2+b^2} \right)$ 是 x 的乘法逆元.

证明. 利用定理中给出的单位元和逆元, 我们想证明每一个域公理对 ℂ 都成立. 注意, 在证明每个公理时, 我们利用了 ℝ 满足同一公理这一事实. 设 $x = (a, b)$, $y = (c, d)$ 和 $z = (e, f)$ 均为复数.

A1.（加法的封闭性）$x + y = (a + c, b + d)$. 因为 ℝ 对加法封闭, 所以 $a + c \in \mathbb{R}$ 且 $b + d \in \mathbb{R}$, 于是

$$(a + c, b + d) \in \mathbb{C}.$$

A2.（加法交换律）

$$\begin{aligned} x + y &= (a + c, b + d) \\ &= (c + a, d + b) = y + x. \end{aligned}$$

A3.（加法结合律）

$$\begin{aligned} (x + y) + z &= (a + c, b + d) + (e, f) \\ &= ((a + c) + e, (b + d) + f) \\ &= (a + (c + e), b + (d + f)) \\ &= (a, b) + (c + e, d + f) = x + (y + z). \end{aligned}$$

A4.（加法单位元）

$$\begin{aligned} x + 0 &= (a, b) + (0, 0) \\ &= (a, b) = x. \end{aligned}$$

A5.（加法逆元）

$$\begin{aligned} x + (-x) &= (a + b) + (-a, -b) \\ &= (0, 0) = 0. \end{aligned}$$

M1.（乘法的封闭性）$xy = (ac - bd, ad + bc)$. 因为 $\mathbb{R}$ 对加法和乘法封闭, 所以 $ac - bd \in \mathbb{R}$ 且 $ad + bc \in \mathbb{R}$, 于是

$$(ac - bd, ad + bc) \in \mathbb{C}.$$

M2.（乘法交换律）

$$xy = (ac - bd, ad + bc)$$
$$= (ca - db, cb + da) = yx.$$

M3.（乘法结合律）

$$(xy)z = (ac - bd, ad + bc)(e, f)$$
$$= (ace - bde - adf - bcf, acf - bdf + ade + bce)$$
$$= (a, b)(ce - df, cf + de) = x(yz).$$

M4.（乘法单位元）

$$1x = (1, 0)(a, b)$$
$$= (a - 0, b + 0) = x.$$

M5.（乘法逆元）

$$(x)\frac{1}{x} = \left((a)\frac{a}{a^2 + b^2} - (b)\frac{-b}{a^2 + b^2}, (a)\frac{-b}{a^2 + b^2} + (b)\frac{a}{a^2 + b^2} \right)$$
$$= \left(\frac{a^2 + b^2}{a^2 + b^2}, \frac{-ab + ab}{a^2 + b^2} \right)$$
$$= (1, 0) = 1.$$

D.（分配律）

$$x(y + z) = (a, b)(c + e, d + f)$$
$$= (ac + ae - bd - bf, ad + af + bc + be)$$
$$= (ac - bd, ad + bc) + (ae - bf, af + be) = xy + xz.$$

$\square$

对于任意 $a, b \in \mathbb{R}$, 我们有 $(a, 0) + (b, 0) = (a + b, 0)$ 和 $(a, 0)(b, 0) = (ab, 0)$. 因此, 形式为 $(a, 0)$ 的复数在加法和乘法方面与相应的实数 a 相同. 如

果把 $(a, 0) \in \mathbb{C}$ 与 $a \in \mathbb{R}$ 对应起来，那么实数域就可以看作是复域的子域.（**子域**是另一个域的子集，其本身就构成一个域.）

然而，复数域**不是**有序域. 它不满足公理 O2，因为当 $x = (0, 1)$ 时，虽然 $x \neq 0$，但是

$$
\begin{aligned}
x^2 &= (0 - 1, 0 + 0) \\
&= (-1, 0) \\
&= (0 - 1, 0 - 0) \\
&= 0 - 1 \\
&= -1 < 0.
\end{aligned}
$$

事实上，我们对复数 (a, b) 的定义与更常见的 $a + b\mathrm{i}$ 完全相同，而后者使用了虚数 $\mathrm{i} = \sqrt{-1}$. 对于任意实数 a，我们可以把 a 看做 $a = (a, 0)$；类似地，令 $\mathrm{i} = (0, 1)$，那么

$$
\begin{aligned}
\mathrm{i}^2 &= (0, 1)(0, 1) \\
&= (-1, 0) = -1.
\end{aligned}
$$

更进一步，我们有

$$
\begin{aligned}
a + b\mathrm{i} &= (a, 0) + (b, 0)(0, 1) \\
&= (a, 0) + (0 - 0, b + 0) = (a, b).
\end{aligned}
$$

现在我们可以理解复杂的（或应该说**复数的**？）乘法规则背后的动机了：$(a, b)(c, d) = (ac - bd, ad + bc)$. 如果让两个 $a + b\mathrm{i}$ 形式的复数相乘，我们会得到

$$
\begin{aligned}
(a + b\mathrm{i})(c + d\mathrm{i}) &= ac + ad\mathrm{i} + bc\mathrm{i} + bd(\mathrm{i}^2) \\
&= ac - bd + ad\mathrm{i} + bc\mathrm{i} = (ac - bd, ad + bc).
\end{aligned}
$$

定义 6.4（复共轭）.

对于任意 $a, b \in \mathbb{R}$，令 $z = a + b\mathrm{i}$（那么 $z \in \mathbb{C}$）. 我们称 a 为 z 的**实部**，记作 $a = \mathrm{Re}(z)$；称 b 为 z 的**虚部**，记作 $b = \mathrm{Im}(z)$.

定义 $\bar{z} = a - b\mathrm{i}$，那么 $\bar{z}$ 也是一个复数，我们称其为 z 的**复共轭**（或**共轭**）.

定理 6.5（共轭的性质）.

设 $z = a + b\mathrm{i}$，$w = c + d\mathrm{i}$ 都是复数. 下列性质成立：

性质 1. $\overline{z+w} = \overline{z} + \overline{w}$.

性质 2. $\overline{zw} = (\overline{z})(\overline{w})$.

性质 3. $z + \overline{z} = 2\mathrm{Re}(z)$, $z - \overline{z} = 2\mathrm{i}\,\mathrm{Im}(z)$.

性质 4. $z\overline{z} \in \mathbb{R}$，当 $z \neq 0$ 时 $z\overline{z} > 0$.

证明. 这些性质的证明应该是小菜一碟. 注意，我们只使用复数的 $a + b\mathrm{i}$ 形式，但计算结果与使用 (a, b) 形式的计算结果相同.

性质 1. 共轭运算对加法有分配律，因为

$$\overline{z+w} = \overline{(a+c) + (b+d)\mathrm{i}}$$
$$= (a+c) - (b+d)\mathrm{i}$$
$$= (a - b\mathrm{i}) + (c - d\mathrm{i}) = \overline{z} + \overline{w}.$$

性质 2. 共轭运算对乘法有分配律，因为

$$\overline{zw} = \overline{(ac - bd) + (ad + bc)\mathrm{i}}$$
$$= (ac - bd) - (ad + bc)\mathrm{i}$$
$$= (a - b\mathrm{i})(c - d\mathrm{i}) = (\overline{z})(\overline{w}).$$

性质 3. 我们有

$$z + \overline{z} = a + b\mathrm{i} + (a - b\mathrm{i}) = 2a = 2\mathrm{Re}(z),$$

类似地，有

$$z - \overline{z} = a + b\mathrm{i} - (a - b\mathrm{i}) = 2b\mathrm{i} = 2\mathrm{i}\,\mathrm{Im}(z).$$

性质 4. 不难看出

$$z\overline{z} = (a + b\mathrm{i})(a - b\mathrm{i}) = a^2 - (\mathrm{i}^2)b^2 = a^2 + b^2$$

是实数. 显然，只要 $z \neq 0$，$z\overline{z}$ 就是正数（当 $z = 0$ 时，$z\overline{z}$ 是 0）.   □

定义 6.6 (绝对值).

对于任意 $z \in \mathbb{C}$，将 z 的**绝对值**定义为 $z\overline{z}$ 的正平方根.

用符号表示，即：

$$|z| = +(z\overline{z})^{\frac{1}{2}}.$$

当然, 绝对值总是 $z\bar{z}$ 的**正平方根**. 因为上面的定理证明了 $z\bar{z}$ 是 $\geqslant 0$ 的实数, 所以定理 5.8 就保证了任意复数绝对值的存在性和唯一性.

这个绝对值的定义与我们熟悉的实数绝对值的定义是一致的. 对于任意 $x \in \mathbb{R}$, 均有 $x = \bar{x}$, 所以 $|x| = +\sqrt{x^2}$. 于是

$$|x| = \begin{cases} x & \text{如果 } x \geqslant 0, \\ -x & \text{如果 } x < 0, \end{cases}$$

因此 $|x| = \max\{x, -x\}$.

定理 6.7 (绝对值的性质).

　　设 $z = a + bi, w = c + di$ 均为复数. 那么下列性质成立:

性质 1. 如果 $z \neq 0$ 则 $|z| > 0$, 如果 $z = 0$ 则 $|z| = 0$.

性质 2. $|\bar{z}| = |z|$.

性质 3. $|zw| = |z||w|$.

性质 4. $|\mathrm{Re}(z)| \leqslant |z|, |\mathrm{Im}(z)| \leqslant |z|$.

性质 5. $|z + w| \leqslant |z| + |w|$.

性质 5 称为**三角不等式**. 如果把 z, w 和 $z+w$ 看作一个三角形的三条边, 那么性质 5 就断言了三角形的主要性质, 即任意一条边都小于其他两条边之和.

证明. 这些证明大多利用了上一个定理中的共轭性质.

性质 1. $|z|$ 是 $z\bar{z}$ 的正平方根, 所以只要 z 不为零, 它就是正的. 如果 $z = 0$, 那么 $|z| = (0\bar{0})^{\frac{1}{2}} = 0$.

性质 2. 一般情况下,

$$\bar{\bar{z}} = \overline{a - bi}$$
$$= a + bi = z.$$

所以

$$|\bar{z}| = (\bar{z}\,\bar{\bar{z}})^{\frac{1}{2}}$$
$$= (\bar{z}z)^{\frac{1}{2}} = |z|.$$

性质 3. 由 $\mathbb{C}$ 的域公理 M2 可知

$$|zw| = (zw\overline{zw})^{\frac{1}{2}} = (z\bar{z}w\bar{w})^{\frac{1}{2}}.$$

如果 $z = 0$ 或 $w = 0$，显然有 $|zw| = 0 = |z||w|$. 否则，根据定理 6.5 的性质 4，$z\bar{z}$ 和 $w\overline{w}$ 都是正实数，那么由推论 5.9 可知，

$$(z\bar{z}w\overline{w})^{\frac{1}{2}} = (z\bar{z})^{\frac{1}{2}}(w\overline{w})^{\frac{1}{2}},$$

于是 $|zw| = |z||w|$.

性质 4. 我们有

$$
\begin{aligned}
|\mathrm{Re}(z)| &= |a| \\
&= \sqrt{a^2} \\
&\leqslant \sqrt{a^2 + b^2} \text{ (因为 } b^2 \geqslant 0 \text{)} \\
&= \sqrt{z\bar{z}} = |z|,
\end{aligned}
$$

类似地，有

$$
\begin{aligned}
|\mathrm{Im}(z)| &= |b| \\
&= \sqrt{b^2} \\
&\leqslant \sqrt{a^2 + b^2} \text{ (因为 } a^2 \geqslant 0 \text{)} \\
&= \sqrt{z\bar{z}} = |z|.
\end{aligned}
$$

性质 5. $\overline{\bar{z}w} = \bar{\bar{z}}\,\overline{w} = z\overline{w}$. 所以，$\bar{z}w$ 是 $z\overline{w}$ 的共轭. 根据定理 6.5 的性质 3，这意味着 $z\overline{w} + \bar{z}w = 2\mathrm{Re}(z\overline{w})$. 我们把这个结论用在下面的不等式里：

$$
\begin{aligned}
|z + w|^2 &= (z + w)\overline{(z + w)} \\
&= (z + w)(\bar{z} + \overline{w}) \\
&= z\bar{z} + z\overline{w} + \bar{z}w + w\overline{w} \\
&= |z|^2 + 2\mathrm{Re}(z\overline{w}) + |w|^2 \\
&\leqslant |z|^2 + 2|z\overline{w}| + |w|^2 \text{ (利用性质 4)} \\
&= |z|^2 + 2|z||w| + |w|^2 \text{ (利用性质 2 和性质 3)} \\
&= (|z| + |w|)^2.
\end{aligned}
$$

由于不等式的两端都是 $\geqslant 0$ 的实数，所以我们可以取平方根来得到 $|z + w| \leqslant |z| + |w|$. $\qquad\square$

定理 6.8 (柯西-施瓦茨不等式).

对于任意 $a_1, a_2, \cdots, a_n \in \mathbb{C}$ 和 $b_1, b_2, \cdots, b_n \in \mathbb{C}$，下列不等式成立：

$$\left| \sum_{j=1}^{n} a_j \overline{b_j} \right|^2 \leqslant \left(\sum_{j=1}^{n} |a_j|^2 \right) \left(\sum_{j=1}^{n} |b_j|^2 \right).$$

这个不等式说明了什么?! 有时候求和符号可能会让人迷糊，写成逐项和的形式或许会更有帮助：

$$\left| a_1 \overline{b_1} + a_2 \overline{b_2} + \cdots + a_n \overline{b_n} \right|^2$$
$$\leqslant \left(|a_1|^2 + |a_2|^2 + \cdots + |a_n|^2 \right) \left(|b_1|^2 + |b_2|^2 + \cdots + |b_n|^2 \right).$$

左端和式中的共轭让人感到有些困惑. 我们可以通过把 b_j 替换成 $\overline{b_j}$ 来简化不等式（因为 a_j 和 b_j 都是任意复数），于是有

$$\left| a_1 \overline{\overline{b_1}} + a_2 \overline{\overline{b_2}} + \cdots + a_n \overline{\overline{b_n}} \right|^2$$
$$\leqslant \left(|a_1|^2 + |a_2|^2 + \cdots + |a_n|^2 \right) \left(|\overline{b_1}|^2 + |\overline{b_2}|^2 + \cdots + |\overline{b_n}|^2 \right),$$

整理后即

$$\left| a_1 b_1 + a_2 b_2 + \cdots + a_n b_n \right|^2$$
$$\leqslant \left(|a_1|^2 + |a_2|^2 + \cdots + |a_n|^2 \right) \left(|b_1|^2 + |b_2|^2 + \cdots + |b_n|^2 \right).$$

这看起来就像一个变异的三角不等式，不是吗? 我们很快就会看到，在它的众多应用中，其中一个就是用它来证明关于任意大小的实向量的三角不等式.

证明. 柯西-施瓦茨不等式的两端都是 $\geqslant 0$ 的实数. 如果 $\left(\sum_{j=1}^{n} |a_j|^2 \right) \left(\sum_{j=1}^{n} |b_j|^2 \right) = 0$，那么一定有 $a_1 = a_2 = \cdots = a_n = 0$ 或 $b_1 = b_2 = \cdots = b_n = 0$，从而显然有 $\left| \sum_{j=1}^{n} a_j \overline{b_j} \right|^2 = 0$，结论得证. 现在我们只需要证明不等式两端都为正的情况.

由于和的范围是从 1 到某个自然数 n，所以我们可以使用归纳法来证明. 首先，我们证明不等式对 $\sum_{j=1}^{1}$ 成立；然后假设关于 $\sum_{j=1}^{n-1}$ 的不等式成立，并证明它对 $\sum_{j=1}^{n}$ 也成立.

基本情形. 当 $n = 1$ 时，有

$$\left| \sum_{j=1}^{1} a_j \overline{b_j} \right|^2 = |a_1 \overline{b_1}|^2 = |a_1|^2 |b_1|^2 = \left(\sum_{j=1}^{1} |a_j|^2 \right) \left(\sum_{j=1}^{1} |b_j|^2 \right).$$

归纳步骤. 归纳假设是

$$\left|\sum_{j=1}^{n-1} a_j \overline{b_j}\right|^2 \leqslant \left(\sum_{j=1}^{n-1} |a_j|^2\right)\left(\sum_{j=1}^{n-1} |b_j|^2\right).$$

记住，我们只需要考虑不等式两端都是正的情况，所以两端同时取平方根可得

$$\left|\sum_{j=1}^{n-1} a_j \overline{b_j}\right| \leqslant \sqrt{\left(\sum_{j=1}^{n-1} |a_j|^2\right)\left(\sum_{j=1}^{n-1} |b_j|^2\right)}.$$

于是

$$\begin{aligned}
\left|\sum_{j=1}^{n} a_j \overline{b_j}\right| &= \left|\left(\sum_{j=1}^{n-1} a_j \overline{b_j}\right) + a_n \overline{b_n}\right| \\
&\leqslant \left|\sum_{j=1}^{n-1} a_j \overline{b_j}\right| + |a_n \overline{b_n}| \quad （利用三角不等式） \\
&\leqslant \sqrt{\left(\sum_{j=1}^{n-1} |a_j|^2\right)\left(\sum_{j=1}^{n-1} |b_j|^2\right)} + |a_n \overline{b_n}| \quad （利用归纳假设） \\
&= \sqrt{\sum_{j=1}^{n-1} |a_j|^2}\sqrt{\sum_{j=1}^{n-1} |b_j|^2} + |a_n||b_n|.
\end{aligned}$$

这里我们遇到了点儿困难. 我们希望能够将 $|a_n|$ 和 $|b_n|$ 的平方代入到各自的平方根的和式中. 如果令

$$a = \sqrt{\sum_{j=1}^{n-1} |a_j|^2}, \quad b = \sqrt{\sum_{j=1}^{n-1} |b_j|^2}, \quad c = |a_n|, \quad d = |b_n|,$$

那么我们想要的是

$$ab + cd \leqslant \sqrt{a^2 + c^2}\sqrt{b^2 + d^2}.$$

事实上，我们可以做到这一点！这个不等式对于任意 $a, b, c, d \in \mathbb{R}$ 都是成立的，因为

$$\begin{aligned}
0 &\leqslant (ad - bc)^2 = a^2 d^2 - 2abcd + b^2 c^2 \\
&\implies 2abcd \leqslant a^2 d^2 + b^2 c^2 \\
&\implies a^2 b^2 + 2abcd + c^2 d^2 \leqslant a^2 b^2 + a^2 d^2 + b^2 c^2 + c^2 d^2
\end{aligned}$$

$$\implies (ab + cd)^2 \leqslant (a^2 + c^2)(b^2 + d^2),$$

又因为上式两端都是正实数, 所以同时取平方根即可.

利用这个不等式, 我们就得到了

$$\left| \sum_{j=1}^{n} a_j \overline{b_j} \right| \leqslant \sqrt{\sum_{j=1}^{n-1} |a_j|^2} \sqrt{\sum_{j=1}^{n-1} |b_j|^2} + |a_n||b_n|$$

$$\leqslant \sqrt{\sum_{j=1}^{n-1} |a_j|^2 + |a_n|^2} \sqrt{\sum_{j=1}^{n-1} |b_j|^2 + |b_n|^2}$$

$$= \sqrt{\left(\sum_{j=1}^{n} |a_j|^2 \right) \left(\sum_{j=1}^{n} |b_j|^2 \right)},$$

对上式两端同时平方就完成了归纳步骤. □

现在我们可以把与复数有关的一些想法推广到任意大小的实向量.

定义 6.9 (向量空间 $\mathbb{R}^k$).

由全体 k 维实向量构成的集合记作 $\mathbb{R}^k$. $\mathbb{R}^k$ 中的每一个元素 (也叫作**点**) 记作 $\boldsymbol{x} = (x_1, x_2, \cdots, x_k)$, 其中 $x_1, x_2, \cdots, x_k \in \mathbb{R}$ 称为 $\boldsymbol{x}$ 的**坐标**.

对于 $\boldsymbol{x}, \boldsymbol{y} \in \mathbb{R}^k$ 和 $\alpha \in \mathbb{R}$, **向量加法**定义为

$$\boldsymbol{x} + \boldsymbol{y} = (x_1 + y_1, x_2 + y_2, \cdots, x_k + y_k),$$

数乘运算定义为

$$\alpha \boldsymbol{x} = (\alpha x_1, \alpha x_2, \cdots, \alpha x_k).$$

向量 $\boldsymbol{0} \in \mathbb{R}^k$ 定义为 $\boldsymbol{0} = (0, 0, \cdots, 0)$.

我们称实数集 $\mathbb{R}$ 为**实线**, 称二维实数集 $\mathbb{R}^2$ 为**实平面**.

注意, 我们始终有 $\boldsymbol{x} + \boldsymbol{y} \in \mathbb{R}^k$ 和 $\alpha \boldsymbol{x} \in \mathbb{R}^k$, 所以 $\mathbb{R}^k$ 对向量加法和数乘运算封闭. 这两种运算都满足结合律、交换律和分配律. 对于任意一个集合, 如果它有满足上述条件的运算, 那么该集合就称为**向量空间**. 这是线性代数中经常研究的另一种代数结构, 它跟域是**不同**的. 因此 $\mathbb{R}^k$ 是实数域上的向量空间. (但是 $\mathbb{R}^k$ 不是域, 因为两个向量无法相乘.)

定义 6.10 (欧几里得空间).

对于任意 $x, y \in \mathbb{R}^k$, x 和 y 的**内积** (或**数量积**) 定义为

$$x \cdot y = \sum_{i=1}^{k} x_i y_i = x_1 y_1 + x_2 y_2 + \cdots + x_k y_k.$$

x 的**范数**定义为

$$|x| = + \left(\sum_{i=1}^{k} x_i^2 \right)^{\frac{1}{2}} = + \sqrt{x_1^2 + x_2^2 + \cdots + x_k^2}.$$

向量空间 $\mathbb{R}^k$ 连同内积和范数运算共同构成 k 维**欧几里得空间**.

区别. 注意, 数量积与数乘运算不同. 在这两种运算中, "数"指的都是一维向量 (即实数). 数量积 $x \cdot y \in \mathbb{R}$ 是让两个向量相乘从而得到标量的方法, 而数乘运算 $\alpha x \in \mathbb{R}^k$ 则是让标量乘以向量以产生向量的方法.

此外, 对于 2 维实向量, 数量积与复数乘积也不相同. 对于复数 $z = (a, b)$ 和 $w = (c, d)$, $z \cdot w = ac + bd$ 是数量积, 而 $zw = (ac - bd, ad + bc)$ 则是复数乘积. 注意, 对于维数大于 2 的实向量, 我们还没有定义类似的复数乘积, 因此 $\mathbb{R}^k$ **不是域** (我们需要一种将两个向量相乘并得到一个**向量**的方法).

当然, 范数始终等于 $x \cdot x$ 的正平方根. 由于 x 与自身的数量积始终是一个实数, 所以由定理 5.8 可知任何实向量的范数一定存在且唯一.

记住, $(a, b) \in \mathbb{C}$ 的绝对值定义为

$$|(a, b)| = \sqrt{(a, b)(a, -b)} = \sqrt{a^2 + b^2},$$

所以复数和实数的范数就是它的绝对值.

定理 6.11 (范数的性质).

设 $x, y, z \in \mathbb{R}^k$, 令 $\alpha \in \mathbb{R}$. 则下列性质成立:

性质 1. 如果 $x \neq 0$ 则 $|x| > 0$, 如果 $x = 0$ 则 $|x| = 0$.

性质 2. $|\alpha x| = |\alpha||x|$.

性质 3. $|x \cdot y| \leqslant |x||y|$.

性质 4. $|x + y| \leqslant |x| + |y|$.

性质 5. $|x - z| \leqslant |x - y| + |y - z|$.

性质 6. $|x - y| \geqslant |x| - |y|$.

虽然这个定理告诉我们 $|\boldsymbol{x}| \geqslant 0$，但注意 "$\boldsymbol{x} \geqslant 0$" 是无意义的，因为在 $\mathbb{R}^k$ 中没有定义元素的顺序.

性质 4 断言欧几里得空间的三角不等式.（实际上，性质 5 更适合 "三角不等式" 这个名字，因为如果我们把 $\boldsymbol{x}$, $\boldsymbol{y}$ 和 $\boldsymbol{z}$ 看作三角形的三个顶点，那么 $|\boldsymbol{x}-\boldsymbol{z}|$, $|\boldsymbol{x}-\boldsymbol{y}|$ 和 $|\boldsymbol{y}-\boldsymbol{z}|$ 就代表三条边的长度.）

证明. 这些性质大多与定理 6.7 中绝对值的性质相似，但又不完全相同.

性质 1. 因为 $|\boldsymbol{x}|$ 是 $\boldsymbol{x} \cdot \boldsymbol{x}$ 的正平方根，所以只要 $\boldsymbol{x}$ 不为零，$|\boldsymbol{x}|$ 就是正数. 如果 $\boldsymbol{x} = \boldsymbol{0}$，那么

$$|\boldsymbol{0}| = (\boldsymbol{0} \cdot \boldsymbol{0})^{\frac{1}{2}} = \sqrt{0+0+\cdots+0} = 0.$$

性质 2. 我们有

$$\begin{aligned}
|\alpha \boldsymbol{x}| &= \sqrt{\alpha \boldsymbol{x} \cdot \alpha \boldsymbol{x}} \\
&= \sqrt{\alpha^2 x_1^2 + \alpha^2 x_2^2 + \cdots + \alpha^2 x_k^2} \\
&= \sqrt{\alpha^2} \sqrt{\boldsymbol{x} \cdot \boldsymbol{x}} = |\alpha| |\boldsymbol{x}|.
\end{aligned}$$

性质 3. 令

$$a_1 = x_1,\ a_2 = x_2,\ \cdots,\ a_k = x_k\ \text{且}\ \overline{b_1} = y_1,\ \overline{b_2} = y_2,\ \cdots,\ \overline{b_k} = y_k.$$

因为 $\boldsymbol{x}$ 和 $\boldsymbol{y}$ 的坐标都是实数（即形式为 $(a,0)$ 的复数），所以每一个 a_i 和 b_i 都是复数.

于是，由柯西-施瓦茨不等式可知，

$$\begin{aligned}
|\boldsymbol{x} \cdot \boldsymbol{y}|^2 &= \left| \sum_{i=1}^{k} x_i y_i \right|^2 \\
&= \left| \sum_{i=1}^{k} a_i \overline{b_i} \right|^2 \\
&\leqslant \left(\sum_{i=1}^{k} |a_i|^2 \right) \left(\sum_{i=1}^{k} |b_i|^2 \right) \\
&= \left(\sum_{i=1}^{k} |x_i|^2 \right) \left(\sum_{i=1}^{k} |y_i|^2 \right) \\
&= |\boldsymbol{x}|^2 |\boldsymbol{y}|^2.
\end{aligned}$$

由于上式两端均 $\geqslant 0$，所以同时取平方根即可.

性质 4. 利用上一条性质, 我们有

$$\begin{aligned}
|\boldsymbol{x} + \boldsymbol{y}|^2 &= (\boldsymbol{x} + \boldsymbol{y}) \cdot (\boldsymbol{x} + \boldsymbol{y}) \\
&= \sum_{i=1}^{k} (x_i + y_i)(x_i + y_i) \\
&= \sum_{i=1}^{k} (x_i^2 + 2x_i y_i + y_i^2) \\
&= \boldsymbol{x} \cdot \boldsymbol{x} + 2\boldsymbol{x} \cdot \boldsymbol{y} + \boldsymbol{y} \cdot \boldsymbol{y} \\
&\leqslant |\boldsymbol{x} \cdot \boldsymbol{x}| + 2|\boldsymbol{x} \cdot \boldsymbol{y}| + |\boldsymbol{y} \cdot \boldsymbol{y}| \\
&\leqslant |\boldsymbol{x}||\boldsymbol{x}| + 2|\boldsymbol{x}||\boldsymbol{y}| + |\boldsymbol{y}||\boldsymbol{y}| \\
&= (|\boldsymbol{x}| + |\boldsymbol{y}|)^2.
\end{aligned}$$

由于上式两端均 $\geqslant 0$, 所以同时取平方根即可.

性质 5. 实际上, 这条性质与上一条性质完全相同, 只需将 $\boldsymbol{x}$ 替换成 $\boldsymbol{x} - \boldsymbol{y}$, 将 $\boldsymbol{y}$ 替换成 $\boldsymbol{y} - \boldsymbol{z}$ 即可.

性质 6. 在上一条性质中, 令 $\boldsymbol{z} = \boldsymbol{0}$, 并从两端同时减去 $|\boldsymbol{y}|$ 即可. □

为什么要使用虚数呢? 就像你了解的那样, 复数集就是带有特殊加法和乘法运算的 $\mathbb{R}^2$. 学会处理新的集合、域和向量空间是学习实分析的一个重要部分.

不久, 我们将开始学习拓扑学知识. 为此, 我们将引入集合论中另一个重要概念: 函数和称为**双射**的特殊函数.

第 三 部 分
拓 扑 学

第 7 章　双射

从基本层次上说，**拓扑学**关注的是集合及其元素的性质．第 9 章将给出大量的拓扑定义，但我们首先要理解**可数性**的概念．为此，本章将讨论函数的一些重要性质，为建立**双射**的定义做好准备．

我相信当读到"函数"这个词的时候，你会发出一声叹息．在多年的数学课上，你可能反复地看到它们，一次又一次地定义它们．但是我们仍然需要正式地定义函数，并让它们与集合符号保持一致．没有函数就不可能有微积分，更不会有实分析．

定义 7.1 (函数).

如果集合 A 的每一个元素 x 都可以在集合 B 中找到唯一对应的元素 $f(x)$，那么关系 f 就是一个**函数**（也称为**映射**）．我们说 f 把 A **映射成** B，记作

$$f: A \to B, \quad f: x \mapsto f(x).$$

集合 A 称为 f 的**定义域**，集合 B 称为 f 的**上域**．

例 7.2 (函数).

图 7.1 演示了一个不是函数的关系．

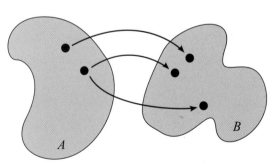

图 7.1　图中的关系不是函数 $A \to B$，因为它把 A 的同一个元素映射到 B 中两个不同的元素

下面是一个定义域为 $A = \mathbb{R}$ 且上域为 $B = \mathbb{R}$ 的函数：

$$f: \mathbb{R} \to \mathbb{R}, \quad f: x \mapsto x^2.$$

简言之, 我们可以把这个函数写成 $f(x) = x^2$. 不过, 这确实容易产生歧义, 因为我们没有指定要映射哪些集合, 可能是 $f : \mathbb{Q} \to \mathbb{Q}$, 也可能是 $f : \{1, 2, 3\} \to \{1, 4, 9\}$. 当需要知道哪些集合被映射时, 我们要把它们明确地写出来.

另一个例子是

$$\forall x \in \mathbb{N}, \quad f : x \mapsto 1,$$

这个函数的定义域是 $A = \mathbb{N}$. 这里没有指定上域.

另一方面,

$$\forall x \in \mathbb{R}, \quad f : x \mapsto \sqrt{x},$$

不是函数, 因为同一个 x 被映射到了多个值, 即 $+\sqrt{x}$ 和 $-\sqrt{x}$. 注意 $f(x) = +\sqrt{x}$ 和 $g(x) = -\sqrt{x}$ 都是函数.

定义 7.3 (像和值域).

对于任意函数 $f : A \to B$ 和任意 $E \subset A$, $f(E)$ 是 E 中所有元素经 f 映射得到的元素的集合. 集合 $f(E)$ 叫作 E 在 f 下的**像**.

用符号来表示, E 在 f 下的像是集合:

$$f(E) = \{ f(x) \,|\, x \in E \}.$$

集合 $f(A)$ 称为 f 的**值域**.

例 7.4 (像和值域).

图 7.2 演示了一个集合的像和一个函数的值域.

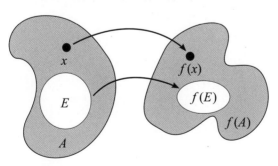

图 7.2 函数 f 作用在集合 A 上. f 的值域是 $f(A)$. 它把元素 x 映射到元素 $f(x)$, 把集合 E 映射到集合 $f(E)$. 当然, 这两者都包含在值域 $f(A)$ 中

如果 $E = (-3, 3)$, 并且

$$f : \mathbb{R} \to \mathbb{R}, \quad f : x \mapsto x^2,$$

那么 E 在 f 下的像是半开区间 $f(E) = [0, 9)$. 因为每一个正实数都是某个实数的平方, 所以 f 的值域是 $[0, \infty)$.

如果 $E = \{1, 2, 3\}$ 且

$$\forall x \in \mathbb{N}, \quad f : x \mapsto 1,$$

那么 E 在 f 下的像就是集合 $f(E) = \{1\}$. 事实上, f 的值域也是集合 $\{1\}$.

定义 7.5 (原像).

对于任意函数 $f : A \to B$ 和任意 $G \subset B$, $f^{-1}(G)$ 是 A 中那些在 f 下的像包含在 G 中的所有元素的集合. 集合 $f^{-1}(G)$ 称为 G 在 f 下的**原像**.

用符号来表示, G 在 f 下的原像是集合:

$$f^{-1}(G) = \{x \in A \mid f(x) \in G\}.$$

对于任意 $y \in B$, $f^{-1}(y)$ 是 A 中所有像为 y 的元素的集合.

用符号来表示, 对于任意 $y \in B$:

$$f^{-1}(y) = \{x \in A \mid f(x) = y\}.$$

例 7.6 (原像).

图 7.3 演示了函数 f 以及几个集合的原像.

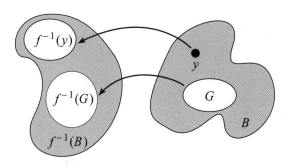

图 7.3 G, B 和 y 在函数 f 下的原像

函数 $\forall x \in \mathbb{Z}$, $f(x) = x^2$ 的映射关系是 $\mathbb{Z} \to \mathbb{N} \cup \{0\}$. 集合 $\mathbb{N}$ 在 f 下的原像是那些平方为自然数的全体整数的集合, 所以 $f^{-1}(\mathbb{N}) = \mathbb{Z} \setminus \{0\}$. 只包含一个数 16 的集合在 f 下的原像是 $f^{-1}(\{16\}) = \{4, -4\}$. 注意, 这意味着 f^{-1} 不是函数 (因为它把一个元素映射到两个不同的元素).

定义 7.7 (逆).

对于任意函数 $f: A \to B$, 如果关系 $f^{-1}: B \to A$ 是一个函数, 那么我们称 f^{-1} 为 f 的**逆**. 如果存在这样的逆, 则称 f 是**可逆的**.

例 7.8 (逆).

函数

$$f: \mathbb{R} \to \mathbb{R}, \quad f: x \mapsto x^2$$

是不可逆的, 因为它的逆 $f^{-1}(y) = \sqrt{y}$ 不是一个函数（它把 y 同时映射到 $+\sqrt{y}$ 和 $-\sqrt{y}$）.

另一方面, 函数

$$\forall x \in \mathbb{R}, \quad f: x \mapsto 2x$$

是可逆的, 因为它的逆是 $f^{-1}(y) = \frac{y}{2}$.

注意, 我们记作 $f^{-1}(y) = \frac{y}{2}$ 而不是 $f^{-1}(x) = \frac{x}{2}$. 虽然它们的意思相同, 但我们要弄清楚, 对于 $f: A \to B$, f^{-1} 作用于 B 中的元素 y, 而不是 A 中的元素 x.

在上面的例子中, 如果我们把 f 的定义域限制为集合 $\mathbb{N}$, 那么 f 就是不可逆的, 因为 $f^{-1}(3) = \frac{3}{2}$ 不是自然数.

为了弄清楚哪些函数是可逆的, 我们需要学习两种特殊类型的函数: **映上函数**和**一对一函数**.

定义 7.9 (映上函数).

对于任意函数 $f: A \to B$, 如果 $f^{-1}(y)$ 对于每个 $y \in B$ 都至少包含 A 的一个元素, 那么 f 就是 A 到 B 的**映上**映射. 映上函数也称为**满射函数**或**满射**.

如果上域 B 中的每一个元素都能被定义域 A 中的某个元素映射到, 那么这个函数就是一个满射. 换句话说, f 的值域必须是整个 B, 也就是说 $f(A) = B$.

例 7.10 (映上函数).

图 7.4 演示了映上函数.

如果 $B = \{1\}$, 那么函数

$$f: \mathbb{N} \to B, \quad f: x \mapsto 1$$

是映上的. 但是, 如果 $B \neq \{1\}$, 那么 f 不是映上的, 因为 B 中某些元素在 f 下没有原像.

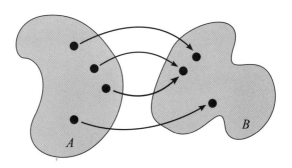

图 7.4　如果 B 只包含图中的三个点，那么这个函数就是映上（满射）函数（因为 B 的每个元素至少被 A 中一个元素映射到）

任何非映上的函数都是不可逆的，因为 f^{-1} 不是对 B 的所有元素都有定义. 但是，其逆命题不一定为真：确实存在不可逆的映上函数. 例如，函数

$$f: \{1,2\} \to \{1\}, \quad f: x \mapsto 1,$$

是映上的，因为 B 的每一个元素（即它的唯一元素）都能被 f 映射到. 但 f 是不可逆的，因为 $f^{-1}(1)$ 映射到 A 的两个不同元素.

定义 7.11（一对一函数）.

对于任意函数 $f: A \to B$，如果 $f^{-1}(y)$ 对于每个 $y \in B$ 都至多包含 A 中的一个元素，那么 f 就是 A 到 B 的**一对一**映射. 一对一函数也被称为**单射函数**或**单射**.

如果上域 B 的每一个元素都被定义域 A 中至多一个元素映射到，那么这个函数就是单射. 换句话说，对于每一对不同的元素 $x_1, x_2 \in A$（"不同"意味着 $x_1 \neq x_2$），我们一定有 $f(x_1) \neq f(x_2)$.

例 7.12（一对一函数）.

图 7.5 演示了一对一函数.

函数

$$\forall x \in \mathbb{R}, \quad f: x \mapsto 2x$$

是一对一函数，因为 $x_1 \neq x_2 \implies 2x_1 \neq 2x_2$.

另一方面，函数

$$\forall x \in \mathbb{R}, \quad f: x \mapsto x^2$$

不是一对一函数. 例如，数 4 有两个原像：-2 和 2.

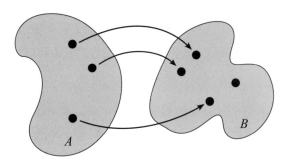

图 7.5 如果 A 只包含图中的三个点，那么这个函数就是一对一（单射）函数（因为 B 的每个元素最多被 A 的一个元素映射到）

与非满射的函数一样，任何非单射的函数也不可逆：如果 B 的某个元素至少被 A 中两个元素映射到，那么 f^{-1} 就不是函数.

同样地，其逆命题不一定为真：确实存在不可逆的单射函数. 例如，函数

$$f\colon \{1\} \to \{1,2\}, \quad f\colon x \mapsto 1,$$

是单射函数，因为 B 中没有哪个元素是被 A 中多个元素映射到的. 但 f 不可逆，因为 $f^{-1}(2)$ 无定义.

定义 7.13 (双射). **双射**是既映上又一对一的函数.

例 7.14 (双射).

图 7.6 演示了双射. 将其与图 7.4 和图 7.5 进行对比，它们都不是双射.

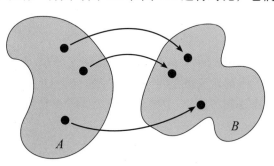

图 7.6 如果 A 和 B 都只包含图中的三个点，那么这个函数就是双射（因为 B 的每个元素都恰好被 A 的一个元素映射到）

到目前为止，在我们看到的所有函数中，只有

$$f\colon x \mapsto 2x, \quad \forall x \in \mathbb{R}$$

是双射.

定理 7.15 (双射 $\iff$ 可逆). 当且仅当 $f: A \to B$ 是可逆函数时它是双射.

证明. 我们先证明双射是可逆函数. 为了使 f^{-1} 存在, f^{-1} 必须对 B 的每个元素都有定义, 而且 B 的每个元素只能对应 A 的一个元素 (如果与 A 的两个不同元素对应, 那么 f^{-1} 就不是函数了). 这一点可以利用定义来证明! 因为 f 是满射, 所以 B 的每一个元素都被 A 的某个元素映射到, 因此 f^{-1} 对 B 的每个元素都有定义. 由于 f 是单射函数, 所以 B 的任意两个元素都不会被 A 的同一个元素映射到, 因此 $\forall y \in B, f^{-1}(y)$ 是唯一的.

另一个方向可以按照类似的方法来证明. 如果 f 是可逆函数, 那么 f^{-1} 对 B 的每个元素都有定义, 因此 B 的每个元素一定可以通过 f 被 A 的某个元素映射到, 所以 f 是满射. 另外, 因为 f^{-1} 是一个函数, 所以每个 $x \in A$ 对应不超过一个 $f(x) \in B$, 因此 f 是单射. □

实际上, 双射的逆不仅存在, 而且其本身也是一个双射!

定理 7.16 (双射的逆). 如果 $f: A \to B$ 是双射, 那么 $f^{-1}: B \to A$ 也是双射.

证明. 你能完成的! 把下框中的空白填充完整.

> **证明定理 7.16**
>
> 因为 f 是单射函数, 所以 B 的每个元素都在 f 的作用下由 A 中至多一个元素映射到, 因此 f^{-1} 是_____. 因为 f 必须对_____ 的每个元素都有定义, 所以集合 A 是_____ 的值域.
>
> 因为 f 是满射函数, 所以 B 的每个元素在 f 下由 A 中至_____ 一个元素映射到, 所以 f^{-1} 的定义域是_____.
>
> 因为 f 是一个函数, 所以 A 的每个元素只能映射到 B 的一个元素, 所以 f^{-1} 是_____.
>
> 因此, f^{-1} 既是单射函数又是满射函数, 所以它是_____.

□

定义 7.17 (复合函数).

由 $f: A \to B$ 和 $g: B \to C$ 这两个函数**复合**而成的函数是:

$$g \circ f: A \to C, \quad g \circ f: x \mapsto g(f(x)).$$

例 7.18 (复合函数).

复合函数很简单, 你只需要先应用一个函数, 然后再应用另一个函数即可. 如果 $f(x) = 2x$ 且 $g(x) = x^2$, 那么

$$(g \circ f)(x) = g(f(x)) = (2x)^2 = 4x^2.$$

记住, 要想复合两个函数 $f: A \to B$ 和 $g: B \to C$, f 的上域 B 必须与 g 的定义域 B 相同. 如果想交换复合顺序来计算 $f \circ g$, 则必须有 $C = A$.

注意, 一个函数与其逆的复合 (以任意顺序复合) 就是恒等映射 $x \mapsto x$, 因为

$$(f^{-1} \circ f)(x) = f^{-1}(f(x)) = x = f(f^{-1}(x)) = (f \circ f^{-1})(x).$$

在下一章中, 我们将使用双射来更好地理解无限集的含义. 你可能已经听说过不止一种类型的无穷大, 这将使我们的生活变得更加复杂 (但也**更有趣**, 不是吗?!).

第 8 章　可数性

如前所述，我们将研究两种不同类型的无限集：**可数集**和**不可数集**. 对于每一种类型的无限集，我们都会给出例子来做进一步探讨，并且会明白 $\mathbb{Q}$ 是可数集，而 $\mathbb{R}$ 是不可数集. 这些定义根植于**势**的度量，而势是一种**等价关系**.

定义 8.1（等价关系）.

当两个对象 a 和 b 之间的关系 $\equiv$ 满足以下三条性质时，则称为**等价关系**：

性质 1.（自反性）$a \equiv a$.

性质 2.（对称性）如果 $a \equiv b$，那么 $b \equiv a$.

性质 3.（传递性）如果 $a \equiv b$ 且 $b \equiv c$，那么 $a \equiv c$.

在这个定义中，$\equiv$ 是用来表示任意关系的符号.

例 8.2（等价关系）.

对于集合中的数和元素来说，相等（记为 $=$）显然是一种等价关系. 对集合自身而言，相等也是一种等价关系，因为对于任意集合 A，均有

$$A = A; \qquad A = B \Longrightarrow B = A; \qquad A = B, B = C \Longrightarrow A = C.$$

定义 8.3（势）.

我们将关系 $\sim$ 定义为：对于任意两个集合 A 和 B，当且仅当存在一个双射 $f : A \to B$ 时 $A \sim B$.

如果 $A \sim B$，那么我们说 A 和 B 是**一一对应**的，并且 A 和 B 具有相同的**基数**（或简称**势**）.

区别. "一一对应" 与一对一函数是不同的. 如果两个集合之间存在既一对一又映上的函数，那么这两个集合就是一一对应的.

定理 8.4（势是等价关系）. 关系 $\sim$ 是等价关系.

证明. 对于等价关系的三条性质中的每一个，我们需要证明存在满足该性质的双射 f.

性质 1. $A \sim A$.

我们要找一个双射函数 f, 它可以将任意集合 A 映射到其自身. 你猜 $A \to A$ 的双射是什么样的?

我猜应该是 $f : x \mapsto x$. (我很有可能是对的, 因为这本书是我写的.) 我们来验证一下: f 将 A 中的每个元素都映射到 A 中相同的 (单个) 元素, 因此上域中的每个元素都经 f 由定义域中的单个元素映射而来, 所以 $f : A \to A$ 是双射.

性质 2. $A \sim B \implies B \sim A$.

假设 $f : A \to B$ 是双射, 那么我们需要找到一个 $B \to A$ 的双射.

还记得定理 7.16 吗? 它告诉我们 f^{-1} 就是我们要找的函数.

性质 3. $A \sim B, B \sim C \implies A \sim C$.

设 f 为 $A \to B$ 的双射, g 为 $B \to C$ 的双射.

一般来说, 两个双射的复合函数也是一个双射. 因为 f 和 g 都是单射, 所以 C 中的每个元素**至多**由 B 中一个元素 (经 g) 映射而来, 而 B 中的每个元素至多由 A 中的一个元素 (经 f) 映射而来, 所以 $g \circ f$ 也是单射. 同样的, f 和 g 都是满射, 所以 C 中的每个元素至少由 B 中一个元素 (经 g) 映射而来, 而 B 中的每个元素至少由 A 中一个元素 (经 f) 映射而来, 所以 $g \circ f$ 也是满射.

因此, $g \circ f$ 就是我们想要的双射. □

等一下. 我认为 "A 等于 B" 意味着 A 和 B 有完全相同的元素, 而不是它们之间存在一个双射! 记住等价和相等之间的区别: 相等是集合之间的一种等价关系, 而 $\sim$ 是另一种等价关系.

实际上, 具有相同势 (即等价 $\sim$) 的两个有限集具有相同数量的元素.

定理 8.5 (有限集的势).

设 A 和 B 是有限集, 那么当且仅当 A 和 B 具有相同数量的元素时 $A \sim B$.

证明. 对于有限集 A 和 B, 我们将证明 "当且仅当" 的两个方向.

如果 $A \sim B$, 那么存在一个函数 f, 该函数将 A 的**每个**元素 (因为 f 是一个定义良好的函数) 至多映射到 B 的一个元素 (因为 f 是单射), 并且 B 的每个元素都被 A 的某个元素映射到 (因为 f 是满射). 因此, 对于 A 的每个元素, B 中都有一个元素与之对应, 并且 B 的所有元素都被这种对应关系覆盖, 所以 A 和 B 一定具有相同数量的元素.

如果 A 和 B 都包含 n 个元素, 那么我们可以将集合记作 $A = \{a_1, a_2, \cdots, a_n\}$ 和 $B = \{b_1, b_2, \cdots, b_n\}$. 把 $f : A \to B$ 定义为 $f : a_i \mapsto b_i$, 其中 $1 \leqslant i \leqslant n$. 那

么 f 是一对一且映上的函数, 所以 f 是一个双射. 我们找到了一个 $A \to B$ 的双射, 所以 $A \sim B$. □

我们很快就会看到, 这种一一对应关系（在某种程度上）也能推广到无限集上. 一个无限集与另一个无限集不能具有相同的元素 "个数"（因为它们都有无穷多个元素）, 但这两个集合元素的 "无穷多类型" 可以是相同的.

定义 8.6（可数性）.

对于任意集合 A, 如果 $A \sim \mathbb{N}$, 我们就说 A 是**可数的**. 如果 A 是有限的或者可数的, 则 A 是**至多可数的**. 如果 A 是无限的且不是可数的, 那么 A 就是**不可数的**.

为了理解这个定义, 我们重新考虑一下集合是有限的意味着什么. A 包含有限个元素, 当且仅当存在某个有限的 $n \in \mathbb{N}$, 使得 $A = \{a_1, a_2, \cdots, a_n\}$. 实际上, 这意味着在集合 $\{1, 2, \cdots, n\}$ 和集合 A 之间有一个双射. 这个双射是

$$f : 1 \mapsto a_1, f : 2 \mapsto a_2, \cdots, f : n \mapsto a_n.$$

所以

$$A \text{ 是有限集} \iff A \sim \mathbb{N}_n.$$

（这里的 $\mathbb{N}_n$ 是自然数集的子集, 它由前 n 个自然数构成.）

简单地说, A 无限但可数意味着你可以用自然数来 "计数" 它的元素. A 的元素能以某种方式表示出来, 而这种方式可以通过双射映射到自然数集.

有些无限集是可数的, 而另一些则不是, 就像某些有限集有 4 个元素, 而另一些有 3 个元素一样. 事实证明, 两个集合的势相同意味着其元素具有相同的数量 "类型"（有限, 无限可数或无限不可数）.

定理 8.7（势与可数性）.

对于任意两个集合 A 和 B, 如果 $A \sim B$, 那么 A 和 B 要么是元素个数相同的有限集, 要么都是可数集, 要么都是不可数集.

证明. 在定理 8.5 中, 我们已经证明了有限集的情形（如果 A 和 B 是有限集, 那么 $A \sim B \iff A$ 和 B 具有相同数量的元素）, 所以现在只需要考虑 A 和 B 为无限集的情形.

假设 $A \sim B$. 如果 A 是可数集, 则有 $A \sim \mathbb{N}$, 那么由定理 8.4 的性质 2 可知, $\mathbb{N} \sim A$, 再利用定理 8.4 的性质 3 可得, $\mathbb{N} \sim B$, 所以 B 也是可数集.

如果 A 是不可数集, 那么 B 也一定是不可数集. 为什么? 假设 B 是可数集, 那么 $B \sim \mathbb{N}$. 于是 $\mathbb{N} \sim B$, 所以 $\mathbb{N} \sim A$, 这是一个矛盾 (我们已知 A 是不可数集). $\square$

当然, 这个定理的逆命题不完全正确. 如果 A 和 B 都是可数集, 那么 $A \sim \mathbb{N}$ 且 $B \sim \mathbb{N}$, 所以 $A \sim B$. 但是, 如果 A 和 B 都是不可数的, 那么我们只能得到 $A \sim ?$, 而这里的 $?$ **不是** $\mathbb{N}$. 我们并不知道 A 和 B 是否可以一一对应. B 包含的元素个数可以比 A 多得多.

从这个定理中, 你应该了解到势的真正含义: 它用来判断一个集合是有限集、可数集或者不可数集.

例 8.8 ($\mathbb{Z}$ 是可数集).

如果我们既可以向前计数也可以向后计数, 那么就可以断言全体整数的集合 $\mathbb{Z}$ 是可数集. 我们要证明存在一个双射 $f : \mathbb{N} \to \mathbb{Z}$. (根据定理 7.16, 我们也可以寻找一个反向的映射, 但这个方向会更容易些.)

但是, 我们不能说: "让 $\mathbb{N}$ 向前计数映射到无穷大, 然后再让 $\mathbb{N}$ 向后计数映射到负无穷大, 从而可以覆盖全体整数", 因为这是一个一对二的映射 (因为每个自然数都映射到自身及其相反数), 这并不是一个函数.

相反, 我们可以让整数交替映射, 如下所示:

$$f : 2 \mapsto 1, f : 3 \mapsto -1, f : 4 \mapsto 2, f : 5 \mapsto -2, \cdots$$

如果能给出该函数的形式化定义, 那么我们就可以轻松地证明它是一个双射.

$$
\begin{array}{ccccccc}
1 & 2 & 3 & 4 & 5 & 6 & 7 & \cdots \\
\downarrow & \downarrow & \downarrow & \downarrow & \downarrow & \downarrow & \downarrow & \\
0 & 1 & -1 & 2 & -2 & 3 & -3 & \cdots
\end{array}
$$

对于任意 $n \in \mathbb{N}$, 令

$$
f(n) = \begin{cases} \dfrac{n}{2} & \text{如果 } n \text{ 是偶数}, \\[2mm] -\dfrac{n-1}{2} & \text{如果 } n \text{ 是奇数}. \end{cases}
$$

函数 f 对每一个 $n \in \mathbb{N}$ 都有定义, 并且每个自然数都恰好映射到一个整数, 因此 $f : \mathbb{N} \to \mathbb{Z}$ 是一个定义良好的函数. 因为任意两个自然数都不会映射到同一个整数, 所以 f 是单射. 因为每一个整数都可以写成 $\frac{n}{2}$ (n 是偶数) 或 $-\frac{n-1}{2}$ (n 是奇数), 所以 f 是满射. 因此, f 确实是一个双射.

注意，在这个例子中，虽然 $\mathbb{N}$ 是 $\mathbb{Z}$ 的**真子集**，但我们仍然证明了 $\mathbb{N} \sim \mathbb{Z}$. 由于这两个集合都是无限集，所以这种"真包含但等价"的关系是可能存在的. 如果其中一个是有限集，那么由定理 8.5 可知，只有当两个集合的元素个数相等时，它们的势才相同，所以不可能出现一个集合是另一个集合的真子集的情况.

事实上，无限集的正式定义如下.

定义 8.9 (无限集). **无限集**是指至少与它的一个真子集的势相同的集合.

当然，在等价关系"="下，任意一个集合都不可能等价于它的真子集（即便它们都是无限集），因为定义 3.5 将真子集定义为与其不相等的子集.

例 8.10 (一个不可数集).

这就是你一直在等待的：一个不可数集的例子. 我们要考察的是介于 0 和 1 之间的全体实数的集合 S. 根据定义 3.8，可以将其记作 $(0,1)$.

如何证明 S 是不可数集？如果 S 是不可数集，那么当我们选取 S 的一个可数子集 E 时，S 中应该还有一些不包含在 E 中的元素，对吧？

因此，如果我们可以证明 S 的**每个**可数子集都是一个**真子**集，那么 S 就是不可数集. 这是因为如果 S 的每个可数子集都是一个真子集并且 S **是**可数集，那么 S 本身就是它自己的一个真子集，这是不可能的.

这基本上意味着无论我们如何计数 S 中的元素，总会有一些元素被漏掉.

我们认为数论中的下列定理是显然成立的，即每个实数都可以写成一个无限小数，所以我们可以把 S 中的每一个数都写成 $0.d^1 d^2 d^3 d^4 \cdots$，其中每个小数位上的 d^i 都是介于 0 到 9 之间（包括 0 和 9）的整数.

这里的 d^i 不是 d 的 i 次幂，它表示集合 $\{d^1, d^2, d^3, \cdots\}$ 中的第 i 个元素. 这种模棱两可的记号确实让人困惑，但不幸的是它一直沿用至今，所以你最好也习惯这种用法.（通常可以从上下文中判断出上标何时表示幂，何时表示索引.）

注意，某些有理数可以写成有限小数，但我们可以在末尾附加无穷多个零使其成为无限小数.

现在，选取一个可数子集 $E \subset S$. E 的元素可以记作 $e_1, e_2, e_3, e_4, \cdots$，这样就可以按顺序把元素排成一列.

$$e_1 = 0.\, d_1^1\, d_1^2\, d_1^3\, d_1^4 \cdots$$
$$e_2 = 0.\, d_2^1\, d_2^2\, d_2^3\, d_2^4 \cdots$$
$$e_3 = 0.\, d_3^1\, d_3^2\, d_3^3\, d_3^4 \cdots$$
$$e_4 = 0.\, d_4^1\, d_4^2\, d_4^3\, d_4^4 \cdots$$

$$\vdots$$

我们按照下述方法来构造元素 $s = 0.s^1 s^2 s^3 s^4 \cdots$. 如果 d_1^1（e_1 的第一位小数）为 0，则令 $s^1 = 1$. 否则，令 $s^1 = 0$. 那么 $s^1 \neq d_1^1$，所以 s 不可能等于 e_1. s 的每一位小数都按照这种模式来定义. 为了更加精确，我们对每个 $i \in \mathbb{N}$ 定义如下规则：

$$s^i = \begin{cases} 1 & \text{如果 } d_i^i = 0, \\ 0 & \text{如果 } d_i^i \neq 0. \end{cases}$$

例如，如果有

$$e_1 = 0.3\,2\,0\,8\cdots$$
$$e_2 = 0.9\,0\,6\,6\cdots$$
$$e_3 = 0.1\,5\,0\,7\cdots$$
$$e_4 = 0.2\,4\,2\,7\cdots$$
$$\vdots$$

那么 $s = 0.0110\cdots$.

因此，s 与每个 e_i 至少有一位小数不同（具体来说是第 i 位小数不同）. 很明显，对于任意 $i \in \mathbb{N}$，s 都不可能等于 e_i. 记住，E 是可数的，所以 E 的每个元素都可以写成某个 e_i（$i \in \mathbb{N}$），因此我们刚刚证明了 $s \notin E$. 但是 $s \in S$，所以 E 一定是 S 的真子集.

由于 E 是任意，所以我们证明了 S 的每个可数子集都是一个真子集. 因此 S 是不可数的.

这个论证叫作**康托尔对角线法**，因为乔治·康托尔是第一个这么做的人. 为什么称之为"对角线法"？当构造额外元素 s 时，还记得我们是如何让 s 与每个 e_i 都不相同的吗？嗯，s 与每个 e_i 的第 i 位小数不同. 如果你留意的话，不难发现，s 与 E 中元素不同的小数位就是下图中对角线上的位置：

给出上面这个例子有两个原因. 首先, 结合接下来的定理, 我们可以证明 $\mathbb{R}$ 是不可数的.

其次, 它让我们更好地理解什么是不可数. 集合 S 不可数是因为我们**无法**按顺序排列其元素. 对于任意一种排列方式, 总会有一些元素遗漏在外. (如果**可以**找到一种包含所有元素的排列方式, 那么我们就可以找到将自然数集映射到该排列方式的双射, 从而该集合就是可数的.)

定理 8.11 (子集和超集的势).

设 E 是 A 的子集. 如果 A 是至多可数的, 那么 E 也是至多可数的. 如果 E 是不可数的, 那么 A 也是不可数的.

证明. 前几种情形很简单. 设 A 是至多可数的, 那么 A 要么是有限的, 要么是无限可数的. 如果 A 是有限的, 那么显然 E 也是有限的, 因此 E 是至多可数的. 如果 A 是无限可数的, 那么 E 是有限的或者无限的. 如果 E 是有限的, 那么 E 就是至多可数的.

因此证明的关键就归结为 A 是无限可数而 E 是无限集的情形. 因为 $A \sim \mathbb{N}$, 所以我们可以把 A 的元素依次排列成 $\{x_1, x_2, x_3, \cdots\}$. 显然, 这个序列中的某些元素包含在 E 中, 而另一些元素则不在 E 中. 我们的目标是把 A 中元素的这种排列顺序应用到 E 的元素上. 我们不能直接把 A 的第一个元素映射到 E 的第一个元素, 然后依次类推. 因为 A 的每个元素并不一定都包含在 E 中. 相反, 为了给 E 中的 10 个元素排序, 我们可以说, "看看 A 中属于 E 的前 10 个元素, 让它们按照 A 中的顺序在 E 中排成一列."

让我们把这个过程形式化. 设 n_1 是使得 x_{n_1} 包含在 E 中的最小自然数. 设 n_2 是使得 x_{n_2} 包含在 E 中且大于 n_1 的最小自然数. 在这个索引序列中选择了 $k-1$ 个元素后, 让下一个元素 n_k 是使得 x_{n_k} 包含在 E 中且大于 n_{k-1} 的最小自然数. (对于任意 $k \in \mathbb{N}$, n_k 始终存在, 因为 A 中元素的序列 $\{x_i\}$ 是无限的, 并且这些元素中有无数多个包含在子集 E 中.) 那么对于任意 $k \in \mathbb{N}$, 我们有一个很好的双射 $f: \mathbb{N} \to \mathbb{N}$, $f: k \mapsto n_k$.

现在我们可以把 E 的元素像在 A 中那样写成一列 $E = \{x_{n_1}, x_{n_2}, x_{n_3}, \cdots\}$.

这里的记号是用来描述**子**序列的. 在第 15 章中, 我们将对子序列进行大量练习, 但现在只需要试着理解它的表面意思: 每个 n_k 都是自然数, 因此对于任意特定的 k, 我们都可以令 $i = n_k$. 那么对于这个 k, $x_{n_k} = x_i$, 这正好是集合 A 中的一个元素.

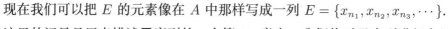

这给了我们另一个双射

$$g: \{n_1, n_2, n_3, \cdots\} \to E, \quad g: n_k \mapsto x_{n_k}, \forall k \in \mathbb{N}.$$

注意

$$(g \circ f)(k) = g(f(k)) = g(n_k) = x_{n_k},$$

因此 $g \circ f : \mathbb{N} \mapsto E$. 因为 f 和 g 都是双射,所以 $g \circ f$ 是双射(利用定理 8.4 中性质 3 的证明). 因此,$\mathbb{N} \sim E$,所以 E 是可数的.

为了证明定理的第二个命题,请注意第一个命题的逆否命题:"如果 E 不是至多可数的,那么 A 也不是至多可数的." 由定义可知,"不是至多可数"的意思是不可数,所以如果 E 是不可数的,那么 A 也是不可数的. $\qquad\square$

推论 8.12 ($\mathbb{R}$ 是不可数的). 实数集 $\mathbb{R}$ 是不可数的.

在第 13 章中,我们将看到这个定理的另一种证明. 但现在我们只需要将定理 8.11 应用于例 8.10 即可.

证明. 由例 8.10 可知,开区间 $(0, 1)$ 是不可数的. 但这个开区间是实数集的子集,所以根据定理 8.11,$\mathbb{R}$ 也是不可数的. $\qquad\square$

我们会经常用到可数集,所以在你还记得它们的时候,了解一些关于可数集的事实是很有必要的 (在接下来的几章中,那些令人惊叹的数学知识将分散你的注意力).

定理 8.13 (可数集的可数并). 对于任意 $n \in \mathbb{N}$,设 E_n 是可数集. 如果 $S = \bigcup_{n=1}^{\infty} E_n$,那么 S 也是可数的.

证明. 对于任意 $n \in \mathbb{N}$,E_n 都是可数的,那么可以记作 $E_n = \{x_n^1, x_n^2, x_n^3, \cdots\}$. 我们还将利用以下事实,即并集中的集合可以按顺序写成一列:$E_1, E_2, E_3, \cdots$.

这些事实为我们提供了一种计数 S 元素的好方法. 从第一个集合的第一个元素 x_1^1 开始;然后是第一个集合的第二个元素 x_1^2,其后是第二个集合的第一个元素 x_2^1;接下来是第一个集合的第三个元素 x_1^3,其后是第二个集合的第二个元素 x_2^2 和第三个集合的第一个元素 x_3^1;以此类推.

如果把 S 的元素写在网格上,其中第 n 行是 E_n 中的元素,那么这种排列方式会有很好的视觉效果:

$$E_1 = x_1^1 \quad x_1^2 \quad x_1^3 \quad \cdots$$

$$E_2 = x_2^1 \quad x_2^2 \quad x_2^3 \quad \cdots$$

$$E_3 = x_3^1 \quad x_3^2 \quad x_3^3 \quad \cdots$$

$$\vdots$$

注意，这种对角线排序法与下列计数方式相同：首先，对 S 中满足 $i+j=2$ 的所有元素 x_i^j 进行计数，然后对满足 $i+j=3$ 的所有元素进行计数，接下来对满足 $i+j=4$ 的所有元素进行计数，以此类推．（对于满足 "$i+j=$ 某个数" 的所有 x_i^j，我们从最小的 i 元素开始，然后是下一个 i 元素，以此类推．）

现在我们有了一个双射函数 $f : \mathbb{N} \to S$，所以 S 是可数的，对吧？

$$1 \quad 2 \quad 3 \quad 4 \quad 5 \quad 6 \quad 7 \quad 8 \quad 9 \quad 10 \quad \cdots$$

$$\downarrow \quad \downarrow \quad \downarrow \quad \downarrow \quad \downarrow \quad \downarrow \quad \downarrow \quad \downarrow \quad \downarrow \quad \downarrow \quad \downarrow$$

$$x_1^1 \quad x_1^2 \quad x_2^1 \quad x_1^3 \quad x_2^2 \quad x_3^1 \quad x_1^4 \quad x_2^3 \quad x_3^2 \quad x_4^1 \quad \cdots$$

错误！如果 $x_1^2 = x_3^1$ 怎么办？此时 f 将两个不同的自然数 2 和 6 映射到了 S 的同一个元素，所以 f 不是单射．换一个思路，我们可以定义一个新的函数 g，让 g 与 f 的定义相同，但 g 会跳过 S 中所有重复的项．因此，如果存在某个大于 m 的 n，使得 $g(n) = g(m)$，那就不要为这个 n 定义 g．设 $T \subset \mathbb{N}$ 是 g 的定义域，现在我们有 $g : T \to S$，并且 g 确实是一个双射．

由定理 8.11 可知，$\mathbb{N}$ 的任意一个子集都是至多可数的，所以 T 是至多可数的．因为 g 是双射，所以 $S \sim T$．那么根据定理 8.7，S 也是至多可数的．由于 S 不可能是有限集（因为它是无限集 E_i 的并集），所以 S 一定是可数的． $\square$

注意，在上一个定理的证明中，我们使用了这样一个事实：集合的个数是可数的；事实上，对于可数集的不可数并，这个结果是错误的（例如，令 $S = \bigcup_{\alpha \in \mathbb{R}} \{\alpha\}$，那么 $S = \mathbb{R}$ 是不可数的）．下面的推论表明可数集的任意可数并也是可数的（这与上一个定理不同，前面的定理只说明了索引在自然数集上的并）．

推论 8.14 (可数集的任意可数并).

设 A 是一个至多可数的集合．对于任意 $\alpha \in A$，设 E_α 是一个至多可数的集合. 那么 $T = \bigcup_{\alpha \in A} E_\alpha$ 也是至多可数的.

证明. 我们先考虑 A 是无限可数集且每一个 E_α 也是无限可数集的情形. 那么 A 和自然数集是一一对应的 (记住定义 8.3, 这是 $A \sim \mathbb{N}$ 的另一种说法), 所以每个 $\alpha \in A$ 都有一个 $n \in \mathbb{N}$ 与之对应. 因此, 我们也可以用 α 在 $\mathbb{N}$ 中的相应索引来写集合的并, 于是

$$T = \bigcup_{\alpha \in A} E_\alpha = \bigcup_{n \in \mathbb{N}} E_n = \bigcup_{n=1}^{\infty} E_n.$$

这使得 T 的形式与定理 8.13 中的 S 相同, 所以 T 是可数的.

现在我们来考察 A 或某些 E_α 是有限集的情形. 我们可以通过添加元素来使 E_α 变成无限集. 对于每一个 $\alpha \in A$, 如果 E_α 是有限的, 则令 $E'_\alpha = E_\alpha \cup \{1, 2, 3, \cdots\}$; 如果 E_α 是无限的, 则令 $E'_\alpha = E_\alpha$. 那么每个 $E_\alpha \subset E'_\alpha$. 为了证明每个 E'_α 都是无限可数的, 我们可以利用定理 8.13. 令集合 $F_1 = E_\alpha$, $F_2 = \{1\}$, $F_3 = \{2\}$, $F_4 = \{3\}$, $\cdots$. 因此 $\bigcup_{n=1}^{\infty} F_n = E'_\alpha$ 是可数的. 此时有:

$$T = \bigcup_{\alpha \in A} E_\alpha \subset \bigcup_{\alpha \in A} E'_\alpha,$$

利用上一种情形的逻辑, 我们有 $\bigcup_{\alpha \in A} E'_\alpha = \bigcup_{n=1}^{\infty} E'_n$.

因此, 无论 A 是有限的还是无限可数的, T 总是包含在某个形如定理 8.13 中 S 的集合中, 因此由定理 8.11 可知, T 是至多可数的. $\qquad\square$

定理 8.15 (可数集元组). 设 A 是可数集, A^n 是由 A 中元素构成的全体 n 元组的集合, 那么 A^n 是可数的.

符号 A^n 的含义与 R^n 相同: 每个元素 $\boldsymbol{a} \in A^n$ 都可以写成 $\boldsymbol{a} = (a_1, a_2, \cdots, a_n)$, 其中 $a_i \in A$ 且 $1 \leqslant i \leqslant n$.

证明. 因为我们要证明的情形 (即 A^n 可能的维数) 有无穷多种 (因为 $n \in \mathbb{N}$), 所以可以用归纳法来证明. 把下框中的空白填充完整.

用归纳法证明定理 8.15

　　基本情形. 假设 $n = 1$. 那么 A^1 是可数的, 因为＿＿＿＿＿＿＿.

　　归纳步骤. 由归纳假设可知, 我们假设＿＿＿＿＿＿是可数的. A^n 的每个元素都可以写成 $\boldsymbol{a} = (a_1, a_2, \cdots, a_n)$, 其中 $a_1, a_2, \cdots, a_n \in A$, 或等价地写成 $\boldsymbol{a} = (\boldsymbol{b}, a_n)$, 其中 $\boldsymbol{b} = (a_1, a_2, \cdots, a_{n-1})$.

> 如果固定 b，那么我们就得到了一个双射
>
> $$f: \underline{\hspace{2cm}}, \quad f: \boldsymbol{a} \mapsto (\boldsymbol{b}, a_n).$$
>
> 因此，对于每一个 $a^{n-1} \in A^{n-1}$，我们有 $A \sim \{(\boldsymbol{b}, a_n) \mid a_n \in A\}$. 根据定理 $\underline{\hspace{1cm}}$，因为 A 是可数的，所以 $\underline{\hspace{2cm}}$. 我们可以把 A^n 写成
>
> $$A^n = \bigcup_{\boldsymbol{b} \in A^{n-1}} \{(\boldsymbol{b}, a_n) \mid a_n \in A\},$$
>
> 由归纳假设可知，A^n 是可数集的 $\underline{\hspace{2cm}}$ 并. 于是，根据推论 $\underline{\hspace{1cm}}$，A^n 是至多可数的. 所以，A 是无限集意味着 A^n 是 $\underline{\hspace{2cm}}$.

$\square$

定理 8.16 ($\mathbb{Q}$ 是可数的).   有理数集是可数集.

证明. 因为每个有理数都可以写成 $\frac{a}{b}$，其中 $a, b \in \mathbb{Z}$，所以我们可以得到一个满射函数 f

$$f: \mathbb{Z} \times \mathbb{N} \to \mathbb{Q}, \quad f: (a, b) \mapsto \frac{a}{b}.$$

这里 $\mathbb{Z} \times \mathbb{N}$ 是形如 ($a \in \mathbb{Z}, b \in \mathbb{N}$) 的二元数组集. （与使用更简单的 $\mathbb{Z}^2$ 不同，我们这样做是为了避免出现 $b = 0$ 这种无效的分数.）

但是，在这种情况下，f 不是一对一的，例如，$(1, 2) \in \mathbb{Z} \times \mathbb{N}$ 和 $(3, 6) \in \mathbb{Z} \times \mathbb{N}$ 映射到了同一个有理数.

如何解决这个问题呢？就像定理 8.11 的证明那样，我们定义 f 的"双射形式" g，它将作用于 $\mathbb{Z} \times \mathbb{N}$ 的子集. 为了使重复的分数唯一，我们将使用 gcd 函数，即**最大公约数**函数. 令

$$Z_n = \{k \in \mathbb{Z} \mid \gcd(k, n) = 1\}.$$

那么 $Z_1 = \{1\}$，Z_2 是全体奇数的集合，Z_3 是所有不能被 3 整除的整数的集合，以此类推.

令 $T_n = \{(z, n) \in \mathbb{Z} \times \mathbb{N} \mid z \in Z_n\}$. 换句话说，$T_n$ 是所有不能被 n 整除的整数与 n 组成的数对的集合. 如果令 $T = \bigcup_{n \in \mathbb{N}} T_n$，那么 T 就是彼此不能整除的整数对或自然数对的集合. 因此，函数

$$g: T \to Q, \quad (z, n) \mapsto \frac{z}{n}$$

是一个双射. 为什么? 因为每个分数都可以写成 $\frac{z}{n}$, 所以 g 是一个满射; 由于每个这样的分数都是唯一的 (因为 z 不能被 n 整除), 所以 g 是一个单射.

由例 8.8 可知 $\mathbb{Z}$ 是可数的, 那么根据定理 8.15, $\mathbb{Z}^2$ 也是可数的; 利用定理 8.11, $\mathbb{Z}^2$ 的任意一个子集都是可数的. T 是 $\mathbb{Z} \times \mathbb{N}$ 的子集, 而 $\mathbb{Z} \times \mathbb{N}$ 又是 $\mathbb{Z}^2$ 的子集, 所以我们得到的是从 $\mathbb{Z}^2$ 的可数子集到 $\mathbb{Q}$ 的双射. 因此 $\mathbb{Q}$ 是可数的.　□

推论 8.17 (无理数集是不可数的).　无理数集是不可数集.

证明. 设 I 是全体无理数的集合, 那么 $\mathbb{R} = \mathbb{Q} \cup I$. 我们利用反证法做一个简短的证明.

由定理 8.16 可知, $\mathbb{Q}$ 是可数的. 如果 I 是至多可数的, 那么 $\mathbb{R}$ 就是两个至多可数集合的有限并, 于是根据推论 8.14, $\mathbb{R}$ 是可数的.

但是由推论 8.12 可知, $\mathbb{R}$ 不是可数的, 这样就得到了一个矛盾. 因此, I 不是至多可数的, 所以无理数集一定是不可数的.　□

由于可数性的相关概念比较抽象, 所以这一章并不是非常直观, 我觉得你可能需要一张图.

图 8.1 是一个很好的例子, 它说明了在技术上 "至多可数" 的集合名称可能具有欺骗性; 试着数出 S 中的所有点.

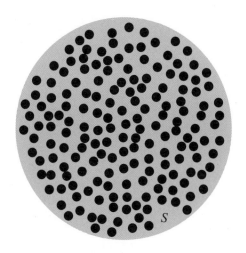

图 8.1　集合 S 是有限的, 从而是至多可数的

再想一想, 你为什么不去做点有意义的事呢?

接下来，我们将进入拓扑学领域．从度量空间开始，然后继续介绍大量其他定义．在接下来的几章中，我们将看到这些定义可以帮助我们进一步了解集合是否可数．

第 9 章　拓扑定义

正如我们在第 6 章中看到的，欧几里得空间不是域. 域总是跟**运算**（如加法和乘法）有关，而欧几里得空间则与**空间**有关. 我们想处理比 $\mathbb{R}^k$ 更抽象的空间，但仍有办法将任意两个元素关联起来. 在本章中，我们将以此为目的来描述**度量空间**.

为了从拓扑学中提取我们真正需要的紧性和连通性理论（在后面几章中），我们首先要了解度量空间的元素和子集所具有的性质. 本章包含许多新的定义，为方便起见，这里列出这些定义：

9.1 度量空间	9.9 极限点	9.19 内点
9.3 有界集	9.13 闭集	9.21 开集
9.7 邻域	9.16 稠密集	9.24 完备集

定义 9.1 (度量空间).

度量空间是由一个集合 X 和一个函数 $d : X \times X \to \mathbb{R}$ 决定的，并且对于任意 $p, q, r \in X$，下列性质均成立：

性质 1.（距离）如果 $p \neq q$，那么 $d(p, q) > 0$；$d(p, p) = 0$.

性质 2.（对称性）$d(p, q) = d(q, p)$.

性质 3.（三角不等式）$d(p, q) \leqslant d(p, r) + d(r, q)$.

X 的元素称为**点**，d 称为**距离函数**或**度量**.

例 9.2 (度量空间).

我们可以使用第 6 章的知识来验证具有距离函数 $d(\boldsymbol{p}, \boldsymbol{q}) = |\boldsymbol{p} - \boldsymbol{q}|$ 的集合 $\mathbb{R}^k$ 是一个度量空间：

性质 1. 由定义 6.10 可知，$d(\boldsymbol{p}, \boldsymbol{q}) = |\boldsymbol{p} - \boldsymbol{q}|$ 是一个实数. 如果 $\boldsymbol{p} \neq \boldsymbol{q}$，那么由定理 6.11 的性质 1 可知，$|\boldsymbol{p} - \boldsymbol{q}| > 0$，并且

$$d(\boldsymbol{p}, \boldsymbol{p}) = |\boldsymbol{p} - \boldsymbol{p}| = |\boldsymbol{0}| = 0.$$

性质 2. 我们有

$$
\begin{aligned}
d(\boldsymbol{p}, \boldsymbol{q}) &= |\boldsymbol{p} - \boldsymbol{q}| \\
&= |(-1)(\boldsymbol{q} - \boldsymbol{p})| \\
&= |-1|\,|\boldsymbol{q} - \boldsymbol{p}|\ (\text{利用定理 6.11 的性质 2}) \\
&= d(\boldsymbol{q}, \boldsymbol{p}).
\end{aligned}
$$

性质 3. 利用定理 6.11 中性质 5 的三角不等式, 我们有

$$
d(\boldsymbol{p}, \boldsymbol{q}) = |\boldsymbol{p} - \boldsymbol{q}| \leqslant |\boldsymbol{p} - \boldsymbol{r}| + |\boldsymbol{r} - \boldsymbol{q}| = d(\boldsymbol{p}, \boldsymbol{r}) + d(\boldsymbol{r}, \boldsymbol{q}).
$$

当 $k = 1$ 时, 我们看到 $\mathbb{R}$ 就是一个度量空间. 一般来说, 当我们说 "度量空间 $\mathbb{R}$" 时, 实际上是指 "有序域 $\mathbb{R}$ 及其距离函数 $d(p, q) = |p - q|$".

设 X 是一个度量空间, 其距离函数为 d. Y 是 X 的任意一个距离函数也为 d 的子集, 那么 Y 也是一个度量空间. 为什么? 因为 $p, q \in Y$ 意味着 $p, q \in X$, 这表明 $d(p, q)$ 满足度量的三条性质.

定义 9.3 (有界集).

设 E 是度量空间 X 的一个子集. 如果 X 中存在一点 q, 使得 q 到 E 中任意一点的距离均小于某个固定的有限实数 M, 那么 E 是**有界的**.

用符号来表示, 即如果

$$
\exists q \in X,\ \exists M \in \mathbb{R}\ \text{使得}\ \forall p \in E,\ d(p, q) \leqslant M,
$$

那么 $E \subset X$ 是有界的.

没有界的集合称为**无界集**.

区别. 这个有界的含义与定义 4.5 是不同的. 有上下界是有序域的子集的性质, 而当前的有界是度量空间的子集的性质.

当然, 如果把距离函数定义为 $d(p, q) = |p - q|$, 那么任何有序域都是度量空间. $\mathbb{R}$ 既是一个有序域又是一个度量空间. 例如, 集合 $(-\infty, 3]$ 有上界 (任何 $\geqslant 3$ 的数都是它的上界), 但在当前定义下它是无界的, 这一点将在下面的例子中有所体现. 在定理 9.6 中, 我们将给出这两种不同定义之间的具体联系.

例 9.4 (有界集).

度量空间 $\mathbb{R}$ 中的集合 $[-3, 3]$ 和度量空间 $\mathbb{Q}$ 中的集合 $[-3, 3] \cap \mathbb{Q}$ 都被点

$q = 3$ 和数 $M = 6$ 限定, 因为 $[-3, 3]$ 中的点与 3 之间的距离都不超过 6. 我们也可以说它以点 $q = 3$ 和数 $M = 100$ 为界, 但 M 通常越小越好. 另外, $[-3, 3]$ 还被点 $q = -3$ 和 $M = 6$ 限定, 也被点 $q = 0$ 和 $M = 3$ 以及其他许多可能性限定.

正如你可能知道的, 有界性就是集合是否延伸到无穷远的问题. 集合 $[-3, 3]$ 是有界的, 因为集合中没有大于 3 的数, 也没有小于 -3 的数. 但是, $(-\infty, 3]$ 是无界的, 因为不存在可以限定它的数 $q \in \mathbb{R}$: 对于任意给定的 M, 我们总能找到某个 $p \in (-\infty, 3]$ 使得 $d(p, q) > M$. 从根本上说, 由于 $(-\infty, 3]$ 趋向于无穷远, 所以始终存在一个远离 q 的点.

度量空间 $\mathbb{R}$ 中的集合 $(-3, 3)$ 和度量空间 $\mathbb{Q}$ 中的集合 $(-3, 3) \cap \mathbb{Q}$ 以点 $q = 3$ 和数 $M = 6$ 为界. 记住: q 必须在 X (度量空间) 中, 但不必在 E (子集) 中.

另一方面, 度量空间 $\mathbb{R}$ 中的集合 $\mathbb{Q}$ 是无界的, 因为对于任意点 $q \in \mathbb{R}$, 当 q 与某个有理数的距离为 M 时, 我们总能找到另一个与 q 的距离大于 M 的有理数.

定理 9.5 (有界集的并).

设 $\{A_i\}$ 是度量空间 X 的任意子集族. 如果对于每一个 $1 \leqslant i \leqslant n$, A_i 均有界, 那么有限并 $\bigcup_{i=1}^{n} A_i$ 也是有界的.

证明. 我们可以利用并集的有限性证明, 对于任意 $q \in X$, $d(p, q)$ 小于 q 与最远 p_i 的距离, 而该距离以 M_i 为界.

对于每个集合 A_i, 存在点 $q_i \in X$ 和数 $M_i \in \mathbb{R}$, 使得对于每个 $p_i \in A_i$ 均有 $d(p_i, q_i) \leqslant M_i$. 对于 $\bigcup_{i=1}^{n} A_i$ 中的任意一点 p, 我们知道 p 属于某个 A_i, 其中 $1 \leqslant i \leqslant n$, 因此

$$d(p, q_1) \leqslant d(p, q_i) + d(q_i, q_1)$$
$$\leqslant M_i + d(q_1, q_i)$$
$$\leqslant \max\{M_1, M_2, \cdots, M_n\} + \max\{d(q_1, q_1), d(q_1, q_2), \cdots, d(q_1, q_n)\}.$$

如果令

$$q = q_1, \quad M = \max_{1 \leqslant i \leqslant n} M_i + \max_{1 \leqslant i \leqslant n} d(q_1, q_i),$$

那么对于每一个 $p \in \bigcup_{i=1}^{n} A_i$, 均有 $d(p, q) \leqslant M$. □

注意, 如果这里是一个无限并 $\bigcup_{i=1}^{\infty} A_i$, 那么这个证明就不成立了, 因为我们无法取一个无限集 (比如 $\{M_1, M_2, M_3, \cdots\}$) 的最大值.

定理 9.6 (有界 $\iff$ 既有上界又有下界).

设 F 是一个有序域, E 是 F 的任意一个子集. E 有界当且仅当 E 既有上界又有下界.

从这个定理的表述中可以看出, 有序域 F 也是一个度量空间, 其距离函数为 $d(p,q) = |p-q|$.

证明. 如果 E 是有界的, 那么存在 $q \in F$ 和 $M \in \mathbb{R}$, 使得对于每个 $p \in E$ 均有

$$|p-q| \leqslant M \Longrightarrow -M \leqslant p - q \leqslant M$$
$$\Longrightarrow q - M \leqslant p \leqslant q + M.$$

因此 $q - M$ 是 E 的下界, $q + M$ 是 E 的上界.

如果 E 既有上界又有下界, 那么存在 $\alpha, \beta \in F$, 使得对于每个 $p \in E$ 均有 $\beta \leqslant p \leqslant \alpha$. 令

$$M \geqslant \max\{|\alpha|, |\beta|\},$$

那么 $M \geqslant |\alpha| \geqslant \alpha$, 且 $-M \leqslant -|\beta| \leqslant \beta$. 因为 F 是一个有序域, 所以它有加法单位元 0. 令 $q = 0$, 则 $q - M \leqslant p \leqslant q + M$, 于是 $|p-q| \leqslant M$. $\square$

定义 9.7 (邻域).

在度量空间 X 中, 围绕点 p 且**半径**为 $r > 0$ 的**邻域** $N_r(p)$ 是 X 中与 p 的距离小于 r 的所有点的集合.

用符号表示, 即

$$N_r(p) = \{q \in X \mid d(p,q) < r\}.$$

例 9.8 (邻域).

在度量空间 $\mathbb{R}$ 中, 集合 $(-3, 3)$ 是围绕点 0 且半径为 3 的邻域. 集合 $(99, 100)$ 是围绕点 99.5 且半径为 0.5 的邻域. 集合 $[-3, 3]$、$[-3, 3)$ 和 $(-3, 3]$ 都不是邻域, 因为点 -3 和 3 与 0 的距离为 3 (**等于半径**).

在 $\mathbb{R}^2$ 中, 任何圆的内部都是围绕其圆心的邻域. 在 $\mathbb{R}^k$ 中, 任何 k 维球体的内部都是围绕其球心的邻域. (这些集合被称为**开球**.)

注意, 所有邻域都以 $M = r$ 为界, 因为邻域中任意一点与中心的距离都不可能比 r 更远.

定义 9.9 (极限点).

设 E 是度量空间 X 的一个子集. 如果点 p 的每个邻域都包含 E 的至少一点 (p 本身除外), 那么 p 就是 E 的**极限点**.

用符号表示, 即如果

$$\forall r > 0, \ N_r(p) \cap E \neq \{p\} \ \text{且} \ \neq \varnothing,$$

那么 p 就是 $E \subset X$ 的极限点.

极限点也称为**聚点**或**累积点**. 包含在 E 中的每个非极限点称为 E 的**孤立点**.

例 9.10 (极限点).

集合 $[-3,3]$ 和 $(-3,3)$ 中的每一个点都是该集合的极限点, 为什么? 根据 $\mathbb{Q}$ 在 $\mathbb{R}$ 中的稠密性, 对于每一个 $p \in \mathbb{R}$ 和每一个 $r > 0$, 我们总可以找到一个点 q 使得 $p - r < q < p + r$, 因此 q 在 $N_r(p)$ 中. 现在我们只需要保证 $q \in (-3,3)$ 即可. 于是, 我们可以利用稠密性找出一个满足 $\max(p-r,-3) < q_1 < \min(p+r,3)$ 的 q_1. 那么 $q_1 \in N_r(p)$, 因为

$$-3 \leqslant \max(p - r, -3) < q_1 < \min(p + r, 3) \leqslant 3,$$

并且 $q_1 \in (-3,3)$, 因为 $-3 < q_1 < 3$.

注意, 按照同样的逻辑, -3 和 3 都是开区间 $(-3,3)$ 的极限点 (虽然它们不是该区间的元素).

由定义可知, 极限点 $p \in E$ 的每一个邻域都至少包含 E 的另一个点. 事实上, 我们可以得到更多: p 的每一个邻域都包含 E 中**无穷多个点**. 这看起来是一个相当大的跳跃, 不是吗? 从包含 E 的一个点跳跃到了包含 E 的无穷多个点, 但这里的关键是: p 的**每个邻域**都包含 E 的一个点, 而 p 有无穷多个邻域, 所以每个邻域都应该包含 E 中无穷多个点.

定理 9.11 (极限点的无限邻域).

设 E 是度量空间 X 的子集. 如果 p 是 E 的极限点, 那么对于任意 $r > 0$, $N_r(p)$ 包含 E 中无穷多个点.

证明. 我们利用逆否命题来证明: 不去证明 $A \implies B$, 而是证明 $\neg B \implies \neg A$. 此时, B 是 "p 的**每个邻域**都包含 E 的**无穷多个点**", 所以 $\neg B$ 是 "p 的**某个邻域**只包含 E 的**有限多个点**". 证明的基本思路是, 如果点的数量是有限的, 那么我们可以选出与 p 的距离最小的点, 那么半径小于这个距离的邻域就只包含点 p 而不包含其他点.

把下框中的空白填充完整.

证明定理 9.11 的逆否命题

假设 $\exists r > 0$ 使得 $N_r(p) \cap E$ 包含 E 中 _____ 个点. 那么 $Q = (N_r(p) \cap E) \setminus \{p\}$ （去掉点 p 的邻域）也包含有限多个点. 如果 Q 是空集, 那么任务就完成了（我们可以跳到证明的最后一行）. 否则, 我们可以将 Q 的所有点标记为 $\{q_1, q_2, \cdots, q_n\}$, 并且令

$$D = \{d(p, q_1), d(p, q_2), \cdots, d(p, q_n)\}.$$

因为 Q 是有限的, 所以 D 也是有限的, 因此我们可以取最小值.

令 $h = \frac{1}{2}$ _____. 因为 D 的每个元素都是正的, 所以 h 也是 _____. 此时 $N_h(p) \cap Q = $ _____.

因为 $h \leqslant r$, 所以 $N_h(p) \subset N_r(p)$, 从而有

$N_h(p) \cap E = (N_h(p) \cap N_r(p)) \cap E = N_h(p) \cap (N_r(p) \cap E) = N_h(p) \cap Q = $ _____.

我们找到了一个 p 的邻域, 它不包含 E 中的点（p 本身除外）, 所以 p 不可能是 E 的 _____.

□

推论 9.12 (有限集没有极限点). 度量空间的有限子集没有极限点.

证明. 如果有限集 $E \subset X$ 有一个极限点 p, 那么由定理 9.11 可知, 对于任意 $r > 0$, $N_r(p)$ 都将包含 E 中无穷多个点. 那么 E 一定有无穷多个点, 这显然是一个矛盾. □

定义 9.13 (闭集).

如果度量空间的一个子集包含其所有极限点, 那么该子集就是一个**闭集**.

用符号来表示, 即如果

$$\{p \in X \mid p \text{ 是 } E \text{ 的极限点}\} \subset E,$$

那么 $E \subset X$ 就是一个闭集.

区别. 这里的闭集与定义 5.1 中封闭的含义不同. 域可以对加法和（或）乘法运算封闭, 度量空间的子集只在包含其所有极限点的情况下才是闭集.

例 9.14 (闭集).

闭区间 $[-3,3]$ 是个闭集.（现在终于知道为什么称它为"闭区间"了！）$[-3,3]$ 外的任意一点 p 都不是 $[-3,3]$ 的极限点，因为如果令

$$r = \frac{\min\{|-3-p|,\ |3-p|\}}{2},$$

那么 $N_r(p)$ 不包含 $[-3,3]$ 中的任何点.

但 $(-3,3)$ 不是闭集. 由例 9.10 可知，点 -3 和 3 都是开区间 $(-3,3)$ 的极限点，但 -3 和 3 都不属于这个集合.

推论 9.15 (有限子集是闭集).　度量空间的有限子集是闭集.

证明. 根据推论 9.12，有限集 $E \subset X$ 没有极限点. 因此，E 包含其所有极限点，所以 E 是闭集. □

定义 9.16 (稠密集).

设 E 是度量空间 X 的一个子集. 如果 X 的每一点均属于 E 或是 E 的极限点，那么 E 在 X 中是**稠密的**.

用符号来表示，即如果

$$\forall x \in X,\ x \in E \text{ 或 } x \text{ 是 } E \text{ 的极限点},$$

那么 $E \subset X$ 在 X 中是稠密的.

注意，稠密性是一种**相对**属性. 不能简单地说一个集合是"稠密的"；只有在度量空间中讨论集合的稠密性才有意义.

例 9.17 (稠密集).

注意，每个度量空间都在其自身中稠密.

如果度量空间 X 中的集合 E 是闭集，那么 E 就包含它的所有极限点，因此"E 在 X 中稠密"就等于说"X 的每个点都属于 E"，这意味着 $X \subset E$. 但是 $E \subset X$，所以我们有以下规则：对于度量空间 X 的任意闭子集 E，E 在 X 中稠密当且仅当 $E = X$.

区别. 这里的稠密与定理 5.6 中的意义不同. 例如，根据这个定义，每一个集合 E 都在其自身中稠密（按照定理 5.6 的定义，$\mathbb{N}$ 并不是稠密的）.

然而，事实上，无论是在新定义还是在旧定义下，$\mathbb{Q}$ 在 $\mathbb{R}$ 中都是稠密的.

定理 9.18 ($\mathbb{Q}$ 在 $\mathbb{R}$ 中稠密).　有理数集 $\mathbb{Q}$ 在度量空间 $\mathbb{R}$ 中是稠密的.

证明. 我们希望证明每一个实数要么是有理数,要么是有理数集的一个极限点(或者两者都是).每一个不是有理数的实数都是无理数,所以我们要证明的是:每一个无理数都是 $\mathbb{Q}$ 的极限点.换句话说,如果令 I 为全体无理数的集合,那么我们必须证明:

$$p \in I \Longrightarrow \forall r > 0, \ N_r(p) \cap \mathbb{Q} \neq \{p\} \ \text{且} \ \neq \varnothing.$$

记住,在实直线上,邻域就是一个开区间.对于任意 $p \in I$,$N_r(p) = (p - r, p + r)$,所以我们需要找到某个 $q \in \mathbb{Q}$ 使得 $p - r < q < p + r$.注意,由于 $p - r$ 和 $p + r$ 都是实数,所以定理 5.6 保证了一定存在这样的有理数 q. □

下面的定义有助于我们了解**开集**.从某种意义上说,开集与闭集相反.

定义 9.19 (内点).

设 E 是度量空间 X 的一个子集.如果 p 的某个邻域包含在 E 中,那么点 p 就是 E 的**内点**.

用符号来表示,即如果

$$\exists r > 0 \ \text{使得} \ N_r(p) \subset E,$$

那么 p 是 $E \subset X$ 的内点.

例 9.20 (内点).

$(-3, 3)$ 的每个点都是该集合的内点.为什么?对于任意 $p \in (-3, 3)$,令

$$r = \min\{|-3-p|, \ |3-p|\},$$

那么 $N_r(p) \subset (-3, 3)$.

除了 -3 和 3 以外,$[-3, 3]$ 的每一个点都是该集合的内点.这两个数为什么不是内点呢?对于每一个 $r > 0$,$N_r(-3)$ 都包含一个小于 -3 的点,所以 -3 的所有邻域都不是 $(-3, 3)$ 的子集.同样地,3 的每个邻域都包含一个大于 3 的点.

定义 9.21 (开集).

如果度量空间的一个子集的所有点都是该集合的内点,那么这个子集就是一个**开集**.

用符号来表示,即如果

$$\forall p \in E, \ \exists r > 0 \ \text{使得} \ N_r(p) \subset E,$$

那么 $E \subset X$ 是一个开集.

例 9.22 (开集).　　在前面的例子中, $(-3, 3)$ 是开集, $[-3, 3]$ 不是开集.

接下来, 我们将证明所有邻域都是开集. 注意, 虽然 $[-3, 3]$ 是闭集不是开集, 且 $(-3, 3)$ 是开集不是闭集, 但这并不意味着 "开集 $\implies$ 不是闭集", 反之亦然. 我们将看到既非开集也非闭集的例子, 以及既是开集又是闭集的例子.

定理 9.23 (邻域是开集).　　度量空间 X 中的每个邻域 $N_r(p)$ 都是开集.

证明. 首先, 利用定义找出问题的关键所在, 进而逐步分解证明. 然后, 我们把已有的内容用线性的方式写出来.

　　第一步　利用定义缩小需要证明的范围.
　　　　$\hookrightarrow$ 我们想证明每个邻域都是开集.
　　　　　　$\hookrightarrow$ 取一个邻域 $E = N_r(p)$, 并证明每个 $q \in E$ 都是 E 的内点.
　　　　　　　　$\hookrightarrow$ 证明 $\forall q \in E, \exists k > 0$ 使得邻域 $F = N_k(q)$ 包含在 E 中.
　　　　　　　　　　$\hookrightarrow$ 证明 $\forall s \in F, s \in E$.
　　　　　　　　　　　　$\hookrightarrow$ 证明 $\forall s \in F, d(p, s) < r$.

　　如果能找到邻域 F 的一个半径 k, 使得最后一个命题成立, 那么我们的任务就完成了.（我们可以选择任何满足要求的 $k > 0$, 为了让 q 成为内点, 只需要找到一个包含在 E 中的邻域就可以了.）

　　首先, 考虑尚未使用的可用事实:

1. X 是一个度量空间 $\implies$ 我们有三角不等式.
2. $q \in E$, 所以 $d(p, q) < r$.

那么 $d(p, s) \leqslant d(p, q) + d(q, s) < r + k$.

　　k 是一个任意实数, 但它必须大于 0. 我们的工作还没有完全结束. $d(p, s) < r + $ "大于 0 的任意值" 并不意味着 $d(p, s) < r$.

　　再看看第二个事实. 如果 $d(p, q) < r$, 那么一定存在 $h > 0$ 使得 $d(p, q) + h = r$. 于是

$$d(p, s) \leqslant r - h + d(q, s) < r - h + k.$$

现在看看图 9.1, 很明显! 只要让 $k = h$, 我们就得到了 $d(p, s) < r$.

　　第二步　是的, 我们刚刚证明了这个定理, 但是请注意, 如果在一开始就利用这个关键步骤（令 $k = h$）, 那么我们可以把整个过程更清晰地写出来. 接下来给出正式的证明.

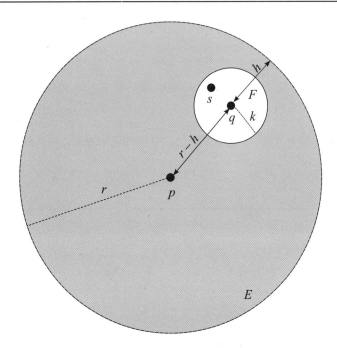

图 9.1   点 q 是 $N_r(p)$ 的内点

令 $E = N_r(p)$，那么对于任意 $q \in E$，$d(p,q) < r$ 意味着存在某个 $h > 0$，使得 $d(p,q) + h = r$. 令 $F = N_h(q)$，那么对于任意 $s \in F$，均有 $d(q,s) < h$. X 是一个度量空间，所以根据三角不等式，我们有

$$d(p,s) \leqslant d(p,q) + d(q,s) = r - h + d(q,s) < (r-h) + h = r,$$

因此 $s \in N_r(p) = E$. 由于 s 是任意，所以我们可以说 $N_h(q)$ 中的每个点都包含在 E 中，那么 q 就是 E 的一个内点. 但 q 也是任意，所以我们可以说 E 中的每个点都是 E 的内点，因此 E 是一个开集.

如果愿意的话，我们可以把几乎所有东西都用符号来表示，从而进一步缩短证明：

$$\forall q \in E,\ d(p,q) < r \Longrightarrow \exists h > 0 \text{ 使得 } d(p,q) = r - h$$

$$\text{且 } \forall s \in N_h(q),\ d(q,s) < h$$

$$\Longrightarrow d(p,s) \leqslant d(p,q) + d(q,s) < r - h + h = r$$

$$\Longrightarrow s \in E$$

$$\Longrightarrow N_h(q) \subset E$$

$$\Longrightarrow E \text{ 是开集.} \qquad \square$$

定义 9.24 (完备集).

如果度量空间的一个子集是闭集并且它的所有点都是极限点, 那么这个子集就是一个**完备集**.

换句话说, 如果度量空间的一个子集的极限点恰好是它的所有点, 那么这个子集就是完备集.

例 9.25 (完备集).

在我们目前所见到的例子中, 只有 $[-3, 3]$ 这样的闭区间是完备集. 像 $[-3, 3] \cup \{100\}$ 这样的集合虽然是闭集, 但不是完备集, 因为 100 不是一个极限点.

例 9.26 (不同集合的性质).

对于度量空间 X 的每一个子集 E, 我们先考察它是否有界, 然后再观察它的极限点和内点, 进而确定它是闭集、开集或完备集.

1. $E = \varnothing$.

有界吗? 有界, 以任意点 $q \in X$ 和任意数 M 为界.

极限点? 没有, 因为 E 中没有点.

内点? 没有, 因为 E 中没有点.

闭集? 是的. 因为 E 没有极限点, 所以它包含所有的极限点.

开集? 是的. 因为 E 中没有点, 所以它的所有点都是内点.

完备集? 是的. E 是闭集并且 E 中没有点, 所以它的所有点都是极限点.

2. $E = \{p\}$.

有界吗? 有界, 以任意点 $q \in X$ 和数 $M = d(p, q)$ 为界. 因为对于任意 $q \in X$, q 与 E 中任意一点的距离其实就是 $d(p, q)$, 并且 $d(p, q) \leqslant d(p, q) = M$.

极限点? 没有. 围绕 p 的每一个邻域都只包含 E 的一个元素, 即 p 本身. 对于其他任意一点 $q \in X$, 令 $0 < r < d(p, q)$, 则有 $N_r(q) \cap E = \varnothing$.

内点? 这完全取决于度量空间 X. 如果 X 包含有限个点 $\{q_1, q_2, \cdots, q_n\}$, 那么我们令

$$r = \tfrac{1}{2} \min\{d(p, q_1), d(p, q_2), \cdots, d(p, q_n)\},$$

此时 $N_r(p)$ 只包含 p, 所以 p 是 E 的内点.

如果 X 包含无穷多个点, 那么上述技巧就不起作用了, 我们找不到 X 中与 p 距离最小的点, 因为没办法取无限集的最小值 (只能取到下确界, 但对这个例子没有帮助). 这里有两种可能的情形.

情形 1. p 不是 E 的内点：例如，如果 $X = $ 具有通常度量的 $\mathbb{R}$，那么围绕 p 的每一个邻域都包含 X 中不属于 E 点.

情形 2. p 是 E 的内点：例如，如果 $X \subset \mathbb{R}$ 且 $X = (-\infty, -1] \cup \{0\} \cup [1, \infty)$ 并且 $p = 0$，那么 $N_{0.5}(p)$ 仅包含 X 中的一个点，即 p.

闭集？是的. E 没有极限点，所以 E 包含所有的极限点.

开集？同样地，这取决于度量空间. 如果 p 是 E 的内点，那么 E 是开集，因为 E 的所有点都是内点. 否则，E 不是开集.

完备集？不是，E 是闭集，但它的唯一点 p 不是极限点.

如本例所示，我们通常需要小心指定正在使用的度量空间.

3. 在度量空间 $X = \mathbb{R}$ 中，$E = [-3, 3]$.

有界吗？根据例 9.4，有界.

极限点？由例 9.10 可知，E 的每个点都是极限点.

内点？根据例 9.20，除 -3 和 3 外，E 的每个点都是内点.

闭集？是的. E 包含所有的极限点.

开集？不是. E 中的点 -3 和 3 都不是内点，因此 E 不是开集.

完备集？是的. E 是闭集并且 E 的所有点都是极限点.

4. 在度量空间 $X = \mathbb{R}$ 中，$E = (-3, 3)$.

有界吗？根据例 9.4，有界.

极限点？由例 9.10 可知，E 的每个点都是极限点. 另外，-3 和 3 也是 E 的极限点.

内点？根据例 9.20，E 的每个点都是内点.

闭集？不是. E 的两个极限点 -3 和 3 不包含在 E 中，所以 E 不是闭集.

开集？是的. E 的每个点都是内点.

完备集？不是. E 不是闭集.

5. 在度量空间 $X = \mathbb{R}$ 中，$E = (-3, 3]$.

有界吗？根据例 9.4，有界.

极限点？由例 9.10 可知，E 的每个点都是极限点. 另外，-3 也是 E 的极限点.

内点？除了 3 之外，E 的每个点都是内点.

闭集？不是. E 的一个极限点 -3 不包含在 E 中，所以 E 不是闭集.

开集？不是，E 中的点 3 不是内点.

完备集？不是. E 不是闭集.

注意，最后一个例子既不是闭集也不是开集.

在下一章中，我们将更深入地探讨开集和闭集的性质. 为此，我们会给出几个定理的证明，定义集合闭包的概念，并弄清楚对某个集合而言的开集为什么对另一个集合来说却不是开集.（我知道你迫不及待地想翻开下一页，但你最好先去见一见朋友. 他们会想念你的.）

第 10 章　闭集和开集

上一章主要讨论定义, 本章将给出一些重要的定理, 这些定理将有助于我们更好地理解如何使用开集和闭集.

定理 10.1 (开集的补集).

度量空间 X 的子集 E 是开集当且仅当 E 的补集是闭集.

如果你认为开集有"虚线"边界 (即不包含其边界), 而闭集有"实线"边界, 那么这个定理就是有意义的. 如图 10.1 所示, 如果一个集合有虚线边界, 那么其边界点就是该集合之外的点.

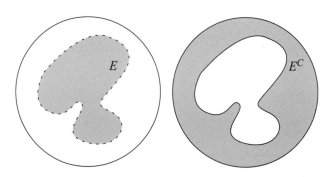

图 10.1　开集 E 是左侧的阴影区域 (不包括虚线边框), 闭集 E^C 是右侧的阴影区域 (包括实线边框)

证明. 证明非常简洁. 如果 E^C 是闭集, 那么 $x \in E$ 意味着 x 不可能是 E^C 的极限点, 因此存在 x 的某个邻域仅包含 E 中的点, 所以 E 是开集. 相反, 如果 E 是开集, 那么对于 E^C 的任何极限点 x, x 的每个邻域都不会只包含 E 中的点, 因此 x 不在 E 中, 所以 E^C 是闭集.

如果你仍然对极限点和内点感到困惑, 我们将通过填充具体的细节来展开整个证明.

先证明定理的一个方向, 假设 E^C 是闭集. 我们想证明 E 是开集, 这意味着 E 的每个点都存在一个完全包含在 E 中的邻域. E^C 包含其所有的极限点, 所以对于任意 $x \in E$, 我们有 $x \notin E^C$, 那么 x 既不是 E^C 的点也不是 E^C 的极限点. 因此, x 不满足极限点的定义, 所以一定存在 $r > 0$, 使得 $N_r(x) \cap E^C = \{x\}$ 或 $= \varnothing$. 由于 $x \notin E^C$, 所以 $N_r(x) \cap E^C$ 中不包含 x, 那么一定有 $N_r(x) \cap E^C = \varnothing$. 由于 $N_r(x)$ 与 E^C 没有公共点, 因此 $N_r(x)$ 仅包含 E 的点, 所以 $N_r(x) \subset E$. 于是, x 是 E 的内点. 由于 x 是任意, 所以 E 的每个点都是内点, 因此 E 是开集.

　　为了证明另一个方向, 假设 E 是开集. 我们想证明 E^C 是闭集, 这意味着 E^C 包含其所有的极限点. 如果 x 是 E^C 的极限点, 那么对于任意 $r > 0$, $N_r(x) \cap E^C$ 至少包含 E^C 的一个点. 因此 $N_r(x)$ 不仅仅包含 E 的点, 所以 x 的每个邻域都不完全包含在 E 中, 因此 x 不可能是 E 的内点. 但 E 的每个点都必须是内点, 所以 x 不在 E 中, 那么 $x \in E^C$. 由于 x 是 E^C 的任意极限点, 因此 E^C 的每个极限点都属于 E^C, 所以 E^C 是闭集. □

推论 10.2 (闭集的补集).

　　度量空间 X 的子集 F 是闭集当且仅当 F 的补集是开集.

证明. 如果 F^C 是开集, 那么由上一个定理可知, F^C 的补集一定是闭集. 但 $(F^C)^C$ 和 F 是一样的, 所以 F 是闭集. 同样地, 如果 F 是闭集, 那么补集为 F 的集合一定是开集, 而这个集合显然就是 F^C. □

　　前面的定理和推论为我们提供了一个将闭集和开集联系起来的好方法, 但不要放松警惕. 始终记住, 开集**不是**闭集的反义词 (因为集合可以既是开集又是闭集, 也可以两者都不是——参见例 9.26).

定理 10.3 (开集的无限并与闭集的无限交).

　　任意一组开集的并仍是开集.

　　用符号来表示, 即:

$$\forall \alpha \ G_\alpha \text{ 是开集} \implies \bigcup_\alpha G_\alpha \text{ 是开集.}$$

　　同样地, 任意一组闭集的交仍是闭集.

　　用符号来表示, 即:

$$\forall \alpha \ F_\alpha \text{ 是闭集} \implies \bigcap_\alpha F_\alpha \text{ 是闭集.}$$

证明. $\bigcup_\alpha G_\alpha$ 的每个点都是某个 G_α 的内点, 因此该点的某个邻域完全包含在并集中. $\bigcap_\alpha F_\alpha$ 的每个极限点的每个邻域都与所有的 F_α 相交, 因此该点是所有 F_α 的极限点, 那么它也是交集中的元素. 接下来我们给出严格的论述.

对于任意 $x \in \bigcup_\alpha G_\alpha$, 存在某个 α 使得 $x \in G_\alpha$. 因为 G_α 是开集, 所以 x 是 G_α 的内点, 那么 $\exists r > 0$ 使得 $N_r(x) \subset G_\alpha$. 又因为 $G_\alpha \subset \bigcup_\alpha G_\alpha$, 所以 $N_r(x)$ 也包含在 $\bigcup_\alpha G_\alpha$ 中, 因此 x 也是 $\bigcup_\alpha G_\alpha$ 的内点. 由于 x 是任意, 所以 $\bigcup_\alpha G_\alpha$ 的每个点都是内点, 因此它是开集.

设 x 为 $\bigcap_\alpha F_\alpha$ 的一个极限点, 因此对于任意 $r > 0$, 有

$$N_r(x) \cap \left(\bigcap_\alpha F_\alpha \right) \neq \{x\} \text{ 且 } \neq \varnothing.$$

这意味着对于每个 α, $N_r(x) \cap F_\alpha \neq \{x\}$ 且 $\neq \varnothing$. (为什么? 如果 x 的邻域和所有 F_α 的交集包含某个元素, 那么该邻域和任何一个 F_α 的交集当然也包含这个元素.) 由于每个 F_α 都是闭集, 所以对于任意 α 均有 $x \in F_\alpha$, 因此 $x \in \bigcap_\alpha F_\alpha$. 由于 x 是任意一个极限点, 因此 $\bigcap_\alpha F_\alpha$ 的每个极限点都是 $\bigcap_\alpha F_\alpha$ 中的点, 所以它是闭集.

注意这两个论证的相似之处. 我们任意选取一个点或极限点, 并直接利用开集或闭集以及并集或交集的定义. 但是, 如果在证明第二部分时遇到了困难, 你可以直接利用推论 10.2 和德摩根律来证明: 由于 F_α 是闭集, 所以 F_α^C 是开集, 那么根据第一部分的证明, $\bigcup_\alpha (F_\alpha^C)$ 也是开集. 由德摩根律可知, $(\bigcap_\alpha F_\alpha)^C = \bigcup_\alpha (F_\alpha^C)$, 因此 $\bigcap_\alpha F_\alpha$ 一定是闭集. □

定理 10.4 (开集的有限交和闭集的有限并).

任意有限个开集的交仍是开集.

用符号来表示, 即:

$$\text{对于 } 1 \leqslant i \leqslant n, \, G_i \text{ 是开集} \Longrightarrow \bigcap_{i=1}^n G_i \text{ 是开集}.$$

同样地, 任意有限个闭集的并仍是闭集.

用符号来表示, 即:

$$\text{对于 } 1 \leqslant i \leqslant n, \, F_i \text{ 是闭集} \Longrightarrow \bigcup_{i=1}^n F_i \text{ 是闭集}.$$

这个定理 (与上一个定理) 的不同之处在于集合必须是有限多个.

如例 3.14 所示, 对于任意 $n \in \mathbb{N}$, 令 $A_n = (-\frac{1}{n}, \frac{1}{n})$, 那么 $\bigcap_{n=1}^\infty A_n = \{0\}$. 每个 A_n 都是 $\mathbb{R}$ 中的开集, 但它们的**无限交**是一个点, 而点在 $\mathbb{R}$ 中不是开集.

同样地, 在例 3.14 中我们还看到, 对于任意 $n \in \mathbb{N}$, 令 $A_n = [0, 2 - \frac{1}{n}]$, 那么 $\bigcup_{n=1}^{\infty} A_n = [0, 2)$. 不过, 我们从未真正证明过这一点, 所以现在就开始吧. 对于任意 $0 \leqslant x < 2$, 由阿基米德性质可知, 存在 $n \in \mathbb{N}$ 使得 $n > \frac{1}{2-x}$, 因此

$$2n - 1 > nx \Longrightarrow x < 2 - \tfrac{1}{n}.$$

所以, 对于任意 $x \in [0, 2)$, 存在某个 $n \in \mathbb{N}$ 使得 $x \in [0, 2 - \frac{1}{n}]$, 因此 $x \in \bigcup_{n=1}^{\infty} [0, 2 - \frac{1}{n}]$. (但是, 该并集不包含数 2, 因为找不到 $n \in \mathbb{N}$ 使得 $2 \in A_n$.) 每个 A_n 都是 $\mathbb{R}$ 中的闭集, 但它们的**无限并**是一个半开区间, 不是 $\mathbb{R}$ 中的闭集 (虽然 2 是 $[0, 2)$ 的极限点, 但 2 不包含在该区间内).

这里并不是说开集的无限交**一定不是**开集, 有时是开集, 有时不是开集. 例如, 对于任意 $n \in \mathbb{N}$, 令 $A_n = (-3, 3)$. 那么每个 A_n 都是 $\mathbb{R}$ 中的开集, 并且 $\bigcap_{n=1}^{\infty} A_n = (-3, 3)$ 也是 $\mathbb{R}$ 中的开集. 类似的结论同样适用于闭集的无限并.

证明. 因为有限性是这个定理的一个关键假设, 所以我们在证明中自然会用到它. $\bigcap_{i=1}^{n} G_i$ 的每个点都是所有 G_i 的内点, 因此其半径最小的邻域会完全包含在交集中. $\bigcup_{i=1}^{n} F_i$ 的每个极限点一定是某个 F_i 的极限点, 所以它会包含在那个 F_i 中, 从而也会包含在并集中. 接下来我们给出严格的论述.

令 $x \in \bigcap_{i=1}^{n} G_i$. 我们想证明 x 是该交集的内点. 对于 $1 \leqslant i \leqslant n$ 有 $x \in G_i$, 由于每个 G_i 都是开集, 所以存在 $r_i > 0$ 使得 $N_{r_i}(x) \subset G_i$. 因为 n 是有限的, 所以我们可以取最小的半径, 令 $r = \min\{r_1, r_2, \cdots, r_n\}$. 那么对于 $1 \leqslant i \leqslant n$ 有

$$N_r(x) \subset N_{r_i}(x) \subset G_i.$$

因为 $N_r(x)$ 是所有 G_i 的子集, 所以 $N_r(x) \subset \bigcap_{i=1}^{n} G_i$, 因此 x 确实是 $\bigcap_{i=1}^{n} G_i$ 的内点.

设 x 是 $\bigcup_{i=1}^{n} F_i$ 的极限点, 我们想证明 x 是该并集的元素. 如果 x 是某个 F_i 的极限点, 那么它就是该 F_i 的元素, 所以 $x \in \bigcup_{i=1}^{n} F_i$. 我们只需要证明 x 是某个 F_i 的极限点即可. 下面通过反证法来证明这一点. 假设 x 不是任何 F_i 的极限点, 那么对于 $1 \leqslant i \leqslant n$, 存在某个 $r_i > 0$ 使得 $N_{r_i}(x) \cap F_i = \{x\}$ 或 $= \varnothing$. 由于 n 是有限的, 所以我们可以取最小的半径, 令 $r = \min\{r_1, r_2, \cdots, r_n\}$. 那么对于 $1 \leqslant i \leqslant n$ 有

$$(N_r(x) \cap F_i) \subset (N_{r_i}(x) \cap F_i) = \{x\} \text{ 或 } = \varnothing.$$

因此 $N_r(x) \cap (\bigcup_{i=1}^{n} F_i) = \{x\}$ 或 $= \varnothing$, 这与 x 是 $\bigcup_{i=1}^{n} F_i$ 的极限点相矛盾.

为了证明第二个命题，我们同样可以直接利用定理 10.1 和德摩根律，如下框所示.

> **证明有限多个闭集的并仍是闭集**
>
> 因为 F_i 是闭集，所以 F_i^C 是_____，那么由第一部分的证明可知，$\bigcap_{i=1}^n (F_i^C)$ 也是_____. 根据德摩根律，我们有 $\bigcap_{i=1}^n (F_i^C) =$_____，那么，因为其补集是_____，所以 $\bigcup_{i=1}^n F_i$ 一定是闭集.

□

定义 10.5 (闭包).

度量空间 X 的子集 E 的所有极限点的集合记为 E'. E 的**闭包**（记作 $\overline{E}$）是集合 $E \cup E'$.

例 10.6 (闭包).

如果 $E = (-3,3)$，那么由例 9.10 可知，$-3, 3 \in E'$. 另外，$(-3,3)$ 的每个点也都是 E 的极限点，所以 $(-3,3) \subset E'$. 因此，$E' = \{-3,3\} \cup (-3,3) = [-3,3]$，$\overline{E} = (-3,3) \cup [-3,3]$，即闭区间 $[-3,3]$.

定理 10.7 (闭包是闭集). 对于度量空间 X 的任意子集 E，$\overline{E}$ 是闭集.

证明. 根据定理 10.1，我们只需证明 $\overline{E}^C$ 是开集. 对于任意 $p \in \overline{E}^C$，我们要证明存在 $r > 0$ 使得 $N_r(p)$ 完全包含在 $\overline{E}^C$ 中. 换句话说，我们想得到 $N_r(p) \cap \overline{E} = \varnothing$，这意味着 $N_r(p) \cap E = \varnothing$ 且 $N_r(p) \cap E' = \varnothing$.

$p \in \overline{E}^C$ 意味着 $p \notin E$，并且 p 不是 E 的极限点，所以存在某个 $r > 0$ 使得 $N_r(p) \cap E = \varnothing$.

现在我们只需证明 $N_r(p) \cap E' = \varnothing$. 下面利用反证法来证明这一点. 假设存在一个 q，使得 $q \in N_r(p) \cap E'$，如图 10.2 所示. 这个 q 具有两种属性：$d(p,q) < r$（因为 q 在 p 的邻域中），并且 q 是 E 的极限点（因为 $q \in E'$）. 选取一个 $k < r - d(p,q)$，使得 $N_k(q) \subset N_r(p)$. 因为 q 是 E 的极限点，所以 $N_k(q)$ 中一定至少包含 E 的一个点，那么 $N_r(p)$ 中也至少包含 E 的一个点，这与我们上一段的结论相矛盾. □

推论 10.8 (等于闭包 $\iff$ 闭集).

对于度量空间 X 的任意子集 E，$E = \overline{E}$ 当且仅当 E 是闭集.

证明. 如果 $E = \overline{E}$，那么因为（根据上一个定理）$\overline{E}$ 是闭集，所以 E 也是闭集. 如果 E 是闭集，那么由闭集的定义可知，$E' \subset E$，所以 $E = E \cup E' = \overline{E}$. □

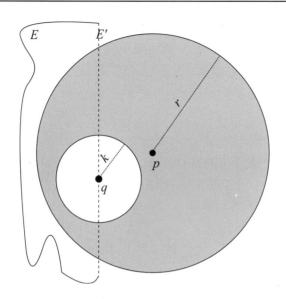

图 10.2 集合 E 的极限点由虚线 E' 表示. 如果 $N_r(p) \cap E'$ 包含一个点 q, 那么 $N_r(p)$ 一定至少包含 E 的一个点

推论 10.9 (闭包是每个闭超集的子集).

设 E 是度量空间 X 的任意一个子集, $F \subset X$ 是任意一个闭集. 如果 $E \subset F$, 那么 $\overline{E} \subset F$.

这个推论表明, 集合 E 的闭包是包含 E 的最小闭集 (因为 E 的每个闭超集都包含闭包 $\overline{E}$). 这个结论应该比较直观, 因为如果想构造一个包含 E 的闭集, 那么你就不能忽略 E 的任何极限点.

证明. 如果 $E \subset F$, 那么 F 的极限点集一定至少包含 E 的极限点集, 即 $E' \subset F'$. 如果 F 还是闭集, 那么 $F' \subset F$, 所以 $E' \subset F$, 因此 $F \supset (E \cup E') = \overline{E}$.   □

下一个定理将极限点与 $\mathbb{R}$ 中的上确界联系起来, 为我们提供了有序集理论和度量空间理论 (至少在实数集上) 之间的一座桥梁. 记住, 大多数度量空间都不是有序域 (例如, $\mathbb{R}^2$).

定理 10.10 (闭包中的实数上确界和下确界).

对于 $\mathbb{R}$ 中任意一个有上界的非空子集 E, 有 $\sup E \in \overline{E}$. 如果 E 有下界, 那么 $\inf E \in \overline{E}$.

证明. 假设 E 有上界, 并且令 $y = \sup E$. 如果 $y \in E$, 那么显然 $y \in \overline{E}$, 因此我们只需要考虑 $y \notin E$ 的情况. 由上确界的定义可知, E 的每个元素都 $\leqslant y$, 并

且小于 y 的任何数都不是 E 的上界. 因此, 对于任意 $h > 0$, 存在 $x \in E$, 使得 $y - h < x < y$（否则 $y - h$ 就是 E 的上界）. 换句话说, $x \in N_h(y) \cap E$. 因为 h 是任意, 所以 y 是 E 的极限点. 因此 $y \in \overline{E}$.

对下确界的证明基本上是一样的. 试着通过填充下框中的空白来复述上面的论证.

证明定理 10.10 中关于下确界的结论

假设_____, 并令 $y = \inf E$. 如果 $y \in E$, 那么 $y \in$_____. 如果 $y \notin E$, 那么 E 中的每个元素都____y, 而且任意一个大于 y 的数都不是____的_____. 因此, 对于任意 $h > 0$, 存在 $x \in E$ 使得 $y < x <$_____（否则, _____就是_____的下界）. 换句话说, $x \in N_h(y) \cap E$. 因为 h 是任意, 所以 y 是 E 的_____. 因此, _____$\in \overline{E}$.

□

推论 10.11 (具有实数界的闭集包含其上确界和下确界).

对于 $\mathbb{R}$ 中任意一个有上界的非空子集 E, 如果 E 是闭集, 那么 $\sup E \in E$. 如果 E 是有下界的闭集, 那么 $\inf E \in E$.

注意, 这个推论的逆命题（$\sup E \in E \implies E$ 是闭集）不一定为真. 例如, $\mathbb{R}$ 中的集合 $E = [-3, 0) \cup (0, 3]$ 包含其下确界和上确界（分别为 -3 和 3）, 但 E 不是闭集, 因为 0 是一个极限点.

证明. 根据上一个定理, 我们知道 $\sup E \in \overline{E}$（当 E 有上界时）和 $\inf E \in \overline{E}$（当 E 有下界时）. 由推论 10.8 可知, 如果 E 是闭集, 那么 $E = \overline{E}$, 所以的确有 $\sup E \in E$（当 E 有上界时）和 $\inf E \in E$（当 E 有下界时）. □

现在是时候告诉你这样一个事实: 集合的大多数拓扑特征完全取决于该集合所在的度量空间. 例如, 在例 9.26 中, 开区间 $(-3, 3)$ 是 $\mathbb{R}$ 中的开集, 但在 $\mathbb{R}^2$ 中它就不是开集了, 因为 $\mathbb{R}^2$ 中的邻域是一个圆盘, 并且任何圆盘都包含具有二维坐标的点, 而这些点不属于一维开区间 $(-3, 3)$. 为了解决这种可能的歧义, 我们首先要正式定义相对开集.

定义 10.12 (相对开集).

设 E 是一个集合. 如果对于任意 $p \in E$, 存在 $r > 0$, 使得

$$q \in Y \text{ 且 } d(p, q) < r \implies q \in E.$$

那么集合 E 相对于 Y 是开集.

这与定义 9.21 基本相同. 唯一的区别是, 对于每个 $p \in E$, 不要求存在 $r > 0$ 使得 $N_r(p) \subset E$, 而是要求存在 $r > 0$ 使得 $N_r(p) \cap Y \subset E$.

例 10.13 (相对开集).

在前面的例子中, 我们看到 $E = (-3, 3)$ 相对于 $Y = \mathbb{R}$ 是开集, 但相对于 $Y = \mathbb{R}^2$ 不是开集.

当然, 对于度量空间 X 的任意一个子集 E, "E 相对于 X 是开集" 与 "E 是开集" 是一样的, 因为 X 是整个度量空间.

定理 10.14 (相对开集).

对于任意度量空间 $Y \subset X$, Y 的子集 E 相对于 Y 是开集, 当且仅当存在 X 的某个开子集 G, 使得 $E = Y \cap G$.

换句话说, Y 的每一个相对开子集 E 都可以表示为 X 的开子集 G 的 Y 部分.

证明. 我们从简单的方向开始, 即如果存在某个相对于 X 是开集的集合 G, 使得 $E = Y \cap G$, 那么 E 相对于 Y 也是开集. 我们知道对于每一个 $p \in G$, G 中都包含 p 的某个邻域. 因为 $E \subset G$, 所以对于每个 $p \in E$ 也有相同的结论. 我们称这个邻域为 V_p (写 $N_r(p)$ 可能会引起混淆, 我们要清楚这是 X 中的邻域, 而不是 Y 中的邻域). 让 Y 与两端同时作交集就可以得到 $(V_p \cap Y) \subset (G \cap Y) = E$. 因此, 对于每一个 $p \in E$, E 都包含一个 Y 中的邻域, 所以 E 相对于 Y 是开集.

为了证明另一个方向, 我们希望证明如果 E 相对于 Y 是开集, 那么我们可以构造一个相对于 X 是开集的 G, 而这个 G 必须由 E 加上 X 中的某些其他点构成. 基本思路是, 我们知道每一个 $p \in E$ 都有一个 Y 中的邻域, 并且该邻域完全包含在 E 中. 为了构造一个相对于 X 的开集, 我们需要 "扩展" 这些邻域, 使其包含 $\{x \in X \mid d(p, x) < r\}$ 中的所有点, 而不仅仅是 $\{y \in Y \mid d(p, y) < r\}$ 中的点 (参见图 10.3). 我们如何确保这些扩展邻域中的点都属于 G? 很简单, 我们直接把它们包含在 G 中. 由定理 9.23 可知, 所有的邻域都是开集, 所以 G 是 X 中开集的并, 那么根据定理 10.3, G 在 X 中也是开集.

接下来给出这个方向的严格证明. 如果 E 相对于 Y 是开集, 那么对于每一个 $p \in E$, 都存在一个 $r_p > 0$, 使得所有满足 $d(p, q) < r_p$ 的 $q \in Y$ 均包含在 E 中. 令 V_p 为所有满足 $d(p, q) < r_p$ 的点 $q \in X$ 的集合 (那么 V_p 就是 "扩展" 到 X 的邻域), 令 $G = \bigcup_{p \in E} V_p$. 每个 V_p 都是 X 中的一个邻域, 所以每个 V_p 相对于 X 是开集, 那么 G 是开集的并, 因此 G 也相对于 X 是开集.

为了证明 $E = Y \cap G$, 我们将使用第 3 章的方法, 即证明 $E \subset Y \cap G$ 且 $E \supset Y \cap G$. 对于 E 的每一个元素 p, $p \in E \implies p \in Y$ 且 $p \in V_p \implies p \in G$,

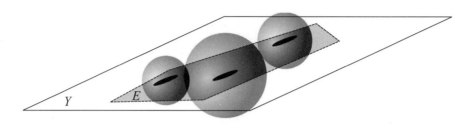

图 10.3　集合 E 是 2-维度量空间 Y 中的五边形. 由于 E 的每个点都有一个完全包含在 E 中的邻域, 因此我们想把这些邻域扩展为 3-维度量空间 X 中的球体

所以 $p \in Y \cap G$. 因此 $E \subset Y \cap G$. 同样地, 对于每一个 $p \in E$, 由 V_p 的构造不难看出, $V_p \cap Y$ 恰好是 p 在 Y 中的邻域, 并且它完全包含在 E 中. 因此 $E \supset \bigcup_{p \in E}(Y \cap V_p) = Y \cap (\bigcup_{p \in E} V_p)$, 所以 $Y \cap G \subset E$. $\qquad\square$

需要指出的是, 与开集一样, 闭集也是一种相对属性. 相对于 Y 的闭集 E 可能相对于 X 不是闭集 (比如, E 在 X 中有极限点, 但在 Y 中没有).

定义 10.15 (相对闭集).

如果对于每一个满足下列条件的 $p \in Y$:

$$N_r(p) \cap E \neq \varnothing \text{ 且 } \neq \{p\},$$

均有 $p \in E$, 那么 E **相对于** Y **是闭集**.

例 10.16 (相对闭集).

如果 $X = \mathbb{R}$ 且 $Y = [0, 2)$, 那么 $E = [1, 2)$ 在 Y 中是闭集, 但在 X 中不是闭集. (2 显然是 E 的极限点, 但是由于 $2 \notin Y$, 所以当考虑 E 相对于 Y 的情况时, 不需要检验 $2 \in E$.)

在对开集和闭集有了深入了解后, 我们就可以开始学习拓扑学的核心内容: 紧集. (你是否觉得我们已经有一段时间没给出新定义了? 哈!)

第 11 章　紧集

哦，紧集. 对新手来说，这部分内容可能会非常混乱，但它们是实分析不可或缺的组成部分.（明白了吗? **不可或缺的部分**?！）当讨论连续函数的相关性质时，它们会多次出现.

我们将从本章"紧集鉴赏"开始. 在这一章中，我们会学习紧集的定义，并了解紧集的出色性质. 在下一章中，我们将学习 $\mathbb{R}$ 中哪些类型的集合是紧的（以及这部分内容为什么如此重要）.

定义 11.1 (开覆盖).

设 E 是度量空间 X 的任意一个子集. X 中 E 的**开覆盖**是一族集合 $\{G_\alpha\}$，其中每个集合都是相对于 X 的开集，并且 E 包含在这些集合的并中.

用符号来表示，即：如果

$$\forall \alpha, \; G_\alpha \text{ 相对于 } X \text{ 是开集, 并且 } E \subset \bigcup_\alpha G_\alpha,$$

那么 $\{G_\alpha\}$ 是 E 的一个开覆盖.

E 的开覆盖 $\{G_\alpha\}$ 的**有限子覆盖**是由 $\{G_\alpha\}$ 中有限多个集合组成的一族集合，并且 E 仍包含在这有限多个集合的并中.

用符号来表示，即：如果

$$n \in \mathbb{N} \text{ 且 } E \subset \bigcup_{i=1}^{n} G_{\alpha_i},$$

那么 $\{G_{\alpha_1}, G_{\alpha_2}, \cdots, G_{\alpha_n}\}$ 就是 $\{G_\alpha\}$ 的一个有限子覆盖.

在有限子覆盖的定义中，存在有限多个索引 $\alpha_1, \alpha_2, \cdots, \alpha_n$. 每个 G_{α_i} 都是集族 $\{G_\alpha\}$ 中的一个元素.（为了彻底形式化，我们把开覆盖记作 $\{G_\alpha \mid \alpha \in \mathcal{A}\}$，所以有限子覆盖中集合的索引应该是 $\alpha_1, \alpha_2, \cdots, \alpha_n \in \mathcal{A}$.）

例 11.2 (开覆盖).

集合

$$\{(z-2, z+2) \mid z \in \mathbb{Z}\}$$

是区间 $[-3,3]$ 的一个开覆盖, 因为每个开区间 $(z-2,z+2)$ (长度为 4) 都是开集. 集合 $\{(-4,0),(-1,3),(2,6)\}$ 是一个有限子覆盖, $\{(-5,-1),(-3,1),(-2,2),(1,5)\}$ 和其他许多集合也都是有限子覆盖. 正如你所看到的, 一个开覆盖可以有多个可能的有限子覆盖.

设 E 是任意一个度量空间的子集, 为每个 $p \in E$ 选择一个半径 r_p (半径可以是不同的). 那么集族 $\{N_{r_p}(p) \mid p \in E\}$ 是 E 的一个开覆盖, 为什么? 显然, E 的每个点都包含在该集合中, 并且由定理 10.3 可知, 邻域的并是开集. (定理 10.14 的证明使用了类似的集族.)

假设 E 中包含有限个点. 那么开覆盖 $\{N_{r_p}(p) \mid p \in E\}$ 中集合的个数是有限的, 所以它也是 (自身的) 有限子覆盖. (注意, 虽然每个邻域都可以包含无穷多个点, 但有限子覆盖要求集合的个数有限, 而不是点的个数有限.)

假设 E 中包含无穷多个点, 但我们被告知 $\{N_{r_p}(p) \mid p \in E\}$ 包含一个有限子覆盖. 那么我们知道 E 中一定存在有限多个点 $p_1, p_2, \cdots, p_n$ 使得

$$E \subset \bigcup_{i=1}^{n} N_{r_{p_i}}(p_i).$$

定义 11.3 (紧集).

设 K 是度量空间 X 的一个子集. 如果 K 的每个开覆盖都有一个有限子覆盖, 那么 K 就是一个**紧集**.

用符号来表示, 即: 如果

$$\forall \ K \text{ 的开覆盖 } \{G_\alpha\}, \ \exists \{\alpha_1, \alpha_2, \cdots, \alpha_n\} \text{ 使得 } K \subset \bigcup_{i=1}^{n} G_{\alpha_i},$$

那么 K 是一个紧集.

紧集比开集和闭集复杂得多. 为了证明集合是紧的, 我们必须证明每一个可能的开覆盖都存在一个有限子覆盖, 这需要一些重要的证明技巧. 证明集合不是紧集会稍微容易一些, 因为我们只需要找到一个不存在有限子覆盖的无限开覆盖即可 (但这仍有一定的难度).

例 11.4 (紧集).

空集是紧集, 因为对于任意一个开覆盖 $\{G_\alpha\}$, 我们可以任取一个集合 G_{α_1}, 它必然满足 $\varnothing \subset G_{\alpha_1}$.

考虑只包含一个点的集合 $K = \{p\}$. K 显然是紧的, 因为每个开覆盖 $\{G_\alpha\}$ 都至少有一个包含点 p 的集合. 任取一个包含点 p 的集合, 那么这个集合就构成了一个有限子覆盖.

实际上, 任何包含有限多个点 $p_1, p_2, \cdots, p_n$ 的集合 K 都是紧集. 为什么? 对于任意开覆盖 $\{G_\alpha\}$, 从中选取一个包含 p_1 的集合 $G_{\alpha_1} \in \{G_\alpha\}$. 按照同样的方法继续下去: 对于每一个 $p_i \in K$, 如果目前选取的集合都不包含 p_i, 那就取一个包含 p_i 的 $G_{\alpha_i} \in \{G_\alpha\}$. 经过最多 n 步之后, 我们得到了一族有限多个开集 $\{G_{\alpha_1}, G_{\alpha_2}, \cdots, G_{\alpha_n}\}$, 并且 K 包含在它们的并集中.

下一个定理是非紧集的一个很好的基本例子.

定理 11.5 (开区间不是紧集).

对于任意 $a, b \in \mathbb{R}$, 其中 $a < b$, 开区间 (a, b) (或 $(a, b) \cap \mathbb{Q}$) 不是紧集.

证明. 为了证明 (a, b) 不是紧集, 只需找到一个不存在有限开子覆盖的开覆盖. 我们利用开覆盖

$$\{G_n\} = \left\{ \left. \left(a + \frac{1}{n}, \ b - \frac{1}{n} \right) \ \right| \ n \in \mathbb{N} \right\}.$$

(如果出现了无效区间, 比如 $(1, 0)$, 我们就忽略这个元素.)

图 11.1 给出了关键思路. 不难看出 $\{G_n\}$ 是一个覆盖, 因为对于任意元素 $x \in (a, b)$, 我们可以利用阿基米德性质找到一个足够大的 N, 使得 $x \in (a + \frac{1}{N}, b - \frac{1}{N})$. 但是 $\{G_n\}$ 没有有限子覆盖, 因为对于给定的开区间 $(a + \frac{1}{N}, b - \frac{1}{N})$, 我们可以利用稠密性找到该区间之外的元素 $y \in (a, b)$.

图 11.1 对于任意 $x \in (a, b)$, 我们可以找到一个 N 使得 $x \in (a + \frac{1}{N}, b - \frac{1}{N})$. 但对于给定的 $(a + \frac{1}{N}, b - \frac{1}{N})$, 我们可以找到该区间之外的元素 $y \in (a, b)$

严格地说, 为什么 $\bigcup_{n=1}^{\infty} G_n$ 能覆盖 (a, b)? 对于满足 $a < x < b$ 的任意元素 x, 由阿基米德性质可知, 存在一个 $N \in \mathbb{N}$, 使得

$$N > \max \left\{ \frac{1}{x - a}, \frac{1}{b - x} \right\}.$$

因此

$$Nx - Na > 1 \ \text{且} \ Nb - Nx > 1 \implies Na + 1 < Nx < Nb - 1$$
$$\implies x \in \left(a + \frac{1}{N}, b - \frac{1}{N} \right).$$

所以对于 (a,b) 的每一个元素，均存在某个 $N \in \mathbb{N}$ 使得该元素包含在 G_N 中．于是 $(a,b) \subset \bigcup_{n=1}^{\infty} G_n$．

严格地说，为什么 $\{G_n\}$ 没有有限子覆盖？对于任意 $m > n$，我们有

$$a + \tfrac{1}{m} < a + \tfrac{1}{n} < b - \tfrac{1}{n} < b - \tfrac{1}{m},$$

所以 $G_m \supset G_n$．因此，对于任意有限的 $N \in \mathbb{N}$，有

$$\bigcup_{n=1}^{N} G_n = G_N = (a + \tfrac{1}{N}, b - \tfrac{1}{N}),$$

但是 $(a,b) \not\subset G_N$，例如，$a + \tfrac{1}{2N} \in (a,b)$，但 $a + \tfrac{1}{2N} \notin (a + \tfrac{1}{N}, b - \tfrac{1}{N})$．　　　$\square$

你可能会问："既然集合相对于某些度量空间是开集或闭集，但相对于其他度量空间则不是，那么紧集呢？"事实上，在紧集的定义中，我们完全回避了这个问题．我们甚至没有具体说明是在 X 中还是在其他度量空间中考察 K 的开覆盖．

正如下一个定理所说，这真的不重要！如果集合 K 在某个度量空间中是紧集，那么它在**每个**度量空间中都是紧集（当然，只要这个度量空间包含 K）．

由于度量空间 X 的紧子集 K 也是度量空间，并且在任何地方都是紧的，所以我们通常将 K 称为**紧度量空间**．当然，"闭度量空间"或"开度量空间"的说法没有太大意义．任何度量空间 X 都是其自身的闭子集（因为它包含 X 中的所有极限点），也是其自身的开子集（因为所有邻域都只包含 X 中的点）．

定理 11.6 (相对紧)．

对于任意度量空间 $Y \subset X$，Y 的子集 K 相对于 X 是紧集当且仅当 K 相对于 Y 是紧集．

这里的"K 相对于 Y 是紧集"是指对于任意开覆盖 $\{V_\alpha\}$（其中每个 $V_\alpha \subset Y$ 且每个 V_α 相对于 Y 是开集），$\{V_\alpha\}$ 存在有限子覆盖．

证明．我们先假设 K 相对于 X 是紧集．基本思路是，对于 Y 中 K 的任何开覆盖，我们可以将其扩展成 X 中 K 的开覆盖，并取 X 中的一个有限子覆盖，然后让其与 Y 求交，从而得到 Y 中的一个有限子覆盖．

我们想证明，对于 Y 中的任意一个开覆盖 $\{V_\alpha\}$，均存在 Y 中的有限子覆盖 $\{V_{\alpha_1}, V_{\alpha_2}, \cdots, V_{\alpha_n}\}$．如何把相对于一个度量空间的开集与相对于另一个度量空间的开集联系起来？利用定理 10.14！于是，对于每一个可能的 V_α，存在一个

相对于 X 的开集 $G_\alpha \subset X$，使得 $V_\alpha = Y \cap G_\alpha$. 所以

$$K \subset \bigcup_\alpha V_\alpha = \bigcup_\alpha (Y \cap G_\alpha) = Y \cap \left(\bigcup_\alpha G_\alpha \right).$$

我们已经知道 K 是 Y 的一个子集，所以上式表明 $\{G_\alpha\}$ 是 K 的一个开覆盖. 因为 K 相对于 X 是紧集，所以存在一个有限子覆盖 $\{G_{\alpha_1}, G_{\alpha_2}, \cdots, G_{\alpha_n}\} \subset \{G_\alpha\}$. 由于每一个 G_{α_i} 都是 $\{G_\alpha\}$ 中的元素，所以对于介于 1 和 n 之间的每个 i，均有 $V_{\alpha_i} = Y \cap G_{\alpha_i}$，其中 $V_{\alpha_i} \in \{V_\alpha\}$. 于是

$$K \subset Y \text{ 且 } K \subset \bigcup_{i=1}^{n} G_{\alpha_i}$$

$$\implies K \subset Y \cap \left(\bigcup_{i=1}^{n} G_{\alpha_i} \right) = \bigcup_{i=1}^{n} (Y \cap G_{\alpha_i}) = \bigcup_{i=1}^{n} V_{\alpha_i}.$$

这表明 $\{V_\alpha\}$ 存在一个 K 的有限子覆盖，因此 K 相对于 Y 是紧集.

另一个方向则使用了相同的反向论证. 试着把下框中的空白填充完整.

证明定理 11.6 的第二个方向

假设 K 相对于 Y 是紧集，令 $\{G_\alpha\}$ 为 X 中 K 的一个开覆盖. 设 $V_\alpha = Y \cap$ _____，那么由定理 10.14 可知，V_α 是 _____ 开集. 因为 $K \subset \bigcup_\alpha G_\alpha$ 且 $K \subset Y$，所以有 $K \subset$ _____ $= \bigcup_\alpha V_\alpha$，因此 Y 中存在一个 K 的有限子覆盖 $\{V_{\alpha_i}\}$. 于是

$$K \subset \bigcup_{i=1}^{n} V_{\alpha_i} = \bigcup_{i=1}^{n} \underline{\hspace{2cm}} = \underline{\hspace{2cm}} \cap \underline{\hspace{2cm}},$$

所以 $\{G_{\alpha_i}\}$ 是 K 在 _____ 中的有限子覆盖.

$\square$

接下来的几个定理将紧集与闭集联系了起来，从而帮助我们更好地刻画哪些集合是紧集.

定理 11.7 (紧子集是闭集).

对于度量空间 X 的任意紧子集 K，K 是 X 中的闭集.

因为 X 中的紧集 K 在任何度量空间中都是紧的，所以这个定理意味着任何紧集在**每个**可能的度量空间（K 为其子集的度量空间）中都是闭集.

注意，如果考虑该定理的逆否命题，则可以得出"如果 K 相对于**某个度量空间** X 不是闭集，那么 K 在任何度量空间中都不是紧集."利用这个结论，我们可以更容易地证明定理 11.5：(a,b) 在 $\mathbb{R}$ 中不是闭集（因为 a 和 b 是极限点），所以 (a,b) 不是紧集.

证明. 证明 K^C 是 X 的开子集会更简单（之后再利用定理 10.1）. 我们想证明对于 K^C 中的任意一点 p，存在一个包含在 K^C 中的邻域. 为此，我们可以把 K 覆盖在其点的邻域中（要确保这些邻域不包含点 p），然后取一个 K 的有限子覆盖. 现在构造 p 的一个邻域，使其半径小于 p 到子覆盖中最近开集的距离，那么该邻域就包含在 K^C 中.

为了明确这一点，任取一个满足 $p \notin K$ 的点 $p \in X$（那么 $p \in K^C$）. 我们想证明存在 $r > 0$ 使得 $N_r(p) \subset K^C$.

在例 11.2 中，我们看到由 K 中所有点的（任意半径的）邻域构成的集族是 K 的一个开覆盖. 对于任意 $q \in K$，令

$$W_q = N_{\frac{1}{3}d(p,q)}(q),$$

因此 $\{W_q \mid q \in K\}$ 是 K 的一个开覆盖（参见图 11.2）. 因为 K 是紧集，所以这个开覆盖一定存在有限子覆盖，因此一定存在有限多个点 $q_1, q_2, \cdots, q_n$，使得 $K \subset \bigcup_{i=1}^{n} W_{q_i}$.

因为 $\{q_1, q_2, \cdots, q_n\}$ 是有限集，所以我们可以选取最接近 p 的元素. 令

$$d = \min\{d(p,q_1), d(p,q_2), \cdots, d(p,q_n)\},$$

并令 $V = N_{\frac{1}{3}d}(p)$.

那么，对于介于 1 到 n 之间的任何 i，有

$$\begin{aligned}
\frac{1}{3}d &< \frac{1}{3}d + \frac{1}{3}d(p,q_i) \\
&= \frac{1}{3}d(p,q_i) + \frac{1}{3}\min\{d(p,q_1), d(p,q_2), \cdots, d(p,q_n)\} \\
&\leqslant \frac{1}{3}d(p,q_i) + \frac{1}{3}d(p,q_i) \\
&< d(p,q_i),
\end{aligned}$$

所以 V 和 W_{q_i} 不相交.

因此 $V \cap \left(\bigcup_{i=1}^{n} W_{q_i}\right) = \varnothing$，从而有 $V \cap K = \varnothing$. 因为 V 与 K 没有公共点，所以 V 必须完全包含在 K^C 中，因此 p 确实是 K^C 的内点. $\qquad\square$

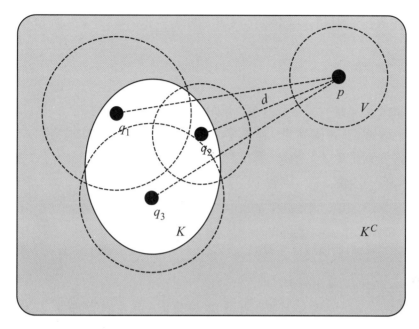

图 11.2 图中的集合 K 被三个点的邻域所覆盖，并且每个邻域的半径为 $\frac{1}{3}d(p, q_i)$。d 是 p 和所有 q_i 距离的最小值。p 的半径为 $\frac{1}{3}d$ 的邻域 V 不与任何 q_i 的邻域相交，所以 V 完全包含在 K^C 中

　　注意，这个证明依赖于一个事实，即存在一个 K 的有限子覆盖。如果不存在 K 的有限子覆盖，那么我们就取不到 p 与 q_i 的最小距离（因为无限集不一定有最小值）。

　　另外还要注意，这里的开覆盖和有限子覆盖与 p 有关。当知道集合是紧集时，我们才可以这样操作。由于**每个**开覆盖都存在一个有限子覆盖，所以我们可以根据需要来选择。

定理 11.8（紧集的闭子集仍是紧集）。

　　对于任意度量空间 $K \subset X$，如果 K 是紧集，并且 K 的子集 F 相对于 X 是闭集，那么 F 也是紧集。

证明. 证明其实很简单，关键是 F 在 K 中的补集是开集，所以这个补集与 F 的一个开覆盖共同构成了 K 的开覆盖，然后取 K 的一个有限子覆盖，再从中去掉 F^C 即可。

　　设 $\{V_\alpha\}$ 是 F 的一个（相对于 K 的）开覆盖。由于 $K = F \cup F^C$（这里 F^C

表示 F 在 K 中的补集, 而不是在 X 中的补集)且 $F \subset \bigcup_\alpha V_\alpha$, 所以有

$$K \subset \left(\bigcup_\alpha V_\alpha\right) \cup F^C.$$

每个 V_α 都是 (相对于 K 的) 开集, 并且 F^C 也是开集, 所以 $\{V_\alpha\} \cup F^C$ 是 K 的一个开覆盖. 由于 K 是紧集, 所以存在一个有限子覆盖 $\{V_{\alpha_1}, V_{\alpha_2}, \cdots, V_{\alpha_n}, F^C\}$ (其中 F^C 不一定是这个有限子覆盖的元素).

于是有

$$F \subset K \subset \left(\bigcup_{i=1}^n V_{\alpha_i}\right) \cup F^C,$$

因为 $F \cap F^C = \varnothing$, 所以这意味着 $\{V_{\alpha_1}, V_{\alpha_2}, \cdots, V_{\alpha_n}\}$ 是 F 的一个有限子覆盖. $\quad\square$

推论 11.9 (闭集与紧集的交).

对于任意度量空间 $K \subset X$, 如果 K 是紧集, 并且 X 的子集 F 相对于 X 是闭集, 那么 $F \cap K$ 也是紧集.

这个推论告诉我们, 如果把紧集 K 嵌入到任何一个度量空间中, 那么 K 与该度量空间中任何闭集的交集都是紧集.

证明. 由定理 11.7 可知, K 在 X 中是闭集. 因为闭集的交仍是闭集, 所以 $F \cap K$ 是闭集. 注意, $F \cap K \subset K$, 于是根据定理 11.8, $F \cap K$ 是紧集. $\quad\square$

重要的是要理解紧性是一个普遍的性质, 而闭集依赖于嵌入的度量空间. 这些区别可能在最后几个定理中已经变得模糊了, 所以这里有一个小测试: 下面这段话有什么问题? (我们稍后会了解到, 任何闭区间 $[a, b]$ 都是紧集. 现在就暂且把这个事实当作已知的.)

设 X 是由开区间 $(-3, 3)$ 给出的度量空间, 令 $F = X$, 那么 F 在 X 中是闭集 (因为 $p \in X \Longrightarrow p \in F$, 所以 F 包含其所有极限点). 设 $K = [-5, 5]$, 那么 K 是紧集. 于是根据推论 11.9, $F \cap K = (-3, 3)$ 是紧集, 这与定理 11.5 相矛盾!

你找到错误了吗? 这是对推论 11.9 的公然滥用. 在这个例子中, 我们有 $F \subset X \subset \mathbb{R}$ 且 $K \subset \mathbb{R}$. F 在 X 中是闭集, 但在 $\mathbb{R}$ 中**不是**. 由推论 11.9 可知, 对于 X 中的任意一个紧集 K, $F \cap K$ 是一个紧集. 但是 $K = [-5, 5]$ 不是 X 的子集, 所以我们无法利用这个推论. (不过, 对于 $K = [-2, 2]$, 我们可以利用推论 11.9 得出 $F \cap K = [-2, 2]$ 是紧集.)

定理 11.10 (紧集是有界的).

对于度量空间 X 的任意紧子集 K, K 在 X 中有界.

证明. 要想证明 "K 是紧集 $\Longrightarrow K$ 有界", 我们可以证明其逆否命题 (即证明 "K 无界 $\Longrightarrow K$ 不是紧集"). 有界的定义是

$$\exists q \in X, \exists M \in \mathbb{R} \text{ 使得 } d(p,q) \leqslant M, \forall p \in K,$$

那么其否命题为

$$\forall q \in X, \forall M \in \mathbb{R}, \exists p \in K \text{ 使得 } d(p,q) > M.$$

如果 K 是紧集, 那么开覆盖 $\{N_1(p) \mid p \in K\}$ (即 K 中每个点的半径为 1 的邻域族) 就存在一个有限子覆盖 $\{N_1(p_1), N_1(p_2), \cdots, N_1(p_n)\}$. 我们取离 p_1 最远的距离, 记作

$$r = \max\{d(p_1, p_i) \mid 1 \leqslant i \leqslant n\}.$$

那么 $N_{r+1}(p_1)$ 包含整个有限子覆盖 $\{N_1(p_1), N_1(p_2), \cdots, N_1(p_n)\}$, 因为对于 1 和 n 之间的任意 i, $d(p_1, p_i) + 1 \leqslant r + 1$, 所以 $N_1(p_i) \subset N_{r+1}(p_1)$. 由于 K 是无界的, 所以当 $q = p_1$ 且 $M = r+1$ 时, 存在某个 $p \in K$ 使得 $d(p, p_1) > r + 1$, 所以 $p \notin N_{r+1}(p_1)$, 因此 K 中至少有一个元素没有包含在有限子覆盖的超集中, 那么该元素也不在有限子覆盖中, 所以 K 不是紧集. □

定理 11.11 (紧集的交集).

设 $\{K_\alpha\}$ 是度量空间 X 中的一族非空紧集. 如果 $\{K_\alpha\}$ 中任意有限多个集合的交集都是非空的, 那么 $\bigcap_\alpha K_\alpha$ 也是非空的.

这难道不是一个平凡的性质吗? 在 $\{K_\alpha\}$ 中, 如果集合的每个可能组合的交集都是非空的, 那么所有集合的交集怎么可能是空的呢?

这种情况的发生是因为无限交集的复杂性. 例如, 设 $A_n = (-\frac{1}{n}, \frac{1}{n})$, 取由无穷多个 A_n 构成的集族 $\{A_n \mid n \in \mathbb{N}\}$. 我们知道 $\bigcap_{n=1}^\infty A_n = \{0\}$ (因为对于任意一个非 0 点 p, 存在一个开区间 $(-\frac{1}{k}, \frac{1}{k})$ 使得 $p < -\frac{1}{k}$ 或 $p > \frac{1}{k}$).

现在定义 $B_n = A_n \setminus \{0\} = (-\frac{1}{n}, 0) \cup (0, \frac{1}{n})$. 那么, $\bigcap_{n=1}^\infty B_n = \varnothing$, 因此不存在同时属于所有 B_n 的元素. 但是 $\{B_n\}$ 中任意**有限**多个集合确实至少有一个公共元素. 为什么? 对于任意 $m > n$, $B_m \subset B_n$, 所以

$$\bigcap_{n=1}^k B_k = B_k = (-\frac{1}{k}, 0) \cup (0, \frac{1}{k}) \neq \varnothing.$$

定理 11.11 基本上说的是，集族 $\{B_n\}$ 上发生的事不可能出现在紧集上.（在这个例子中，每个 B_n 都不是 $\mathbb{R}$ 中的闭集，所以也不是紧集.）

 证明. 我们利用反证法来证明. 如果 $\bigcap_\alpha K_\alpha$ 为空，那么集合 K_1 可以被有限个集合 K_α^C 覆盖，但有限个 K_α 的交集是空集.

为了更清楚地说明这一点，我们将使用集合的下列性质：

$$A \cap \left(\bigcap_\alpha B_\alpha \right) = \varnothing \iff A \subset \bigcup_\alpha B_\alpha^C.$$

为了证明蕴涵关系的一个方向，令 $x \in A$，那么至少存在一个 α 使得 $x \notin B_\alpha$（否则，x 属于每一个 B_α，那么 $A \cap (\bigcap_\alpha B_\alpha)$ 将包含 x，而不是空集.），所以至少有一个 α 使得 $x \in B_\alpha^C$. 因此，A 的每个元素都包含在某个 B_α^C 中，所以 $A \subset \bigcup_\alpha B_\alpha^C$.

为了证明另一个方向，我们假设：如果 $x \in A$，那么存在某个 α，使得 $x \in B_\alpha^C$. 因此，对于 A 的每个元素 x，至少有一个 B_α 不包含它，因此不存在同时属于 A 和每个 B_α 的元素. 所以，$A \cap (\bigcap_\alpha B_\alpha) = \varnothing$.

现在从集族中选取一个紧集 K_1. 假设 $\bigcap_\alpha K_\alpha$ 是空集，那么 $K_1 \cap \left(\bigcap_{\alpha \neq 1} K_\alpha \right) = \varnothing$. 根据上述性质，这意味着 $K_1 \subset \bigcup_{\alpha \neq 1} K_\alpha^C$. 另外，由定理 11.7 可知，每个 K_α 都是相对于 X 的闭集，所以每个 K_α^C 一定是相对于 X 的开集. 因此，$\{K_\alpha^C \mid \alpha \neq 1\}$ 是 K_1 的开覆盖.

因为 K_1 是紧集，所以存在一个 K_1 的有限子覆盖 $\{K_{\alpha_1}^C, K_{\alpha_2}^C, \cdots, K_{\alpha_n}^C\}$. 记住，$K_1 \subset \bigcup_{i=1}^n K_{\alpha_i}^C$ 意味着

$$K_1 \cap \left(\bigcap_{i=1}^n K_{\alpha_i} \right) = \varnothing.$$

因此，有限多个 K_α 的交集是空集，这与定理的假设相矛盾. 所以 $\bigcap_\alpha K_\alpha$ 不可能为空. □

我们将用最后一个推论和最后一个定理来结束对紧集强大能力的（看似无止境的）漫谈. 到目前为止，所有内容都是基于紧集自身构建的，因此我们最终可以得出一些结果，希望你会发现这些结果有趣且有用.

推论 11.12 (嵌套的紧集).

设 $\{K_n\}$ 是一族非空紧集，并且对于任意 $n \in \mathbb{N}$，有 $K_n \supset K_{n+1}$. 那么交集 $\bigcap_{n=1}^\infty K_n \neq \varnothing$.

这些集合被称为是"嵌套的",因为序列中的每个集合都包含该序列中的所有后续集合. 把这族集合想象成俄罗斯套娃:你打开 K_1(Olga)时,发现里面有一个更小的玩偶 K_2(Galina),K_2 里还有一个 K_3(Anastasia),以此类推. 这一推论保证了这些玩偶(你可以一直打开来找到一个更小的玩偶)里面始终有东西.(下次你去俄罗斯的纪念品商店时,可以通过谈论"紧性"来炫耀你的数学能力."你知道紧集?给你半价!")

证明. 对于任意 $m > n$,我们有 $K_m \subset K_n$,所以

$$\bigcap_{n=1}^{k} K_n = K_k \neq \varnothing.$$

因此 $\{K_n\}$ 中任意有限多个集合的交都是非空的,所以由定理 11.11 可知 $\bigcap_{n \in \mathbb{N}} K_n \neq \varnothing$. □

定理 11.13 (紧集中的极限点).

对于紧集 K 中的任意一个无限子集 E,E 在 K 中至少有一个极限点.

关键的先决条件是 E 包含无穷多个点.(当然,如果 E 是有限的,那么该定理就不可能成立. 此时 E 根本没有极限点,因为由定理 9.11 可知,极限点的任何一个邻域都包含 E 中无穷多个点.)

证明. 假设结果不成立,即 E 在 K 中没有极限点,那么对于每个 $q \in K$,存在某个 $r_q > 0$,使得 $N_{r_q}(q) \cap E = \{q\}$ 或 $= \varnothing$. 集族 $\{N_{r_q}(q) \mid q \in K\}$ 是 K 的一个开覆盖,并且集族中的每个集合最多包含 E 的一个点.

因为 K 是紧集,所以这个开覆盖存在一个有限子覆盖,即

$$\{N_{r_{q_1}}(q_1), N_{r_{q_2}}(q_2), \cdots, N_{r_{q_n}}(q_n)\}.$$

但这个有限子覆盖只包含 E 的有限多个点,具体地说,它包含 $\{q_1, q_2, \cdots, q_n\} \cap E$,但是 E 有无穷多个点. 因此,E 不包含在这个子覆盖中,那么 K 也不包含在这个子覆盖中,这是一个矛盾. □

你会注意到,除了前面的几个例子,我们还没有考虑哪些集合是紧的. 现在我们知道紧集能做什么,但不知道如何找出紧集.

正如之前所承诺的,下一章将证明每个区间 $[a,b]$ 都是紧集. 我们还会讨论海涅-博雷尔定理,这是实分析的一个核心结论,它会告诉我们如何在 $\mathbb{R}^k$ 中找到紧集.

第 12 章　海涅-博雷尔定理

如果你喜欢惊喜，那就跳过这一段；否则，剧透警告！我要告诉你什么是海涅-博雷尔定理：$\mathbb{R}^k$ 的子集是紧集当且仅当它既是闭集又是有界集。上一章证明了每一个紧集（在任何度量空间中，不仅仅在 $\mathbb{R}^k$ 中）都是有界的闭集，因此海涅-博雷尔定理的实质是反向的蕴涵关系。它断言 $\mathbb{R}^k$ 中的每个有界闭集都是紧集，但并非每个度量空间都有该结论。例如，集合 $(-\pi, \pi) \cap \mathbb{Q}$ 在 $\mathbb{Q}$ 中是闭集（因为 $-\pi$ 和 π 都不是有理数）并且是有界的，但它不是紧集（利用定理 11.5）。

当心！本章有一些冗长的证明，在未经训练的人看来可能有些困难。（玩笑话，你现在肯定已经训练有素了。）当你阅读长篇文章时，在页边空白处画些图来阐明每一步的内容会很有帮助。

上一章讨论了任意度量空间 X 中集合的紧性，但这一章考察的是 $\mathbb{R}^k$。为了弄清楚 $\mathbb{R}^k$ 中哪些集合是紧集（请记住，在第 6 章中，$\mathbb{R}^k$ 是所有 k 维实向量的集合），我们先了解一下区间和紧集的一个共同性质。

定理 12.1 (闭区间套性质).

设 $\{I_n\}$ 是 $\mathbb{R}$ 中的一族闭区间，并且对于任意 $n \in \mathbb{N}$ 有 $I_n \supset I_{n+1}$. 那么 $\bigcap_{n=1}^{\infty} I_n \neq \varnothing$.

这个定理看起来应该不陌生，因为我们在推论 11.12 中证明了紧集的类似性质。闭区间套性质是 $\mathbb{R}$ 的一个固有特性，它是最小上界性的直接结果。

证明. 每个区间都形如 $I = [a_n, b_n]$. 我们想找到一个数 x，使得对于所有的 $n \in \mathbb{N}$，均有 $x \in [a_n, b_n]$（如果存在这样的 x，则有 $\bigcap_{n=1}^{\infty} I_n \supset \{x\}$）。全体下界 a_n 的上确界 x 似乎是一个不错的选择，因为对于任意 $n \in \mathbb{N}$，x 满足 $\geqslant a_n$ 且 $\leqslant b_n$，如图 12.1 所示。

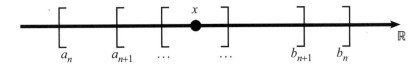

图 12.1　对于任意 $n \in \mathbb{N}$，点 $x = \sup\{a_n \mid n \in \mathbb{N}\} \geqslant a_n$ 且 $\leqslant b_n$

令 $E = \{a_n \mid n \in \mathbb{N}\}$. 每个 b_n 都是 E 的上界，因为如果存在 $n, m \in \mathbb{N}$ 使得 $a_n > b_m$，那么 $I_n \cap I_m = \varnothing$，此时这两个区间不存在包含关系，这样就产生了矛盾. 因此，E 是 $\mathbb{R}$ 的一个有上界的非空子集，那么根据 $\mathbb{R}$ 的最小上界性，$\sup E$ 在 $\mathbb{R}$ 中存在，我们称它为 x.

因为 x 是 E 的上界，所以对于任意 $n \in \mathbb{N}$ 均有 $x \geqslant a_n$. 此外，由于 b_n 是 E 的上界，而 x 是 E 的最小上界，所以 $x \leqslant b_n$. 因此 $x \in [a_n, b_n]$.

注意，如果令 $x = \inf\{b_n \mid n \in \mathbb{N}\}$，那么上述证明仍然成立.　　　□

事实上，这个性质不仅适用于 $\mathbb{R}$ 中的区间，也适用于 $\mathbb{R}^k$ 中的等价概念，我们称之为 k 维格子.

定义 12.2 (k 维格子).

如果对于 1 和 k 之间的每个 j 均有 $a_j < b_j$，那么 $\mathbb{R}^k$ 中的向量集

$$\{\boldsymbol{x} = (x_1, x_2, \cdots, x_k) \mid x_j \in [a_j, b_j], \ \forall 1 \leqslant j \leqslant k\}$$

就称为 k **维格子**.

我们可以在图 12.2 中看到 k 维格子. 在一维情况下，令 $k = 1$，可以看到 1 维格子就是一个闭区间. 在二维空间中，2 维格子是一个矩形，因为它是位于两组边界之间的所有点的集合. 在三维空间中，3 维格子是一个盒子. 在四维空间中，根据爱因斯坦的理论，第四维可能是时间，所以我猜 4 维格子就是一个永远停留在某个固定时间段内的盒子（举个例子，去看看你祖父的阁楼）.

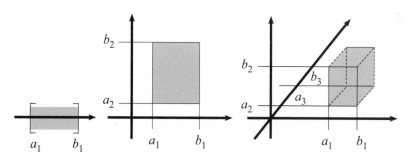

图 12.2　1 维格子、2 维格子和 3 维格子（一定要戴上 3D 眼镜以获得最佳观看体验）

定理 12.3 (k 维格子嵌套性质).

设 $\{I_n\}$ 是 $\mathbb{R}^k$ 中一族 k 维格子，并且对于任意 $n \in \mathbb{N}$ 均有 $I_n \supset I_{n+1}$. 那么 $\bigcap_{n=1}^{\infty} I_n \neq \varnothing$.

证明. 证明非常简单: 只需对这族 k 维格子的每个维度都应用闭区间套性质即可. 导致证明过程多于两行的唯一原因是, 我们必须同时考虑在讨论哪一个 k 维格子 (其下标 n 可以是任意自然数) 以及所讨论的维数是多少 (其下标 j 在 1 和 k 之间取值).

每一个 k 维格子 I_n 都是满足下列条件的点 $\boldsymbol{x} = (x_1, x_2, \cdots, x_k)$ 的集合: 对于 1 到 k 之间的每个 j 均有 $a_{n_j} \leqslant x_j \leqslant b_{n_j}$. 因此, I_n 就是第 j 个坐标落在闭区间 $I_{n_j} = [a_{n_j}, b_{n_j}]$ 中的向量的集合. 由于每个 k 维格子都包含在前一个 k 维格子中, 因此对于任意 $n \in \mathbb{N}$ 和介于 1 和 k 之间的每个 j 均有 $I_{n_j} \supset I_{(n+1)_j}$.

我们想证明存在一个属于所有 I_n 的向量 $\boldsymbol{x} = (x_1, x_2, \cdots, x_k)$, 这意味着该向量的坐标对于任意 $n \in \mathbb{N}$ 均有 $x_1 \in I_{n_1}$; 对于任意 $n \in \mathbb{N}$ 均有 $x_2 \in I_{n_2}$; ……; 对于任意 $n \in \mathbb{N}$ 均有 $x_k \in I_{n_k}$.

根据定理 12.1, 交集 $\bigcap_{n=1}^{\infty} I_{n_1}$ 中至少包含一个点, 我们将其称为 x_1^*. 类似地, 存在 $x_2^* \in \bigcap_{n=1}^{\infty} I_{n_2}$, ……, 存在 $x_k^* \in \bigcap_{n=1}^{\infty} I_{n_k}$. 因此, 向量 $\boldsymbol{x}^* = (x_1^*, x_2^*, \cdots, x_k^*)$ 属于每一个 I_n. □

我们不仅可以证明每个闭区间是紧集, 而且可以证明每个 k 维格子也是紧集.

上一个定理对我们的证明是有用的, 但要注意, 它本身并不是一个证明. (只知道 k 维格子与紧集有一个相同的性质, 并不能说明所有 k 维格子都是紧集.)

定理 12.4 (k 维格子是紧集).　　对于任意 $k \in \mathbb{N}$, 每个 k 维格子都是紧集.

证明. 尽管这看起来好像是一个复杂的论证, 但其基本逻辑并不是很糟糕. 我们分两步走. 首先弄清楚该怎么做, 然后正式地写出来.

第一步. 使用反证法, 假设 k 维格子 I 不是紧集, 那么某个开覆盖 $\{G_\alpha\}$ 就没有有限子覆盖. 把 I 划分成有限多个更小的 k 维格子, 其中至少有一个子 k 维格子不能被 $\{G_\alpha\}$ 中任意有限多个集合覆盖. (否则 $\{G_\alpha\}$ 就存在一个 I 的有限子覆盖.) 于是, 选取这个子 k 维格子并将其划分成更小的 k 维格子. 同样地, 其中至少有一个子 k 维格子不能被有限覆盖……如图 12.3 所示, 我们继续划分下去, 从而得到一族嵌套的 k 维格子, 其中每一个都不能被有限覆盖.

根据定理 12.3, 它们的交集一定至少包含一个元素 $\boldsymbol{x}^*$. 既然 $\boldsymbol{x}^* \in I$, 那么 $\{G_\alpha\}$ 中一定存在一个包含 $\boldsymbol{x}^*$ 的集合 G_1. 又因为 G_1 是开集, 所以 $\boldsymbol{x}^*$ 的某个邻域会包含在 G_1 中. 由于每个嵌套的 k 维格子都包含一个更小的子 k 维格子, 所以可以找到一个足够小的 k 维格子, 使其包含在 $\boldsymbol{x}^*$ 的该邻域中. 因此, 在这些嵌套的 k 维格子中, 有一个 k 维格子被 G_1 覆盖 (即被 $\{G_\alpha\}$ 中有限多个集合覆盖), 这样就得到了矛盾.

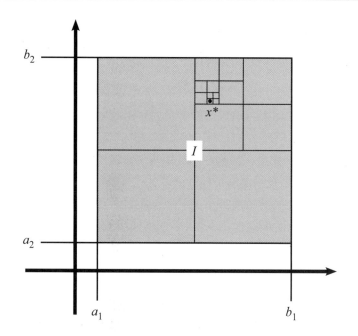

图 12.3　以 2 维格子 I 为例. 在每一步中, 我们将其划分成 4 个子 2 维格子, 然后选取不能被有限覆盖的子 2 维格子, 再将其划分成 4 个子 2 维格子. 因为这是一个嵌套的 2 维格子序列, 所以它们的交集中至少包含一个点 x^*

为了使论证的最后一步起作用, 我们必须考虑这些 k 维格子的大小. 下面是划分方法: 由于 k 维格子 I 由每个维度上的一个区间给定, 因此我们把每个区间都分成两半, 从而得到 2^k 个子 k 维格子 (如图 12.3 所示, 在二维空间中, 这意味着我们把 I 划分成了 $2^2 = 4$ 个部分). 在每次划分中, 我们把不能被有限覆盖的子 k 维格子划分成 2^k 个子 k 维格子. 因此, 在 n 次划分之后, 我们得到的子 k 维格子的体积是原来 k 维格子 I 的体积的 $\left(\frac{1}{2^k}\right)\left(\frac{1}{2^k}\right)\cdots\left(\frac{1}{2^k}\right) = 2^{-nk}$ 倍.

I 有多大? 我们关心的是 k 维格子中两点之间的距离 (记住, 我们希望它小于 G_1 中 x^* 邻域的半径). 这个距离受到 I 内最大可能距离的限制, 而这个最大距离是由 I 的对角线决定的. 我们把组成 I 的 k 个闭区间 $[a_j, b_j]$ 的端点放入向量的坐标中, 从而得到 $\boldsymbol{a} = (a_1, a_2, \cdots, a_n)$ 和 $\boldsymbol{b} = (b_1, b_2, \cdots, b_n)$.

那么对角线就是

$$|\boldsymbol{b} - \boldsymbol{a}| = +\left(\sum_{i=1}^{k}(b_j - a_j)^2\right)^{\frac{1}{2}},$$

（根据定义 6.10）称之为 δ. 因此，第 n 次划分后的子 k 维格子中任意两点之间的距离小于等于 $2^{-n}\delta$.

我们想找到一个小到足以容纳在 G_1 中 $\boldsymbol{x}^*$ 邻域内的子 k 维格子. 因此，对于 $N_r(\boldsymbol{x}^*) \subset G_1$，如果我们能够证明 $2^{-n}\delta < r$，那么 $\boldsymbol{x}^*$ 与第 n 次划分后的子 k 维格子中任意一点之间的距离都小于 r，这意味着第 n 次划分后的子 k 维格子包含在 $N_r(\boldsymbol{x}^*)$ 中，从而也包含在 G_1 中. 我们希望 $\delta < 2^n r$，这意味着

$$n > \frac{\log(\frac{\delta}{r})}{\log(2)}.$$

因为 $\delta > 0$ 且 $r > 0$，所以我们有 $\log(\frac{\delta}{r}) \in \mathbb{R}$. 那么由 $\mathbb{R}$ 的阿基米德性质可知，这样的 $n \in \mathbb{N}$ 的确存在.

第二步. 下面给出严格的证明.

固定一个维数 k，设 I 是一个 k 维格子，于是

$$I = \{\boldsymbol{x} = (x_1, x_2, \cdots, x_k) \mid a_j \leqslant x_j \leqslant b_j, \ \forall 1 \leqslant j \leqslant k\},$$

令

$$\delta = \left(\sum_{i=1}^{k}(b_j - a_j)^2\right)^{\frac{1}{2}}.$$

那么，对于任意 $\boldsymbol{x}, \boldsymbol{y} \in I$ 有 $|\boldsymbol{x} - \boldsymbol{y}| \leqslant \delta$.

假设 I 不是紧集，那么选取 I 的一个没有有限子覆盖的开覆盖 $\{G_\alpha\}$. 通过将 $[a_j, b_j]$ 分解为

$$\left[a_j, \frac{a_j + b_j}{2}\right] \ \text{和} \ \left[\frac{a_j + b_j}{2}, b_j\right],$$

我们把 I 划分成了 2^k 个子 k 维格子 Q_i，所以 $\bigcup_{i=1}^{2^k} Q_i = I$，其中至少存在一个集合 $I_1 \in \{Q_i \mid 1 \leqslant i \leqslant 2^k\}$ 不能被 $\{G_\alpha\}$ 中任意有限多个集合覆盖. 然后把 I_1 划分成 2^k 子 k 维格子并继续此过程，这样就创建了一族满足 $I \supset I_1 \supset I_2 \supset \cdots$ 的 k 维格子 $\{I_n\}$，并且每个 I_n 都不能被有限覆盖.

根据定理 12.3，存在某个 $\boldsymbol{x}^*$ 属于所有 I_n. 另外，因为 $\boldsymbol{x}^* \in I$，所以一定存在某个 $G_1 \in \{G_\alpha\}$ 使得 $\boldsymbol{x}^* \in G_1$. 由于 G_1 是开集，因此存在 $r > 0$ 使得

$N_r(\boldsymbol{x}^*) \subset G_1$. 根据 $\mathbb{R}$ 的阿基米德性质, 存在某个 $n \in \mathbb{N}$ 使得 $n > \frac{\log(\frac{\delta}{r})}{\log(2)}$, 从而有 $2^{-n}\delta < r$. 注意, 对于任意 $\boldsymbol{y} \in I_n$, $|\boldsymbol{x}^* - \boldsymbol{y}| \leqslant 2^{-n}\delta < r$, 所以 $I_n \subset N_r(\boldsymbol{x}^*) \subset G_1$. 因此, I_n 被 $\{G_\alpha\}$ 中有限多个集合（即 G_1）覆盖, 这是一个矛盾. 所以, I 一定是紧集. $\qquad\square$

我们差不多准备好证明海涅-博雷尔定理了, 该定理描述了 $\mathbb{R}^k$ 中哪些集合是紧集. 不过, 我们先证明下面的结果, 它会派上用场.

定理 12.5 ($\mathbb{R}^k$ 中的有界集).

如果 $\mathbb{R}^k$ 的子集 E 有界, 那么它就包含在某个 k 维格子中.

回顾一下定义 9.3, 以确保你还记得度量空间中的有界意味着什么.

证明. 基本思路是, 如果 E 的每一个点与某个 $\boldsymbol{q} \in \mathbb{R}^k$ 的距离都小于 M, 那么我们可以以 M 和 $\boldsymbol{q}$ 为界构造一个 k 维格子（用几何术语来说, 每个圆都可以内接在一个正方形中, 每个球都可以内接在一个立方体中, 等等).

为精确起见, 如果 E 是有界的, 则存在某个 $\boldsymbol{q} \in \mathbb{R}^k$ 和某个 $M \in \mathbb{R}$, 使得对于 E 中的每一个点 $\boldsymbol{p}$ 均有 $|\boldsymbol{p} - \boldsymbol{q}| \leqslant M$. 如果记 $\boldsymbol{p} = (p_1, p_2, \cdots, p_k)$ 和 $\boldsymbol{q} = (q_1, q_2, \cdots, q_k)$, 那么这意味着

$$\left(\sum_{j=1}^{k}(p_j - q_j)^2\right)^{\frac{1}{2}} \leqslant M.$$

于是, 对于 1 和 k 之间的每个 j, 我们有

$$0 + \cdots + 0 + (p_j - q_j)^2 + 0 + \cdots + 0 \leqslant (p_1 - q_1)^2 + (p_2 - q_2)^2 + \cdots + (p_k - q_k)^2 \leqslant M^2,$$

从而有 $q_j - M \leqslant p_j \leqslant q_j + M$. 记住, 这对每一个 $\boldsymbol{p} \in E$ 均成立, 所以如果令

$$I = \{\boldsymbol{x} = (x_1, x_2, \cdots, x_k) \mid x_j \in [q_j - M, q_j + M], \ \forall 1 \leqslant j \leqslant k\},$$

那么 I 就是一个 k 维格子, 并且 $E \subset I$. $\qquad\square$

定理 12.6 (海涅-博雷尔定理).

$\mathbb{R}^k$ 的子集 E 是紧集当且仅当它既是闭集又是有界集.

这里"闭集"和"有界集"是指 $\mathbb{R}^k$ 中的闭集和 $\mathbb{R}^k$ 中的有界集.

证明. 利用本章已经证明过的所有定理, 我们已经完成了大部分工作.

如果 E 是紧集, 那么由定理 11.7 可知, E 是 $\mathbb{R}^k$ 中的闭集, 而根据定理 11.10, E 也是 $\mathbb{R}^k$ 中的有界集.

为了证明定理的另一个方向, 假设 E 是有界闭集. 因为 E 是有界集, 所以由定理 12.5 可知, 它一定包含在某个 k 维格子 I 中. 根据定理 12.4, I 是紧集. 由于 $E \subset I$ 且 E 是闭集, 所以根据定理 11.8, E 是紧集. □

除了海涅-博雷尔定理, 下面的定理提供了另一种在 $\mathbb{R}^k$ 中寻找紧集的方法. 还记得定理 11.13 证明了紧集的每一个无限子集都有一个包含在该紧集中的极限点. 现在我们来证明在 $\mathbb{R}^k$ 中的逆命题.

定理 12.7 (实紧集中的极限点).

$\mathbb{R}^k$ 的一个子集 E 是紧集, 当且仅当 E 的每个无限子集在 E 中都有一个极限点.

证明. 假设 E 是紧集. 那么根据定理 11.13, E 的每个无限子集在 E 中都有一个极限点.

反过来, 假设 E 的每个无限子集在 E 中都有一个极限点. 我们要证明 E 是紧集, 根据海涅-博雷尔定理, 我们只需要证明 E 是有界闭集. 现在来证明其逆否命题: 如果 E **不是**有界集, 那么 E 的某个无限子集在 E 中没有极限点; 同样地, 如果 E **不是**闭集, 那么 E 的某个无限子集在 E 中没有极限点.

如果 E 不是有界集, 那么我们可以构造一个在 E 中没有极限点的无限子集 S. 对于 $\boldsymbol{q} = \boldsymbol{0}$ 和 $M = 1, 2, 3, \cdots$, 存在点 $\boldsymbol{x}_n \in E$ 使得 $|\boldsymbol{x}_n - \boldsymbol{q}| > M$. 因此, 对于每一个 $n \in \mathbb{N}$ 均存在 $\boldsymbol{x}_n \in E$ 使得 $|\boldsymbol{x}_n| > n$. 令 $S = \{\boldsymbol{x}_n \mid n \in \mathbb{N}\}$, 那么 $S \subset E$.

另外, S 是无限集. 如果 S 中包含有限多个点 $\{\boldsymbol{x}_1, \boldsymbol{x}_2, \cdots, \boldsymbol{x}_N\}$, 那么令

$$n = \lceil \max\{|\boldsymbol{x}_1|, |\boldsymbol{x}_2|, \cdots, |\boldsymbol{x}_N|\} \rceil + 1$$

(使用例 4.8 中的上取整符号表示 "向上舍入"). 所以不存在满足 $|\boldsymbol{x}_n| > n$ 的 $\boldsymbol{x}_n \in E$, 这是一个矛盾.

此外, 每个点 $\boldsymbol{p} \in \mathbb{R}^k$ 都不是 S 的极限点. 为什么? 参见图 12.4. 给定任意一个 $\boldsymbol{p} \in \mathbb{R}^k$, 设 N 是 $\geqslant |\boldsymbol{p}|$ 的最小自然数. 那么对于任意一个大于 N 的自然数 n, 我们有 $n \geqslant N + 1$, 于是

$$|x_n - p| \geqslant |x_n| - |p| \quad (\text{利用定理 6.11 的性质 6})$$
$$> n - |p|$$
$$\geqslant N + 1 - |p|$$
$$\geqslant 1 \quad (\text{因为 } N \geqslant |p|)$$

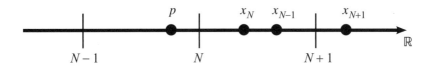

图 12.4 当维数 $k = 1$ 时，S 中点的例子，其中 N 是 $\geqslant |p|$ 的最小整数. 注意，x_{N-1} 可以大于 x_N. 但重要的是对于任意 $n > N$ 均有 $|x_n - p| > 1$

现在有两种情形. 如果 $p \notin S$，那么对于任意 $n \in \mathbb{N}$ 均有 $p \neq x_n$，于是令

$$r = \tfrac{1}{2} \min\{|x_1 - p|, |x_2 - p|, \cdots, |x_N - p|, 1\}.$$

对于任意 $n \in \mathbb{N}$，如果 $n \leqslant N$，我们有 $|x_n - p| > r$；如果 $n > N$，则有 $|x_n - p| > 1 > r$. 因此，对于任意 $n \in \mathbb{N}$，$N_r(p)$ 不包含 x_n，所以 $N_r(p) \cap S = \varnothing$，因此 p 不是 S 的极限点.

如果 $p \in S$，那么存在某个 $i \leqslant N$ 使得 $p = x_i$（记住，$N \geqslant |p|$）. 令

$$r = \tfrac{1}{2} \min\{|x_1 - p|, |x_2 - p|, \cdots, |x_{i-1} - p|, |x_{i+1} - p|, \cdots, |x_N - p|, 1\}.$$

（其中 $p = x_i$ 已经从最小值中移除.）按照与第一种情形相同的逻辑，$N_r(p) \cap S = \{p\}$，所以 p 不是 S 的极限点.

每个点 $p \in \mathbb{R}^k$ 都不是 S 的极限点，又因为 $E \subset \mathbb{R}^k$，所以 S 在 E 中没有极限点.

对于另一种情况，假设 E 不是闭集. 那么 E 有一个极限点 $x_0 \in \mathbb{R}^k$ 满足 $x_0 \notin E$. 我们可以再次构造 E 的一个无限子集 S，使得 x_0 是其唯一的极限点，这样 S 在 E 中就没有极限点了. 对于任意 $r > 0$，存在点 $x \in E$ 使得 $|x - x_0| < r$，所以对于每一个 $n \in \mathbb{N}$，都有某个 $x_n \in E$ 使得 $|x_n - x_0| < \frac{1}{n}$. 令 $S = \{x_n \mid n \in \mathbb{N}\}$，那么 $S \subset E$.

同样地，S 是无限集. 为什么? 如果 S 包含有限多个点 $\{x_1, x_2, \cdots, x_N\}$，那么存在一个 j（介于 1 和 N 之间），对于任意整数 $n \geqslant N$ 均有 $|x_j - x_0| < \frac{1}{n}$. 这

意味着 $\boldsymbol{x}_j = \boldsymbol{x}_0$（否则，由阿基米德性质可知，存在某个 n 使得 $n|\boldsymbol{x}_j - \boldsymbol{x}_0| > 1$）. 那么我们有 $\boldsymbol{x}_j \notin E$，这是一个矛盾.

显然，$\boldsymbol{x}_0$ 是 S 的极限点. 为什么? 对于任意 $r > 0$，由阿基米德性质可知，存在一个 $n \in \mathbb{N}$，使得 $nr > 1$. 于是 $|\boldsymbol{x}_0 - \boldsymbol{x}_n| < \frac{1}{n} < r$，因此至少存在一个 $\boldsymbol{x}_n$ 属于 $N_r(\boldsymbol{x}_0) \cap S$.

但是，对于任意一个满足 $\boldsymbol{y} \neq \boldsymbol{x}_0$ 的 $\boldsymbol{y} \in \mathbb{R}^k$，我们有

$$
\begin{aligned}
|\boldsymbol{x}_n - \boldsymbol{y}| &\geqslant |\boldsymbol{x}_0 - \boldsymbol{y}| - |\boldsymbol{x}_n - \boldsymbol{x}_0| \quad \text{（利用定理 6.11 的性质 6）} \\
&> |\boldsymbol{x}_0 - \boldsymbol{y}| - \frac{1}{n} \\
&\geqslant \tfrac{1}{2}|\boldsymbol{x}_0 - \boldsymbol{y}| \quad \text{（当 } \tfrac{1}{n} \leqslant \tfrac{1}{2}|\boldsymbol{x}_0 - \boldsymbol{y}| \text{ 时）.}
\end{aligned}
$$

换句话说，当 $r = \frac{1}{2}|\boldsymbol{x}_0 - \boldsymbol{y}|$ 时，如果 $\frac{1}{n} \leqslant \frac{1}{2}|\boldsymbol{x}_0 - \boldsymbol{y}|$，那么每一个 $\boldsymbol{x}_n$ 与 $\boldsymbol{y}$ 的距离都至少为 r. 因此

$$
N_r(\boldsymbol{y}) \cap S = \{\boldsymbol{x}_n \mid \tfrac{1}{n} > \tfrac{1}{2}|\boldsymbol{x}_0 - \boldsymbol{y}|\}.
$$

只存在有限多个 $n \in \mathbb{N}$ 满足 $n < \frac{2}{|\boldsymbol{x}_0 - \boldsymbol{y}|}$，所以 $\boldsymbol{y}$ 的每个邻域只能包含 S 中有限多个点，因此根据定理 9.11，$\boldsymbol{y}$ 不可能是 S 的极限点.

因此 E 的点都不是 S 的极限点. □

注意，对于任意 $E \subset \mathbb{R}^k$，下面三个命题是等价的:

命题 1. E 既是闭集又是有界集.

命题 2. E 是紧集.

命题 3. E 的每个无限子集在 E 中都有一个极限点.

事实证明，后两个命题在**任何**度量空间中都是等价的（不仅限于 $\mathbb{R}^k$），但是 "命题 3 $\Longrightarrow$ 命题 2" 的证明非常复杂，对我们而言是不必要的.

有趣的是，我们先发现了所有紧集都具有的一些性质（闭集且有界，并且包含每个无限子集的极限点），然后证明了在 $\mathbb{R}^k$ 中这些性质蕴涵着紧性. 但是，并非紧集的所有性质都存在这种反向表述. 例如，一族嵌套集合 $\{A_n = (-\frac{1}{n}, \frac{1}{n})\}$ 存在一个非空的无限交集（因为 $\bigcap_{n=1}^{\infty} A_n = \{0\}$），但是每个 A_n 都不是紧集.

下面的定理是一个例子，它说明了为什么研究紧集是有意义的. 虽然在定理的陈述中看不到紧性，但我们还是要使用之前的紧性定理来证明一个一般的（并且非常有用的）结果.

定理 12.8 (魏尔斯特拉斯定理).

如果 $\mathbb{R}^k$ 的无限子集 E 有界, 那么 E 在 $\mathbb{R}^k$ 中有一个极限点.

证明. 小菜一碟. 把下框中的空白填充完整.

证明魏尔斯特拉斯定理

根据定理_____, 存在某个 k 维格子 I, 使得 $E \subset I$. 由定理 12.4 可知, I 是_____, 所以根据定理 11.13, E 在_____ 中有一个极限点. 因为 I 是 $\mathbb{R}^k$ 的子集, 所以 E 在 $\mathbb{R}^k$ 中有一个_____.

$\square$

我们终于结束了在紧集世界中充满乐趣却又令人毛骨悚然的不幸经历. (不过, 请放心, 我们会在第 14 章中再次见到它们!)

在下一章中, 我们将更详细地研究完备集, 并学习连通集的相关知识.

第 13 章　完备集与连通集

在深入研究闭集、开集和紧集时，到目前为止我们一直都忽略了完备集。可怜的完备集，孤零零地呆在角落里。好吧，这一章是它们发光的机会！

我们将通过引入**连通集**的概念来结束对拓扑学的研究。与紧集一样，连通集在连续函数理论中扮演着重要角色。

记得我们在例 9.25 中曾看到，任何闭区间 $[a, b]$ 都是完备集，因为它不仅包含所有极限点，而且它的每个元素其实都是极限点。

我们在例 8.10 中了解到开区间 $(0, 1)$ 是不可数的，使用同样的康托尔对角线法，我们会发现任何区间 $[a, b]$ 都是不可数的。

事实证明，不仅区间是不可数的，每一个实完备集也都是不可数的。

定理 13.1 (实完备集是不可数的).

如果 $\mathbb{R}^k$ 的非空子集 P 是完备集，那么 P 就是不可数的。

　　"P 是不可数的"这句话实际上是指"$|P|$ 是不可数的"（即 P 中有不可数个元素），就像我们通常写"P 是无限的"是指"$|P|$ 是无限的"那样。

注意，除了使用康托尔对角线法外，我们还可以通过证明这个定理来说明任何区间 $[a, b]$ 都是不可数的（从而 $\mathbb{R}$ 也是不可数的，因为 $[a, b] \subset \mathbb{R}$）。

证明. 这个证明实际上会用到紧集。（惊喜吧！）因为 P 是非空的，所以它至少包含一个点 x. 由于 P 是完备集，因此 x 是 P 的极限点，那么 x 的每个邻域都包含 P 的无穷多个点，所以 P 一定是无限集。这个定理断言 P 是不可数的。因此，如果假设 P 是可数的，那么我们就能把这些点写成一列 $P = \{x_1, x_2, x_3, \cdots\}$，这应该会引起矛盾。

我们要利用推论 11.12，所以这里需要一列嵌套的紧集。我们还想利用 P 的点可以写成一列，以及 P 的所有点都是极限点的事实，所以现在要考察 P 中点的邻域。邻域本身就是有界的，为了使其成为紧集，我们还想让它们变成闭集。因此，我们不直接利用邻域，而是构造邻域的嵌套**闭包**。

选取一个点 $x_1 \in P$ 和任意半径 $r_1 > 0$，并令 $V_1 = N_{r_1}(x_1)$. 注意

$$\overline{V_1} = \{y \in \mathbb{R}^k \mid |x_1 - y| \leqslant r_1\}.$$

因为 x_1 是 P 的极限点，所以 V_1 肯定至少包含一个满足 $x_2 \neq x_1$ 的其他点 $x_2 \in P$. 现在，如图 13.1 所示，选取一个 $r_2 > 0$，使得

$$r_2 < \min\{|x_1 - x_2|, r_1 - |x_1 - x_2|\},$$

并令 $V_2 = N_{r_2}(x_2)$. 于是有 $\overline{V_2} \subset V_1$. 又因为 x_1 和 x_2 之间的距离大于 r_2，所以 $x_1 \notin \overline{V_2}$. 由于 x_2 也是 P 的极限点，因此 $V_2 \cap P$ 也肯定至少包含一个其他点 $x_3 \in P$ ($x_3 \neq x_2$). 因为 $x_3 \in V_2$，所以 $x_3 \neq x_1$，那么我们像之前那样继续选择新的半径 r_3，并继续无数次地执行上述步骤.

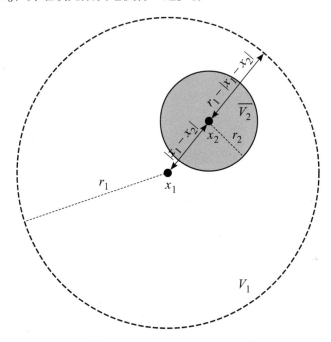

图 13.1　我们对 r_2 的选择保证了 $\overline{V_2} \subset V_1$ 且 $x_1 \notin \overline{V_2}$

为了使这个结构更加严格，我们从 V_1 的定义开始. 现在我们需要一个由 V_n 得到 V_{n+1} 的规则. 把 V_n 定义为点 $x_n \in P$ 的邻域，我们按照下述方法构造 V_{n+1}. 由于 x_n 是 P 的一个极限点，所以 $V_n \cap P$ 肯定至少包含一个其他的 $x_{n+1} \in P$ 使得 $x_{n+1} \neq x_n$. 现在选取一个 $r_{n+1} > 0$，使得

$$r_{n+1} < \min\{|x_n - x_{n+1}|, r_n - |x_n - x_{n+1}|\},$$

并令 $V_{n+1} = N_{r_{n+1}}(x_{n+1})$. 于是有 $\overline{V_{n+1}} \subset V_n$，由于 x_n 和 x_{n+1} 之间的距离大于 r_{n+1}，所以 $x_n \notin \overline{V_{n+1}}$.

太酷了！现在令 $K_n = \overline{V_n} \cap P$. 因为 $\overline{V_n}$ 是有界闭集，所以由海涅-博雷尔定理可知，$\overline{V_n}$ 是紧集. 由于 P 是闭集，那么根据推论 11.9，K_n 是紧集.

对于任意 $n \in \mathbb{N}$，我们有

$$\overline{V_{n+1}} \subset V_n \Longrightarrow \overline{V_{n+1}} \subset \overline{V_n}$$
$$\Longrightarrow (\overline{V_{n+1}} \cap P) \subset (\overline{V_n} \cap P)$$
$$\Longrightarrow K_{n+1} \subset K_n.$$

每个 V_n 都是 P 的一个极限点的邻域，所以每个 V_n 至少包含 P 的一个点，那么每个 K_n 至少包含一个元素. 因此，我们得到了一列嵌套的非空紧集 $\{K_n\}$，由推论 11.12 可知，$\bigcap_{n=1}^{\infty} K_n \neq \varnothing$.

等一下！请记住，对于任意 $n \in \mathbb{N}$，$x_n \notin \overline{V_{n+1}}$，所以 $x_n \notin K_{n+1}$，于是 $x_n \notin \bigcap_{i=1}^{\infty} K_i$. 这就是可数性出现问题的地方. 对于任意给定的 n，$x_n \notin \bigcap_{i=1}^{\infty} K_i$，因此交集中没有 P 的元素，这就产生了矛盾. 因此，P 一定是不可数的. □

此时，你可能会认为闭区间是 $\mathbb{R}$ 中最简单的完备集的例子，所以会觉得 $\mathbb{R}$ 中的每一个完备集都是某个区间的超集. 但这是错的！声名狼藉的**康托尔集**就是一个很好的反例. 它是一个实完备集（就像你一样独一无二），但它不仅**不是**任何闭区间的超集，实际上它甚至不包含任何开区间.

为了构造康托尔集，要从集合 $E_0 = [0,1]$ 开始. 删除 E_0 中间的三分之一，从而得到 $E_1 = E_0 \setminus (\frac{1}{3}, \frac{2}{3})$，所以 $E_1 = [0, \frac{1}{3}] \cup [\frac{2}{3}, 1]$. 为了得到 E_2，删除 E_1 中每个区间中间的三分之一，于是 $E_2 = [0, \frac{1}{9}] \cup [\frac{2}{9}, \frac{3}{9}] \cup [\frac{6}{9}, \frac{7}{9}] \cup [\frac{8}{9}, 1]$. 然后无限次地重复这个过程（参见下框）.（前五个步骤如图 13.2 所示.）

图 13.2　计算机生成的该过程前五步的图像. 第一行（就是一条黑线）对应于 E_0，其后第 n 行的黑色区域对应于 E_{n-1}

构造康托尔集的第 3 步

例如，集合 E_3 是集合 E_2 去掉开区间 _____、_____、_____ 和 _____ 得到的.

因此，$E_3 =$ _____ $\cup$ _____ $\cup$ _____ $\cup$ _____ $\cup$ _____ $\cup$ _____ $\cup$ _____ $\cup$ _____.

请注意, 在该过程的每一步中, 我们把 E_n 的每个闭区间分割为两个闭区间 (通过删除中间的三分之一), 因此 E_n 中闭区间的个数是 E_{n-1} 中闭区间个数的两倍, 即 $2(2^{n-1}) = 2^n$. 此外, E_n 中每个闭区间的大小都是 E_{n-1} 中每个闭区间大小的三分之一, 这意味着 E_n 中每个闭区间的长度均为 $(\frac{1}{3})^n$.

康托尔集就是所有 E_n 的无限交集. 我们将在定义中正式给出这种结构.

首先要注意, 当递归地定义任何概念时 (比如, 利用前面的集合来定义后续集合), 构造过程必须像归纳证明一样起作用. 我们必须有一个 "基本情形" 来指定第一个集合是什么样的, 然后是一个 "归纳步骤", 也就是说 "给定这样的集合 n, 那么集合 $n+1$ 就应该是这个样子的". 为了使构造有效, 集合 $n+1$ 必须满足与集合 n 相同的假设, 这样集合 $n+2$ 就可以按照相同的方式来构造, 以此类推.

定义 13.2 (康托尔集).

设 $E_0 = [0, 1]$. 对于给定的

$$E_n = [a_0, b_0] \cup [a_1, b_1] \cup \cdots \cup [a_{2^n-1}, b_{2^n-1}],$$

令

$$
\begin{aligned}
E_{n+1} = E_n \setminus \Bigg\{ &\left(a_0 + \frac{b_0 - a_0}{3}, a_0 + \frac{2(b_0 - a_0)}{3} \right) \cup \\
&\left(a_1 + \frac{b_0 - a_0}{3}, a_1 + \frac{2(b_0 - a_0)}{3} \right) \cup \cdots \\
&\left(a_{2^n-1} + \frac{b_0 - a_0}{3}, a_{2^n-1} + \frac{2(b_0 - a_0)}{3} \right) \Bigg\}.
\end{aligned}
$$

康托尔集就是集合

$$P = \bigcap_{n=0}^{\infty} E_n.$$

我们没有严格地证明 E_{n+1} 是 2^{n+1} 个区间的并集, 因此这个构造是有效的. 如果想明确地证明这一点, 需要使用归纳法.

定理 13.3 (康托尔集是非空的). 康托尔集 P 至少包含一个元素.

证明. 注意, 每个 E_n 都是区间的有限并集 (这里的区间都是闭集), 那么根据定理 10.4, 每个 E_n 也是闭集. 当然, 所有的 E_n 都是有界的, 因此由海涅-博雷尔定理可知, 每个 E_n 都是紧集. 因为每个 E_{n+1} 都是由 E_n 删除某些元素构造的, 所以这些集合是嵌套的. 于是, 根据推论 11.12, $\bigcap_{n=1}^{\infty} E_n \neq \varnothing$, 因此康托尔集 P 至少包含一个元素. $\qquad\square$

另外还要注意，P 本身是闭集（因为它是无穷多个闭集的交集），而且 P 显然是有界的，所以 P 是紧集.

按照承诺，我们将看到 P 不包含开区间，但它确实是完备集.

定理 13.4 (康托尔集不包含开区间).

对于任意 $a, b \in \mathbb{R}$，其中 $a < b$，开区间 (a, b) 不是康托尔集 P 的子集.

证明. 闭区间 $[a, b]$ 的长度为 $b - a$. 记住，对于任意 $n \in \mathbb{N}$，E_n 是闭区间的并集，其中每个闭区间的长度都为 3^{-n}. 因为 $P = \bigcap_{n=1}^{\infty} E_n$，所以 P 是每一个 E_n 的子集. 因此，对于任意给定的 $n \in \mathbb{N}$，P 不包含长度大于 3^{-n} 的闭区间，从而也不包含长度大于 3^{-n} 的开区间.

根据 $\mathbb{R}$ 的阿基米德性质，我们可以选择 $n \in \mathbb{N}$，使得

$$n > -\frac{\log(b - a)}{\log(3)}.$$

于是 $\log(b - a) > -n\log(3)$，所以 $b - a > 3^{-n}$. 因此，P 不可能包含 (a, b). $\square$

这不是很简单吗？我的意思是，我们利用闭区间的并集来构造康托尔集，而现在我们利用这些闭区间会变得越来越小的事实证明了康托尔集不可能包含任何开区间（或闭区间）. 但如果康托尔集被认为是闭区间的并集，那么它怎么可能不包含开区间（或闭区间）呢？

注意这种想法出现问题的关键点：康托尔集本身**不是**闭区间的并集，它是闭区间并集的无限交. 正如我们之前所见，闭区间的无限交可能只包含一个点，比如 $\bigcap_{n=1}^{\infty}[-\frac{1}{n}, \frac{1}{n}] = \{0\}$.

定理 13.5 (康托尔集是完备集). 在度量空间 $\mathbb{R}$ 中，康托尔集 P 是完备集.

证明. 我们已经知道 P 在 $\mathbb{R}$ 中是闭集，所以现在只需证明 P 的每个点都是 P 的极限点即可. 取任意一点 $x \in P$，对于任意 $r > 0$，令

$$S = N_r(x) = (x - r, x + r).$$

我们想证明在开区间 S 中存在 P 的其他点.

因为 $x \in \bigcap_{n=1}^{\infty} E_n$，所以对于任意 $n \in \mathbb{N}$ 有 $x \in E_n$. 我们知道 E_n 是区间的并集，因此 x 一定属于某个区间 $I_n \subset E_n$.

开区间 S 的长度是 $2r$，并且由定义 13.2 可知，区间 I_n 的长度是 3^{-n}. 根据 $\mathbb{R}$ 的阿基米德性质，我们可以选取一个 $n \in \mathbb{N}$，使得

$$n > -\frac{\log(2r)}{\log(3)}.$$

那么，$3^{-n} < 2r$，所以 $I_n \subset S$. 取 I_n 的端点 x_n，使得 $x_n \neq x$（也就是说，如果 $I_n = [a, x]$，则令 $x_n = a$；如果 $I_n = [x, b]$，则令 $x_n = b$；如果 $I_n = [a, b]$，则令 $x_n = a$ 或 $x_n = b$). 因为 $x_n \in I_n$，所以 $x_n \in S$，我们证明了在 x 的每个邻域中都存在一些非 x 的点.

因此 x 是 P 的极限点，又因为 x 是任意，所以 P 是完备集.　　　□

注意，根据定理 13.1，这个定理还意味着康托尔集是不可数的.

现在我们把注意力转移到连通集上，这可能有点棘手. 为了更好地理解连通集，我们将给出两种不同的定义，然后证明它们是等价的.（换句话说，我们要把它们"连通"起来！）然后，我们将证明一个定理，它能更直观地描述实直线上的连通集.

我们先来定义**分离集**，它是连通性的基础.

定义 13.6 (分离集).

设 A 和 B 是度量空间 X 的两个子集. 如果 A 不与 B 的闭包相交，且 B 不与 A 的闭包相交，则称 A 和 B 是**分离的**.

用符号来表示，即如果

$$A \cap \overline{B} = \varnothing \text{ 且 } \overline{A} \cap B = \varnothing,$$

那么 $A, B \subset X$ 是分离的.

例 13.7 (分离集).

记住，点 $a \in \mathbb{R}$ 是半开区间 $(a, b]$ 的极限点. 因此，集合 $A = [-3, 0)$ 和集合 $B = (0, 3]$ 是分离的，因为 $\overline{A} = [-3, 0]$ 不与 $B = (0, 3]$ 相交，且 $\overline{B} = [0, 3]$ 不与 $A = [-3, 0)$ 相交.

再举一个例子，对于任意 $n \in \mathbb{N}$，集合 E_n 中的每一对闭区间（来自于康托尔集的构造过程）都是分离的.

记住，在定义 3.10 中，如果两个集合没有公共元素，那么它们是**不相交的**. 例如，$A = [-3, 0)$ 和 $B = (0, 3]$ 是不相交的. 但是，由于 $A \cap \overline{B} = [-3, 0) \cap [0, 3] = \{0\} \neq \varnothing$，所以 A 和 B 不是分离的. 把分离视为不相交的更强形式对我们是有帮助的.

下面这个列表更加明确地给出了两者的区别：

$[a,b)$ 和 $(b,c]$ 不相交, 分离

$[a,b)$ 和 $[b,c]$ 不相交, 不分离

$[a,b]$ 和 $(b,c]$ 不相交, 不分离

$[a,b]$ 和 $[b,c]$ 相交, 不分离

当然, 如果把 "$[a$" 替换为 "$(a$" 并且 (或者) 把 "$c]$" 替换为 "$c)$", 上述性质仍然成立.

定理 13.8 (分离子集).

设 A 和 B 是度量空间 X 的任意两个子集, 令 $A_1 \subset A$ 且 $B_1 \subset B$. 如果 A 和 B 是分离的, 那么 A_1 和 B_1 也是分离的.

证明. 我们知道 $A \cap \overline{B} = \overline{A} \cap B = \varnothing$, 想要证明的是 $A_1 \cap \overline{B_1} = \overline{A_1} \cap B_1 = \varnothing$.

注意, $\overline{A_1} \subset \overline{A}$ (同样地, $\overline{B_1} \subset \overline{B}$). 实际上, 这是闭包的一般属性. 为什么会这样? 取 $a_1 \in \overline{A_1}$. 如果 $a_1 \in A_1$, 那么 $a_1 \in A$ (因为 $A_1 \subset A$), 所以 $a_1 \in \overline{A}$ (因为 $A \subset \overline{A}$). 如果 $a_1 \notin A_1$, 那么 a_1 就是 A_1 的极限点, 因此 a_1 的每个邻域都至少与 A_1 有一个不同于 a_1 的公共点. 但是 A_1 的每一个点都是 A 的点, 所以 a_1 的每个邻域都至少与 A 有一个不同于 a_1 的公共点. 因此 a_1 是 A 的极限点, 所以 $a_1 \in \overline{A}$.

现在有

$$(A_1 \cap \overline{B_1}) \subset (A \cap \overline{B_1}) \subset (A \cap \overline{B}) = \varnothing,$$

同样地, 有

$$(\overline{A_1} \cap B_1) \subset (\overline{A_1} \cap B) \subset (\overline{A} \cap B) = \varnothing. \qquad \square$$

定义 13.9 (连通集).

如果度量空间 X 的子集 E 是两个非空分离集的并集, 那么 E 是**不连通**的. 用符号来表示, 即如果 $\exists A, B \subset X$ 使得:

1. $A \neq \varnothing$ 且 $B \neq \varnothing$.
2. $E = A \cup B$.
3. $A \cap \overline{B} = \varnothing$ 且 $\overline{A} \cap B = \varnothing$.

那么 $E \subset X$ 是不连通的.

如果度量空间 X 的子集 E 不是不连通的, 那么 E 就是**连通**的.

例 13.10 (连通集).

由于不连通的定义中规定了分离的集合 A 与 B 必须是非空的, 因此空集 $\varnothing$ 是连通的.

集合 $E = [-3, 0) \cup (0, 3]$ 是不连通的, 因为我们在例 13.7 中看到 $[-3, 0)$ 和 $(0, 3]$ 是分离的.

另一方面, 即使 $[-3, 0]$ 和 $(0, 3]$ 不是分离的, 我们也不能确定 $E = [-3, 0] \cup (0, 3] = [-3, 3]$ 是连通的, 因为我们不知道是否存在另外两个分离的集合 A 与 B, 使得 $A \cup B = [-3, 3]$ (实际上, 所有的开区间和闭区间都是连通的, 但这需要严格的证明, 我们稍后会讲到.)

另一个例子是, 康托尔集 P 是不连通的. 为什么? 设 A 为 P 中 $\leqslant \frac{1}{2}$ 的点的集合, 那么 $A = P \cap (-\infty, \frac{1}{2}]$; 设 B 为 P 中 $> \frac{1}{2}$ 的点的集合, 那么 $B = P \cap (\frac{1}{2}, \infty)$. 于是 $P = A \cup B$, 并且 A 和 B 都是非空的. 由于 $P \subset E_1$, 因此 $A \subset [0, \frac{1}{3}]$ 且 $B \subset [\frac{2}{3}, 1]$. 因为 $[0, \frac{1}{3}]$ 和 $[\frac{2}{3}, 1]$ 是分离的, 所以由定理 13.8 可知, A 和 B 也是分离的. 因此 P 是两个非空分离集的并集.

不连通还有另一种定义, 你可能会发现在某些情况下使用这个定义会更容易. 在下面的定理中, 我们将证明这两种定义是等价的.

定理 13.11 (不连通的另一种定义).

度量空间 X 的子集 E 是不连通的, 当且仅当 $\exists U, V \subset X$ 使得

1. U 和 V 都是开集.
2. $E \subset U \cup V$.
3. $E \cap U \neq \varnothing$ 且 $E \cap V \neq \varnothing$.
4. $E \cap U \cap V = \varnothing$.

证明. 我们从等价关系的第一个方向开始, 假设 E 按照定义 13.9 是不连通的, 并证明它满足这个定理的条件. 因此, 假设存在非空集合 A 和 B, 使得 $E = A \cup B$, $A \cap \overline{B} = \varnothing$ 且 $\overline{A} \cap B = \varnothing$.

设 $U = \overline{A}^{C}$ (即 $\overline{A}$ 在 X 中的补集), 设 $V = \overline{B}^{C}$ (即 $\overline{B}$ 在 X 中的补集).

1. 根据定理 10.7, $\overline{A}$ 和 $\overline{B}$ 都是闭集 (相对于 X), 那么由定理 10.1 可知, U 和 V 都是开集 (相对于 X).

2. 因为 $A \cap \overline{B} = \varnothing$, 所以 $A \subset \overline{B}^{C}$; 因为 $\overline{A} \cap B = \varnothing$, 所以 $B \subset \overline{A}^{C}$. 于是

$$E = (A \cup B) \subset (\overline{A}^{C} \cup \overline{B}^{C}) = U \cup V.$$

3. 因为 $B \subset E$ 且 $B \neq \varnothing$, 所以我们有

$$E \cap U = (E \cap \overline{A}^C) \supset (E \cap B) = B \neq \varnothing,$$

又因为 $A \subset E$ 且 $A \neq \varnothing$, 所以我们有

$$E \cap V = (E \cap \overline{B}^C) \supset (E \cap A) = A \neq \varnothing.$$

4. 我们做下列运算

$$
\begin{aligned}
E \cap U \cap V &= E \cap (\overline{A}^C \cap \overline{B}^C) \\
&= E \cap (\overline{A} \cup \overline{B})^C \quad \text{（利用德摩根律）} \\
&\subset E \cap E^C \quad \text{（因为 } E \subset \overline{A} \cup \overline{B}, \text{ 所以 } E^C \supset (\overline{A} \cup \overline{B})^C \text{）} \\
&= \varnothing.
\end{aligned}
$$

为了证明等价关系的另一个方向, 假设 E 按照这个定理的条件是不连通的, 并证明它满足定义 13.9. 因此, 假设存在开集 U 和 V, 使得 $E \subset U \cup V, E \cap U \neq \varnothing$ 且 $E \cap V \neq \varnothing$, 但 $E \cap U \cap V = \varnothing$.

设 $A = E \cap U, B = E \cap V$. 证明连通性的性质就是使用逻辑和集合论的问题. 把这部分内容留作练习会对你有帮助, 试着把下框中的空白填充完整.

证明定理 13.11 的另一个方向

1. $A = E \cap U \neq \underline{\hspace{2em}}$, $B = \underline{\hspace{3em}} \neq \varnothing$.
2. $A \cup B = (E \cap U) \cup (E \cap V) = E \cap \underline{\hspace{3em}} = E$, 因为 $E \subset U \cup V$.
3. $A \cap \overline{B} = (E \cap U) \cap \overline{(E \cap V)} \subset (E \cap U) \cap \underline{\hspace{3em}} = E \cap V \cap U = \varnothing$,
$\overline{A} \cap B = \underline{\hspace{3em}} \cap (E \cap V) \subset (E \cap U) \cap \underline{\hspace{3em}} = E \cap V \cap U = \underline{\hspace{2em}}$.

$\square$

定理 13.12 (实直线上的连通集).

$\mathbb{R}$ 的子集 E 是连通的, 当且仅当对于任意给定的两点 $x, y \in E$ 和任意给定的 $z \in \mathbb{R}$, 如果 $x < z < y$, 那么 $z \in E$.

 证明. 我们需要证明定理的两个方向:

$$\text{连通} \Longrightarrow \text{包含所有中间点},$$
$$\text{包含所有中间点} \Longrightarrow \text{连通}.$$

证明每个方向的逆否命题会更容易些, 即

$$至少不包含一个中间点 \implies 不连通,$$
$$不连通 \implies 至少不包含一个中间点.$$

对于这个证明, 使用定义 13.9 比定理 13.11 更简单.

首先假设存在 $x, y \in E$ 和 $z \in \mathbb{R}$ 使得 $x < z < y$, 但 $z \notin E$. 设 A 是 E 中所有小于 z 的数的集合, 因此 $A = E \cap (-\infty, z)$; 设 B 是 E 中所有大于 z 的数的集合, 因此 $B = E \cap (z, \infty)$. 那么 $E = A \cup B$, 并且 A 和 B 都是非空的 (因为 $x \in A$ 且 $y \in B$). 注意, $A \subset (-\infty, z)$ 且 $B \subset (z, \infty)$, 而且 $(-\infty, z)$ 和 (z, ∞) 是分离的, 所以根据定理 13.8, A 和 B 也是分离的. 因此 E 是两个非空分离集的并集.

现在假设 E 是不连通的, 那么存在非空分离集 A 和 B 使得 $E = A \cup B$. 至少有一个元素 $x \in A$, 至少有一个元素 $y \in B$. 我们知道 $x \neq y$ (否则 $A \cap B \neq \varnothing$), 因此可以不失一般性地假设 $x < y$. (如果 $x > y$, 证明依然有效, 只需交换 A 和 B 即可). 令

$$z = \sup\{a \in A \mid x \leqslant a \leqslant y\} = \sup(A \cap [x, y]).$$

我们想证明这个 z 不是 E 的元素. 从根本上说, 我们要利用 A 和 B 的分离性来证明这两个集合之间存在 "东西" (那么这个 "东西" 就不在 E 中). 证明 $z \notin B$ 并不难, 接下来如果 $z \notin A$, 那就非常好了. 否则, 我们就取一个充分接近于 z 的元素 z_1, 使其既不在 A 中也不在 B 中.

为了给出严格的论证, 我们注意到 $A \cap [x, y]$ 是有上界的 (y 即是上界), 因此由定理 10.10 可知, $z \in \overline{A \cap [x, y]} = \overline{A} \cap [x, y]$. 于是 $z \in \overline{A}$, 那么 z 不可能是 B 的元素 (否则 $\overline{A} \cap B \neq \varnothing$). 我们知道 $x \leqslant z \leqslant y$, 并且 $z \neq y$ (因为 $z \notin B$), 所以 $x \leqslant z < y$.

现在有两种可能的情形.

情形 1. 如果 $z \notin A$, 那么 $z \neq x$, 因此 $x < z < y$. 另外, $z \notin B$, 所以 $z \notin E$, 这正是我们想要证明的.

情形 2. 如果 $z \in A$, 那么 $z \notin \overline{B}$ (否则 $A \cap \overline{B} \neq \varnothing$). 因为 z 不是 B 的极限点, 所以 z 一定存在一个不与 B 相交的邻域, 这意味着存在 $r > 0$, 使得 $(z - r, z + r) \cap B = \varnothing$. 选取一个 $z_1 \in (z, z + r)$, 使得 $z < z_1 < y$ (注意, 因为 $z_1 \notin B$, 所以 $z_1 \neq y$), 所以 $x < z_1 < y$. 另外, z_1 严格大于 $A \cap [x, y]$ 中的任何元素 (因为 $z_1 > z = \sup A \cap [x, y]$), 因此它不可能包含在 $A \cap [x, y]$ 中. 显然

有 $z_1 \in [x,y]$，这意味着 z_1 不可能是 A 的元素. 因此 $z_1 \notin A$ 且 $z_1 \notin B$，所以 $z_1 \notin E$.　　　　　　　　　　　　　　　　　　　　　　　　　　　□

推论 13.13 (开区间和闭区间都是连通的).

　　每个开区间 (a,b) 和每个闭区间 $[a,b]$ 都是连通的.

证明. 开区间和闭区间都是 $\mathbb{R}$ 的子集. 根据定义，它们包含 a 和 b 之间的所有实数. 因此，给定 (a,b) 或 $[a,b]$ 中的 x 和 y，满足 $x < z < y$ 的所有 $z \in \mathbb{R}$ 都包含在该区间中. 于是，根据定理 13.12，这些区间是连通的.　　　　　□

　　这一章结束了我们对拓扑学的研究. 你已经学习了大量的新定义，希望在此过程中你学到了一些处理它们的技巧. 无论将来何时遇到使用新定义的问题，你都应该先试着完全理解该定义，然后再将其应用于解决问题. 用文字和符号写出其含义，考察一些基本的例子，了解它在 $\mathbb{R}$ 或 $\mathbb{R}^k$ 中是如何发挥作用的，并绘制一些图形.

　　你会注意到，一般度量空间 X 的相关内容与 $\mathbb{R}$ 或 $\mathbb{R}^k$ 的相关内容能很好地融合. 尽管实分析主要研究实数，但关于一般度量空间的拓扑学知识也同样有用.

　　接下来要出场的是：序列！太令人兴奋了！

第四部分
序　　列

第 14 章　收敛

我们通过考察**收敛**的概念来开始对序列和级数的研究，基本问题是，"当一个序列趋向于无穷时，它能否任意接近于某个点？"

虽然在第 2 章中引入了序列，但我们首先应该给出一个更正式的定义，该定义要基于我们在定义 8.3 中所了解的函数.

定义 14.1 (序列).

度量空间 X 中的**序列**就是一个函数：

$$f : \mathbb{N} \to X,\ f : n \mapsto p_n,$$

其中 $p_n \in X$，$\forall n \in \mathbb{N}$. 我们把序列表示为 $\{p_n\}$ 或 $p_1, p_2, \cdots$.

该序列所有可能值的集合称为 $\{p_n\}$ 的**范围**. 如果序列的范围在 X 中有界（根据定义 9.3），那么该序列就是**有界的**.

例 14.2 (序列).

根据这个定义，每个可数集都可以构成一个序列. 特别是，$\mathbb{Q}$ 可以排成一个序列，但是 $\mathbb{R}$ 不能.

记住，所有序列的长度都是无限的，但如果序列中有重复元素，那么序列的范围可能是有限的. 例如，集合 $\{1\}$ 本身并不是一个序列，但是我们可以通过写成 $1, 1, 1, \cdots$ 使其成为序列.

我们看一下度量空间 $\mathbb{R}$ 中的以下序列：

1. 如果对于任意 $n \in \mathbb{N}$ 均有 $s_n = \frac{1}{n}$，那么 $\{s_n\}$ 的范围是集合 $\{1, \frac{1}{2}, \frac{1}{3}, \cdots\}$. 这个范围是无限且有界的（因为任意两个元素之间的距离 $\leqslant 1$）. 因此我们说 $\{s_n\}$ 是有界的.

2. 如果对于任意 $n \in \mathbb{N}$ 均有 $s_n = n^2$，那么 $\{s_n\}$ 的范围是集合 $\{1, 4, 9, \cdots\}$. 这个范围是无限且无界的（因为数越来越大）. 因此我们说 $\{s_n\}$ 是无界的.

3. 如果对于任意 $n \in \mathbb{N}$ 均有 $s_n = 1 + \frac{(-1)^n}{n}$，那么 $\{s_n\}$ 的范围是集合 $\{0, \frac{2}{3}, \frac{4}{5}, \frac{6}{7}, \cdots\} \cup \{\frac{3}{2}, \frac{5}{4}, \frac{7}{6}, \cdots\}$. 这个范围是无限且有界的（因为任意两个元素之间的距离 $\leqslant \frac{3}{2}$）. 因此我们说 $\{s_n\}$ 是有界的.

4. 如果对于任意 $n \in \mathbb{N}$ 均有 $s_n = 1$，那么 $\{s_n\}$ 的范围是集合 $\{1\}$. 这个范围是有限且有界的（因为任意两个元素之间的距离 $\leqslant 0$）. 因此我们说 $\{s_n\}$ 是有界的.

5. 在这个例子中，我们将使用度量空间 $\mathbb{C}$ 而不是 $\mathbb{R}$. 如果对于任意 $n \in \mathbb{N}$ 均有 $s_n = \mathrm{i}^n$（其中 $\mathrm{i}^2 = -1$，见第 6 章），那么 $\{s_n\}$ 的范围就是集合 $\{\mathrm{i}, -1, -\mathrm{i}, 1\}$. 这个范围是有限且有界的（因为任意两个元素之间的距离 $\leqslant 2$）. 因此我们说 $\{s_n\}$ 是有界的.

定义 14.3 (收敛).

设 $\{p_n\}$ 是度量空间 X 中的任意一个序列. 如果对于任意 $\epsilon > 0$，存在某个自然数 N，使得对于每一个大于等于 N 的 n 均有 $d(p_n, p) < \epsilon$，那么 $\{p_n\}$ 就**收敛**到点 $p \in X$. 我们把 p 称为 $\{p_n\}$ 的**极限**.

用符号来表示，即如果

$$\forall \epsilon > 0, \ \exists N \in \mathbb{N} \ \text{使得} \ n \geqslant N \Longrightarrow d(p_n, p) < \epsilon,$$

那么我们记 $\lim_{n \to \infty} p_n = p$（或简写为 $p_n \to p$）.

如果序列 $\{p_n\}$ 不收敛到任何 $p \in X$，那么 $\{p_n\}$ **发散**.

区别. 极限不是极限点. 前者与序列有关，而后者与拓扑有关. 但是，这些概念是有关联的，正如我们稍后将在本章看到的那样.

这与 $\forall \epsilon$ 和 $\exists N$ 有什么关系呢？为了让 $\{p_n\}$ 收敛到 p，需要确保以下论述成立：给定任意小的距离 ϵ，存在一个下标 N，使得序列中下标大于等于 N 的每一个元素与极限 p 的距离都小于 ϵ.（有时你会看到 N_ϵ，这是为了强调下标 N 取决于距离 ϵ）.

例如，如果 $\mathbb{R}$ 中的序列 $\{p_n\}$ 收敛到数 1，那么存在某个数 N 使得 p_N, p_{N+1}, $p_{N+2}, \cdots$ 介于 0.9 和 1.1 之间. 同样地，存在另一个数 N 使得 $p_N, p_{N+1}, p_{N+2}, \cdots$ 介于 0.95 和 1.05 之间，等等. 因为这对**每一个**可能的距离 ϵ 都成立，所以我们确信该序列会无限接近于点 1（虽然它可能永远不会真正"接触到"1）.

N_ϵ **挑战**. 下面给出另一种思路：为了证明序列收敛到 p，你需要完成 N_ϵ 挑战. 你的朋友说"ϵ 是 0.1"，那么你必须找到一个自然数 N 使得 $p_N, p_{N+1}, p_{N+2}, \cdots$ 与 p 的距离小于 0.1. 然后你的朋友说"好吧，这个很简单. 现在让 $\epsilon = 0.00456$，哈！"你需要保持冷静，并找到另一个自然数 N 使得 $p_N, p_{N+1}, p_{N+2}, \cdots$ 与 p 的距离小于 0.00456. 你的朋友一直用不同的 $\epsilon > 0$ 值来挑战你，而你必须找到一个有效的 N 来做出回应.

最终，你的朋友非常狡猾地编写了一个计算机程序，持续不断地抛出 ϵ 的随机值：$3, 0.241, 100, \frac{\sqrt{\pi}}{7}$，等等．它们的数量是无限的，而你人工查找 N 的速度无法跟上计算机．现在，你必须以其人之道还治其人之身．

你决定编写自己的程序，它可以接收任何 $\epsilon > 0$，并自动找到数 N 使得 $p_N, p_{N+1}, p_{N+2}, \cdots$ 与 p 之间的距离小于 ϵ．为此，必须说明对于任何可能的 ϵ，如何查找相应的 N．你告诉它如何找到 N_ϵ：这个自然数是输入值 ϵ 的函数．例如，$N = \lceil 5 + \frac{3}{\epsilon^2} \rceil$ 可能会适用于某些序列．

如果这是可能的（也就是说，存在一种规则可以找到任意给定的 $\epsilon > 0$ 所对应的 N），那么你就完成了 N_ϵ 挑战．你的朋友因失败而变得谦卑，承诺永远不再打扰你（明年也不会忘记你的生日）．你开心地笑了，因为没有什么比证明序列收敛更能让你开心的了．

 例 14.4（收敛）．

我们看看上一个例子中的序列，同样是在度量空间 $\mathbb{R}$ 中：

1. 如果对于任意 $n \in \mathbb{N}$ 均有 $s_n = \frac{1}{n}$，那么 $\{s_n\}$ 收敛到 0．

为了证明这一点，我们需要为每一个 $\epsilon > 0$ 明确地找到一个 N，使得对于所有 $n \geqslant N$ 均有 $d(s_n, 0) < \epsilon$．注意，$d(s_n, 0) = |s_n - 0| = \left| \frac{1}{n} \right|$，所以只要 $n\epsilon > 1$ 就够了．我们希望 $n > \frac{1}{\epsilon}$，因此不妨令 $N = \lceil \frac{1}{\epsilon} \rceil + 1$．上取整函数是为了保证 N 是自然数，而 "+1" 是为了保证 $n\epsilon > 1$ 而不是 $n\epsilon \geqslant 1$．

$N = \lceil \frac{1}{\epsilon} \rceil + 1$ 的整体情况看起来要比实际复杂得多．我们要说的是，如果 $\epsilon = \frac{1}{2}$，那么令 $N = 3$，因为 $\frac{1}{3}, \frac{1}{4}, \frac{1}{5}, \cdots$ 都小于 $\frac{1}{2}$；如果 $\epsilon = \frac{1}{100.5}$，那么令 $N = 102$，因为 $\frac{1}{102}, \frac{1}{103}, \frac{1}{104}, \cdots$ 都小于 $\frac{1}{100.5}$，以此类推．

注意，我们也可以选择 $N = \lceil \frac{1}{\epsilon} \rceil + 2$，或者 $N = \lceil \frac{1}{\epsilon} \rceil + 3$，等等．只要 N 是大于 $\frac{1}{\epsilon}$ 的自然数就够了．

我们可以像下面这样严格地陈述该证明．对于任意 $\epsilon > 0$，令 $N = \lceil \frac{1}{\epsilon} \rceil + 1$．那么对于每一个 $n \geqslant N$ 均有

$$d(s_n, 0) = \left| \frac{1}{n} \right| \leqslant \left| \frac{1}{N} \right| = \left| \frac{1}{\lceil \frac{1}{\epsilon} \rceil + 1} \right| < \left| \frac{1}{\frac{1}{\epsilon}} \right| = |\epsilon| = \epsilon.$$

2. 如果对于任意 $n \in \mathbb{N}$ 均有 $s_n = n^2$，那么 $\{s_n\}$ 是发散的．

为了证明这一点，我们需要错误地假设存在某个实数 p 使得 $s_n \to p$，然后推导出矛盾．如果 $s_n \to p$，那么对于任意 $\epsilon > 0$，存在一个自然数 N 使得 $n \geqslant N \implies d(s_n, p) < \epsilon$．但是，当 $n \geqslant N$ 时，$|n^2| - |p| \leqslant |n^2 - p| < \epsilon$，所以 $|n^2| < |p| + \epsilon$．这意味着 p 的绝对值（加上 ϵ）一定大于每一个自然数的平方，但

这是不可能的（除非 p 是无穷大，但无穷大不是一个有效的极限）. 这个矛盾表明不存在 $p \in \mathbb{R}$ 使得 $s_n \to p$.

3. 如果对于任意 $n \in \mathbb{N}$ 均有 $s_n = 1 + \frac{(-1)^n}{n}$，那么 $\{s_n\}$ 收敛到 1（参见图 14.1 和图 14.2）.

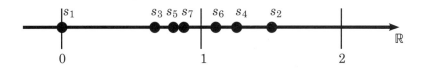

图 14.1 序列 $s_n = 1 + \frac{(-1)^n}{n}$ 的前几个元素

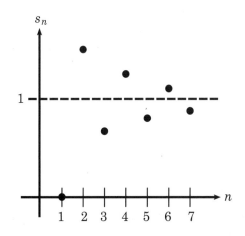

图 14.2 序列 $s_n = 1 + \frac{(-1)^n}{n}$ 的前几个元素，这次对应 n 绘制

为了证明这一点，我们需要为每一个 $\epsilon > 0$ 明确地找到一个 N，使得对于所有 $n \geqslant N$ 均有 $d(s_n, 1) < \epsilon$. 因为

$$d(s_n, 1) = |s_n - 1| = \left| \frac{(-1)^n}{n} \right| = \left| \frac{1}{n} \right|,$$

所以我们选择 $N = \left\lceil \frac{1}{\epsilon} \right\rceil + 1$（就像 $s_n = \frac{1}{n}$ 的例子那样），这是一个不错的选择.

注意，虽然该序列在其极限的左右两侧来回跳跃，如图 14.1 和图 14.2 所示，但这个序列仍然是收敛的，因为 1 左侧和右侧的点都趋向于 1.

4. 如果对于任意 $n \in \mathbb{N}$ 均有 $s_n = 1$，那么 $\{s_n\}$ 收敛到 1.

为了证明这一点，我们需要为每一个 $\epsilon > 0$ 明确地找到一个 N，使得对于所有 $n \geqslant N$ 均有 $d(s_n, 1) < \epsilon$. 因为 $d(s_n, 1) = |1 - 1| = 0 < \epsilon$ 对任意 $\epsilon > 0$ 均成立，所以令 $N = 1$ 即可（或任意一个 $N \in \mathbb{N}$ 都可行）.

5. 在这个例子中，我们重新回到度量空间 $\mathbb{C}$. 如果对于任意 $n \in \mathbb{N}$ 均有 $s_n = \mathrm{i}^n$，那么 $\{s_n\}$ 是发散的.

正如你在图 14.3 中所看到的，这个序列不收敛的原因是它的任意两个元素之间的距离都大于 $\epsilon = 1$.

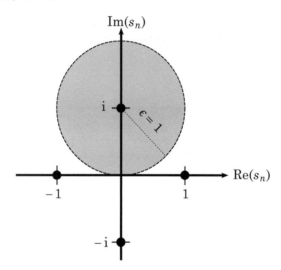

图 14.3 序列 $s_n = \mathrm{i}^n$ 的所有四个元素. s_n 中不存在与 i 的距离小于等于 $\epsilon = 1$ 的其他元素

现在严格地证明这一点：如果 $\{s_n\}$ 有一个极限 p，那么对于任意 $\epsilon > 0$，存在一个 $N \in \mathbb{N}$ 使得 $d(s_n, p) < \epsilon$ 对每一个 $n \geqslant N$ 均成立. 由于上述结论对每一个 $\epsilon > 0$ 均成立，因此对于给定的 $\epsilon > 0$，该结论对 $\frac{\epsilon}{2}$ 也是成立的，于是我们可以得到

$$d(s_n, s_{n+1}) \leqslant d(s_n, p) + d(p, s_{n+1}) < \frac{\epsilon}{2} + \frac{\epsilon}{2} = \epsilon.$$

（这个关于 $\frac{\epsilon}{2}$ 的技巧会经常用到. ）

但是，因为这个序列是重复的，所以对于每一个 $N \in \mathbb{N}$，存在某个 $n \geqslant N$ 使得 $s_n = \mathrm{i}$. 于是，当 $\epsilon = 1$ 时，

$$d(s_n, s_{n+1}) = d(\mathrm{i}, 1) > 1 = \epsilon.$$

这是一个矛盾. 因此 s_n 不可能有这样的极限 p.

注意，在度量空间 $X = \mathbb{R}$ 中，我们知道序列 $s_n = \frac{1}{n}$ 收敛到 0. 但是如果我们把 s_n 看作度量空间 $X = \mathbb{R} \setminus \{0\}$ 的一个子集，那么 s_n 不会收敛到 X 的任何点，因此，记作"s_n 在 X 中收敛"始终要比"s_n 收敛"更加精确（但我们都很懒，通常只写"s_n 收敛"）.

序列 $\{p_n\}$ 的范围是一个集合，它实际上是 $\{p_n\}$ 所在度量空间 X 的子集.在第 9 章中，我们学习了度量空间子集的极限点. 在本章中，我们学习了序列的极限. 我们自然会提出以下问题：序列 $\{p_n\}$ 的极限与 $\{p_n\}$ 的范围的极限点有什么区别?（回顾定义 9.9，集合的极限点是一个点，其每个邻域都至少包含集合中的另一个点.）事实证明，两者相似但不相同，如下例所示.

首先，$p_n \to p$ 并不意味着 p 是 $\{p_n\}$ 的范围的极限点. 为了看清这一点，对于每一个 $n \in \mathbb{N}$，令 $p_n = 1$，则 $\{p_n\}$ 是序列 $1, 1, 1, \cdots$，其范围为集合 $\{1\}$. 正如我们在前面的例子中所看到的，这个序列是收敛的. 但是 $p = 1$ 并不是集合 $\{1\}$ 的极限点，因为 p 的每一个邻域都只包含集合 $\{1\}$ 中的一个点，即 1 本身.

另外，p 是 $\{p_n\}$ 的范围的一个极限点并不意味着 $p_n \to p$. 为了看清这一点，对于每一个 $n \in \mathbb{N}$，令 $p_n = (-1)^n + \frac{(-1)^n}{n}$，则 $\{p_n\}$ 是序列 $-2, \frac{3}{2}, -\frac{4}{3}, \frac{5}{4}, -\frac{6}{5}, \frac{7}{6}, \cdots$，其范围为集合 $\{-2, -\frac{4}{3}, -\frac{6}{5}, \cdots\} \cup \{\frac{3}{2}, \frac{5}{4}, \frac{7}{6}, \cdots\}$. 从图 14.4 和图 14.5 中可以看出，这个序列不收敛.（为什么? 对于任意 $n \in \mathbb{N}$，$|p_n - p_{n+1}| > 2$，所以我们找不到一个 N 使得 $|p - p_n| < \epsilon$ 对所有 $n \geqslant N$ 均成立.）但 $p = 1$ 是 $\{p_n\}$ 的范围的一个极限点，因为对于任意 $r > 0$，我们根据阿基米德性质可以找到满足 $nr > 1$ 的 $n \in \mathbb{N}$. 于是 $1 - r < 1 + \frac{1}{n} < 1 + r$，因此点 $1 + \frac{1}{n} \in N_r(1)$.（这里的 n 必须是偶数，如果我们根据阿基米德性质找到的满足 $nr > 1$ 的 n 是奇数，那就选择 $n + 1$.）同样地，$p = -1$（当 n 为奇数时）也是 $\{p_n\}$ 的范围的一个极限点.

图 14.4 序列 $p_n = (-1)^n + \frac{(-1)^n}{n}$ 的前几个元素

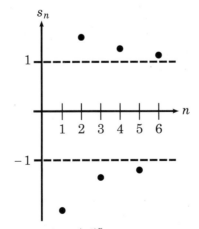

图 14.5 序列 $p_n = (-1)^n + \frac{(-1)^n}{n}$ 的前几个元素，这次根据 n 来绘制

这表明序列的极限与其范围的极限点不同. 它们看起来仍然很相似, 正如下一个定理所示, 序列的极限还有另一种定义 (它更类似于我们在定理 9.11 中看到的极限点的性质).

定理 14.5 (收敛的另一种定义).

设 $\{p_n\}$ 是度量空间 X 中的任意一个序列. $\{p_n\}$ 收敛到 $p \in X$, 当且仅当对于 p 的每一个邻域, 在该邻域外只存在 $\{p_n\}$ 的有限多个元素.

证明. 假设 $p_n \to p$, 那么对于任意 $\epsilon > 0$, 存在 $N \in \mathbb{N}$, 使得只要 $n \geqslant N$ 就有 $d(p_n, p) < \epsilon$. 换句话说, 当 $n \geqslant N$ 时, p_n 到 p 的距离小于 ϵ, 所以对于每一个 $n \geqslant N$ 均有 $p_n \in N_\epsilon(p)$. 那么 $p_n \notin N_\epsilon(p)$ 意味着 $n < N$. 因为 N 是一个固定的有限数, 所以小于 N 的自然数只存在有限多个, 那么 $\{p_n\}$ 中只有有限多个元素不在 $N_\epsilon(p)$ 中. 因为这对每一个 $\epsilon > 0$ 都成立, 所以对于 p 的每一个邻域, 上述结论均成立.

反过来, 假设 p 的每一个邻域都包含 $\{p_n\}$ 中除了有限多个元素之外的所有元素. 那么对于给定的 $\epsilon > 0$, 存在一个由 $\{p_n\}$ 中有限多个元素构成的集合 $\{p_i\}$, 其中每个 p_i 都不属于 $N_\epsilon(p)$. 由于 $\{p_i\}$ 是有限的, 所以我们可以取最大下标 N, 那么对于每一个 $n \geqslant N + 1$ 均有 $p_n \in N_\epsilon(p)$, 即 $d(p_n, p) < \epsilon$. 因为这对每一个 $\epsilon > 0$ 均成立, 所以我们有 $p_n \to p$. □

下一个定理证明了如果一个序列收敛, 那么它的极限是唯一的.

定理 14.6 (极限的唯一性).

设 $\{p_n\}$ 是度量空间 X 中的任意一个序列. 如果 p_n 同时收敛到 $p \in X$ 和 $p' \in X$, 那么 $p' = p$.

证明. 这里我们会用到一个在实分析中反复出现的论证. 其基本思路是, 如果 p_n 可以任意地接近 p 和 p', 那么在某一步之后, p_n 就开始任意地接近它们. 在这种情况下, p 和 p' 也必须彼此任意接近.

对于任意 $\epsilon > 0$, 我们可以将收敛的定义应用于 $\frac{\epsilon}{2}$, 从而得到两个自然数 N 和 N', 使得

$$n \geqslant N \implies d(p_n, p) < \tfrac{\epsilon}{2},$$
$$n \geqslant N' \implies d(p_n, p') < \tfrac{\epsilon}{2}.$$

注意, N 不一定与 N' 相同, 因此不能保证 $n \geqslant N' \implies d(p_n, p) < \frac{\epsilon}{2}$. 但是, 我们可以取两者的最大值. 因此当 $n \geqslant \max\{N, N'\}$ 时, 我们有 $n \geqslant N$ 且 $n \geqslant N'$,

所以

$$d(p, p') \leqslant d(p, p_n) + d(p_n, p') < \tfrac{\epsilon}{2} + \tfrac{\epsilon}{2} = \epsilon.$$

（注意，因为我们选择 $\tfrac{\epsilon}{2}$ 作为两个极限的任意小距离，所以这一步最终恰好得到了 ϵ. 如果要证明三个极限的唯一性，那么我们会想到使用 $\tfrac{\epsilon}{3}$ 作为每个极限的任意小距离，这样就可以得到 $\tfrac{\epsilon}{3} + \tfrac{\epsilon}{3} + \tfrac{\epsilon}{3} = \epsilon$.)

因为这对每一个 $\epsilon > 0$ 均成立，所以 $d(p, p') = 0$. （在实数集上的证明参见例 2.2，同样的论证适用于任何度量空间 X. ）于是，根据定义 9.1，$p' = p$. □

你可能已经注意到，在例 14.4 中，我们看到的每个收敛序列都是有界的. 这是一个普遍的事实，我们将在下一个定理中给出证明.

其逆否命题应该非常直观. 如果一个序列的范围是无界的（比如 $s_n = n^2$），那么该序列肯定不收敛.

但要注意，其逆命题是不成立的. 正如我们之前看到的，序列 $s_n = \mathrm{i}^n$ 是有界的，但它不收敛.

定理 14.7 (收敛 $\Longrightarrow$ 有界).

设 $\{p_n\}$ 是度量空间 X 中的任意一个序列. 如果 $\{p_n\}$ 收敛，那么 $\{p_n\}$ 是有界的.

证明. 为了满足定义 9.3，我们需要找到一个点 $q \in X$ 和一个数 $M \in \mathbb{R}$，使得 $d(p_n, q) \leqslant M$ 对任意 $n \in \mathbb{N}$ 均成立. 由于 $\{p_n\}$ 是收敛的，所以它可以任意地接近其极限 $p \in X$. 因此，p 与每一个 p_n 的距离都很小，这样我们自然想到在证明中试着令 $q = p$.

令 $\epsilon = 1$，那么存在某个 $N \in \mathbb{N}$，使得 $d(p_n, p) < 1$ 对每一个 $n \geqslant N$ 均成立. 当 $n < N$ 时，p_n 均与 p 相距一段距离，由于满足 $n < N$ 的 n 只有有限多个，所以我们可以取最大距离. 令

$$r = \max\{d(p_1, p), d(p_2, p), \cdots, d(p_{N-1}, p), 1\}.$$

于是，对于任意 $n \in \mathbb{N}$ 均有 $d(p_n, p) \leqslant r$，因此 $\{p_n\}$ 是有界的. □

下面的定理具体地将集合的极限点与序列的极限联系起来. 这样我们就可以应用在前几章中所学的关于极限点的知识来得到一些有趣的推论.

定理 14.8 (收敛到极限点).

设 $E \subset X$ 且 p 是 E 的一个极限点，那么 E 中存在一个收敛到 p 的序列 $\{p_n\}$.

注意, 极限点 p 可能在 E 中, 也可能不在 E 中. 如果 $p \notin E$, 那么我们说 $\{p_n\}$ 在 X 中收敛, 但不在 E 中收敛 (因为它的极限 p 在 X 中, 但不在 E 中).

证明. 因为 p 的每个邻域都至少包含 E 的一个元素, 所以对于任意 $n \in \mathbb{N}$ 存在 E 的一个点 $p_n \in N_{\frac{1}{n}}(p)$, 即 $d(p_n, p) < \frac{1}{n}$. 我们按照这种方式来定义序列 $\{p_n\}$.

对于任意 $\epsilon > 0$, 令 $N = \lceil \frac{1}{\epsilon} \rceil + 1$. 那么对于任意 $n \geqslant N$, 我们有

$$d(p_n, p) < \frac{1}{n} \leqslant \frac{1}{N} = \frac{1}{\lceil \frac{1}{\epsilon} \rceil + 1} < \left| \frac{1}{\frac{1}{\epsilon}} \right| = |\epsilon| = \epsilon.$$

因为这对每一个 $\epsilon > 0$ 均成立, 所以 $p_n \to p$. □

这看起来很眼熟, 不是吗? 我们曾在例 14.4 中使用相同的 N 来证明 $s_n = \frac{1}{n}$ 收敛到 0. 这是怎么回事? 在这个证明中, 我们在 E 中构造了一个点列 $\{p_n\}$, 其中第 n 个元素到 p 的距离小于序列 $s_n = \frac{1}{n}$ 的第 n 个元素. 由于 $s_n = \frac{1}{n}$ 收敛到 0, 所以 p_n 和 p 之间的距离也收敛到 0.

推论 14.9 (紧集的无限子集中的序列).

设 K 是一个紧集, E 是 K 的任意一个无限子集, 那么 E 包含一个收敛到 K 中某点的序列.

同样地, 注意, 极限点 p 可能不在 E 中. 在这种情况下, 我们说 $\{p_n\}$ 在 K 中收敛, 但不在 E 中收敛.

证明. 根据定理 11.13, 因为 K 是紧集, 所以 K 的任意一个无限子集 E 都有一个极限点 $p \in K$. 根据定理 14.8, E 包含一个收敛到这个点 $p \in K$ 的序列. □

推论 14.10 (有界无限实数集中的序列).

$\mathbb{R}^k$ 的每个有界无限子集 E 都包含一个收敛到 $\mathbb{R}^k$ 中某点的序列.

证明. 根据魏尔斯特拉斯定理 (定理 12.8), 因为 E 在 $\mathbb{R}^k$ 中是有界且无限的, 所以它有一个极限点 $p \in \mathbb{R}^k$. 根据定理 14.8, E 包含一个收敛到这个点 $p \in \mathbb{R}^k$ 的序列. □

正如最后这些推论所说, 序列无处不在! 它们可以与拓扑结构很好地交互, 而且和的序列 (称为**级数**) 还与积分的计算有关.

虽然收敛乍看似乎是一个比较局限的话题, 但事实证明它是一个丰富且广泛适用的概念. 在下一章中, 我们将更详细地研究序列. (事实上, 这就是我们在接下来的四章中要做的. 耶, 真有趣!)

第 15 章　极限与子序列

在本章中, 首先考察序列的极限是如何与代数运算 (如加法) 相互作用的. 然后, 我们将研究**子序列**, 它听起来就像: 子集的类似物, 但它是用于序列的.

事实证明, 当我们把两个收敛序列相加时, 新序列仍然是收敛的, 它的极限就是两个原始极限之和. 对于数乘、乘法和除法运算也是如此.

当然, 我们不可能在任意度量空间 X 中都应用这些运算 (加法等), 因为 X 可能不支持它们 (请记住, 度量空间必须具有的唯一运算是距离函数 d). 因此, 我们将这些性质限制在 $\mathbb{R}^k$ 或 $\mathbb{C}$ 上.

实际上, 为了简单起见, 我们只证明在 $\mathbb{R}$ 中的性质 (稍后我们可以轻松地对其进行推广).

定理 15.1 ($\mathbb{R}$ 中极限的代数运算).

设 $\{s_n\}$ 和 $\{t_n\}$ 是 $\mathbb{R}$ 中任意两个序列. 如果 $\lim_{n\to\infty} s_n = s, \lim_{n\to\infty} t_n = t$, 那么

1. $\lim_{n\to\infty}(s_n + t_n) = s + t$.
2. 对于任意 $c \in \mathbb{R}$, $\lim_{n\to\infty} cs_n = cs$ 且 $\lim_{n\to\infty}(c + s_n) = c + s$.
3. $\lim_{n\to\infty} s_n t_n = st$.
4. 如果 $s \neq 0$ 且对于任意 $n \in \mathbb{N}$ 均有 $s_n \neq 0$, 那么 $\lim_{n\to\infty} \frac{1}{s_n} = \frac{1}{s}$.

证明. 对于每个序列, 我们要证明它收敛到正确的极限.

1. 我们将使用与定理 14.6 相同的证明技巧. 给定任意 $\epsilon > 0$, 因为 $\{s_n\}$ 和 $\{t_n\}$ 都收敛, 所以存在 $N_1, N_2 \in \mathbb{N}$ 使得

$$n \geqslant N_1 \implies |s_n - s| < \frac{\epsilon}{2},$$
$$n \geqslant N_2 \implies |t_n - t| < \frac{\epsilon}{2}.$$

令 $N = \max\{N_1, N_2\}$, 对于所有 $n \geqslant N$, 我们有

$$|(s_n + t_n) - (s + t)| = |(s_n - s) + (t_n - t)|$$
$$\leqslant |s_n - s| + |t_n - t| < \frac{\epsilon}{2} + \frac{\epsilon}{2} = \epsilon.$$

因为这对每一个 $\epsilon > 0$ 都成立, 所以有 $s_n + t_n \to s + t$.

2. 如果 $c=0$, 证明这条性质非常容易. 对于任意 $n \geqslant 0$ 均有 $cs_n = 0$, 因此, 对于给定的 $\epsilon > 0$, 我们有

$$|cs_n - cs| = |0-0| = 0 < \epsilon.$$

如果 $c \neq 0$, 给定任意 $\epsilon > 0$, 因为 $\{s_n\}$ 收敛, 所以存在 $N \in \mathbb{N}$ 使得

$$n \geqslant N \quad \Longrightarrow \quad |s_n - s| < \frac{\epsilon}{|c|}.$$

那么, 对于所有 $n \geqslant N$, 我们有

$$|cs_n - cs| = |c| \, |s_n - s| < |c| \left(\frac{\epsilon}{|c|} \right) = \epsilon.$$

因为这对每一个 $\epsilon > 0$ 均成立, 所以我们有 $cs_n \to cs$.

另外, 给定任意 $\epsilon > 0$, 因为 $\{s_n\}$ 收敛, 所以存在 $N \in \mathbb{N}$ 使得

$$n \geqslant N \quad \Longrightarrow \quad |(c + s_n) - (c + s)| = |(c - c) + (s_n - s)| = |s_n - s| < \epsilon.$$

因为这对每一个 $\epsilon > 0$ 均成立, 所以我们有 $c + s_n \to c + s$. （或者, 我们可以使用常数序列 $t_n = c$ 并利用性质 1.）

3. 这条性质的证明有些棘手. 我们可以让 $|s_n - s|$ 和 $|t_n - t|$ 任意小, 因此使用 $\sqrt{\epsilon}$ 可以得到 $|s_n - s| \, |t_n - t| < (\sqrt{\epsilon})(\sqrt{\epsilon}) = \epsilon$. 然而, 我们真正需要证明的是 $|s_n t_n - st| < \epsilon$.

通过化简第一个乘积, 我们得到了下面的不等式

$$\begin{aligned}
|s_n - s| \, |t_n - t| &= |(s_n - s)(t_n - t)| \\
&= |s_n t_n - st_n - ts_n + st| \\
&= |(s_n t_n - st) - (st_n + ts_n - 2st)| \\
&\geqslant |s_n t_n - st| - |st_n + ts_n - 2st|,
\end{aligned}$$

从而有

$$|s_n t_n - st| \leqslant |s_n - s| \, |t_n - t| + |st_n + ts_n - 2st|.$$

这正是我们想要的, 但却多了一个讨厌的添加项 $|st_n + ts_n - 2st|$.

利用前两条性质, 我们知道 $st_n \to st$ 且 $ts_n \to ts$（因为 s,t 都是 $\mathbb{R}$ 中的常数）, 所以

$$st_n + ts_n - 2st \to st + ts - 2st = 0.$$

换句话说, 对于任意 $\epsilon > 0$, 存在某个 $N \in \mathbb{N}$, 使得当 $n \geqslant N$ 时, 有 $|st_n + ts_n - 2st| < \epsilon$.

下面给出严格的证明. 给定任意 $\epsilon > 0$, 因为 $\{s_n\}$ 和 $\{t_n\}$ 都收敛, 所以存在 $N_1, N_2 \in \mathbb{N}$ 使得

$$n \geqslant N_1 \quad \implies \quad |s_n - s| < \sqrt{\tfrac{\epsilon}{2}},$$
$$n \geqslant N_2 \quad \implies \quad |t_n - t| < \sqrt{\tfrac{\epsilon}{2}}.$$

同样地, 因为 $st_n + ts_n - 2st \to st + ts - 2st = 0$, 所以存在 $N_3 \in \mathbb{N}$ 使得

$$n \geqslant N_3 \quad \implies \quad |st_n + ts_n - 2st| < \tfrac{\epsilon}{2}.$$

令 $N = \max\{N_1, N_2, N_3\}$, 那么对于所有的 $n \geqslant N$ 均有

$$|s_n t_n - st| \leqslant |s_n - s| \, |t_n - t| + |st_n + ts_n - 2st|$$
$$< \left(\sqrt{\tfrac{\epsilon}{2}}\right)\left(\sqrt{\tfrac{\epsilon}{2}}\right) + \tfrac{\epsilon}{2} = \epsilon.$$

因为这对每一个 $\epsilon > 0$ 均成立, 所以我们有 $s_n t_n \to st$.

4. 不太精确地说, 我们可以利用的是 $|s_n - s| < \epsilon$, 要证明的是 $\left|\frac{1}{s_n} - \frac{1}{s}\right| < \epsilon$. 注意 $\left|\frac{1}{s_n} - \frac{1}{s}\right| = |s_n - s| \left|\frac{1}{s_n s}\right|$. 极限 s 是一个很容易消去的常数, 所以我们要找到一种方法来消去 $|s_n|$. 注意到

$$|s| - |s_n| \leqslant |s - s_n| = |s_n - s| < \epsilon,$$

因此, 如果令 $\epsilon = \tfrac{1}{2}|s|$, 那么 $|s_n| > \tfrac{1}{2}|s|$.

最终我们得到

$$\left|\frac{1}{s_n} - \frac{1}{s}\right| = |s_n - s| \left|\frac{1}{s_n s}\right| < \epsilon \frac{2}{|s|^2},$$

所以我们要选择的 ϵ 实际上是 $\tfrac{1}{2}|s|^2 \epsilon$.

下面给出严格的证明. 因为 $\{s_n\}$ 收敛, 所以存在 $N_1 \in \mathbb{N}$ 使得

$$n \geqslant N_1 \quad \implies \quad |s_n - s| < \tfrac{1}{2}|s|,$$

所以 $|s_n| > \tfrac{1}{2}|s|$. 同样地, 给定任意 $\epsilon > 0$, 存在 $N_2 \in \mathbb{N}$ 使得

$$n \geqslant N_2 \quad \implies \quad |s_n - s| < \tfrac{1}{2}|s|^2 \epsilon.$$

令 $N = \max\{N_1, N_2\}$，那么对于所有 $n \geqslant N$ 均有

$$\left|\frac{1}{s_n} - \frac{1}{s}\right| = |s_n - s|\left|\frac{1}{s_n s}\right| < \left(\frac{1}{2}|s|^2 \epsilon\right)\left(\frac{2}{|s|^2}\right) = \epsilon.$$

因为这对每一个 $\epsilon > 0$ 均成立，所以我们有 $\frac{1}{s_n} \to \frac{1}{s}$. □

为了把这些结果推广到 $\mathbb{R}^k$ 上，我们必须首先考察实向量的收敛性.

定理 15.2 (实向量的收敛性).

设 $\boldsymbol{x}_n = (\alpha_{1_n}, \alpha_{2_n}, \cdots, \alpha_{k_n})$ 是 $\mathbb{R}^k$ 中的向量. $\{\boldsymbol{x}_n\}$ 收敛到 $\boldsymbol{x} = (\alpha_1, \alpha_2, \cdots, \alpha_k)$ 当且仅当对于 1 到 k 之间的每一个 j 均有 $\lim_{n \to \infty} \alpha_{j_n} = \alpha_j$.

换句话说，一个实向量序列收敛到 $\boldsymbol{x}$ 等于说：对于每一个维度 $1 \leqslant j \leqslant k$，由序列中每个向量的第 j 个分量组成的序列收敛到 $\boldsymbol{x}$ 的第 j 个分量. 用符号来表示，即：

$$\lim_{n \to \infty} (\alpha_{1_n}, \alpha_{2_n}, \cdots, \alpha_{k_n}) = \left(\lim_{n \to \infty} \alpha_{1_n}, \lim_{n \to \infty} \alpha_{2_n}, \cdots, \lim_{n \to \infty} \alpha_{k_n}\right).$$

这个结果似乎很明显. 如果 k 个序列都收敛，那么由这 k 个序列组成的向量也收敛. 例如，如果 $\boldsymbol{x}_n = (\frac{1}{n}, 3)$，那么 $\boldsymbol{x}_n \to (0, 3)$，但如果 $\boldsymbol{x}_n = (\frac{1}{n}, 3, n^2)$，那么 $\boldsymbol{x}_n$ 不收敛，因为即使它的前两个分量都收敛，第三个分量 n^2 也不会收敛.

证明. 如果 $\boldsymbol{x}_n \to \boldsymbol{x}$，那么对于每一个 $\epsilon > 0$，存在 $N \in \mathbb{N}$ 使得

$$n \geqslant N \implies |\boldsymbol{x}_n - \boldsymbol{x}| < \epsilon.$$

根据定义 6.10，我们可以看到，对于 1 和 k 之间的每一个 j，

$$\begin{aligned} |\alpha_{j_n} - \alpha_j| &= \sqrt{|\alpha_{j_n} - \alpha_j|^2} \\ &< \sqrt{\sum_{j=1}^{k} |\alpha_{j_n} - \alpha_j|^2} \\ &= |\boldsymbol{x}_n - \boldsymbol{x}| < \epsilon \end{aligned}$$

对任意 $\epsilon > 0$ 和任意 $n \geqslant N$ 均成立. 因此，对于 1 和 k 之间的每一个 j 均有 $\alpha_{j_n} \to \alpha_j$.

为了证明另一个方向，假设对于 1 和 k 之间的每一个 j 均有 $\alpha_{j_n} \to \alpha_j$. 填写下框中的空白来完成剩下的证明. 最棘手的部分是决定使用什么样的 ϵ. 你可以尝试倒着填下框中的空白，这样你就知道应该使用什么了.

证明定理 15.2 的另一个方向

对于 1 和 k 之间的每一个 j, 给定任意 $\epsilon > 0$, 存在 ＿＿＿＿＿＿＿ 使得

$$n \geqslant N_j \implies |\alpha_{j_n} - \alpha_j| < \underline{\hspace{2cm}}.$$

令 $N = \max\{N_1, N_2, \cdots, N_k\}$, 那么

$$|\boldsymbol{x}_n - \boldsymbol{x}| = \sqrt{\sum_{j=1}^{k} |\alpha_{j_n} - \alpha_j|^2}$$

$$< \sqrt{\sum_{j=1}^{k} \left(\underline{\hspace{1.5cm}}\right)^2}$$

$$= \sqrt{\underline{\hspace{2cm}}} = \epsilon$$

对任意 $\epsilon > 0$ 和任意 ＿＿＿ $\geqslant N$ 均成立. 因此 $\boldsymbol{x}_n \to$ ＿＿＿.

$\square$

根据这个定理, 我们现在可以推广定理 15.1 来证明欧几里得空间中极限的一些代数性质.

定理 15.3 ($\mathbb{R}^k$ 中极限的代数运算).

对于 $\mathbb{R}^k$ 中的任意序列 $\{\boldsymbol{x}_n\}$ 和 $\{\boldsymbol{y}_n\}$, 如果 $\lim_{n \to \infty} \boldsymbol{x}_n = \boldsymbol{x}$, $\lim_{n \to \infty} \boldsymbol{y}_n = \boldsymbol{y}$, 那么

1. $\lim_{n \to \infty} (\boldsymbol{x}_n + \boldsymbol{y}_n) = \boldsymbol{x} + \boldsymbol{y}$.
2. 设 $\{\beta_n\}$ 是 $\mathbb{R}$ 中收敛到 β 的任意序列, 那么 $\lim_{n \to \infty} \beta_n \boldsymbol{x}_n = \beta \boldsymbol{x}$.
3. $\lim_{n \to \infty} (\boldsymbol{x}_n \cdot \boldsymbol{y}_n) = \boldsymbol{x} \cdot \boldsymbol{y}$ (利用定义 6.10 中定义的内积).

注意, 这些性质与 $\mathbb{R}$ 中极限的性质有以下两个不同之处. 首先, 数乘运算不仅适用于数, 还适用于数的序列. (如果想得到纯数乘运算, 那么让每一个 β_n 都等于 c 即可). 其次, 没有极限除法的性质, 因为当 $k > 1$ 时, $\mathbb{R}^k$ 中没有类似于除法的运算 (虽然 $\mathbb{C}$ 中存在除法).

证明. 设 $\boldsymbol{x}_n = (x_{1_n}, x_{2_n}, \cdots, x_{k_n})$, $\boldsymbol{y}_n = (y_{1_n}, y_{2_n}, \cdots, y_{k_n})$, $\boldsymbol{x} = (x_1, x_2, \cdots, x_k)$, $\boldsymbol{y} = (y_1, y_2, \cdots, y_k)$. 根据定理 15.2, 因为 $\boldsymbol{x}_n \to \boldsymbol{x}$ 且 $\boldsymbol{y}_n \to \boldsymbol{y}$, 所以对于 1 和 k 之间的任意一个 j, 有 $x_{j_n} \to x_j$ 且 $y_{j_n} \to y_j$.

1. 根据定理 15.1 的性质 1，我们知道对于 1 和 k 之间的任意一个 j，有 $x_{j_n} + y_{j_n} \to x_j + y_j$. 于是

$$
\begin{aligned}
\lim_{n \to \infty} (\boldsymbol{x}_n + \boldsymbol{y}_n) &= \lim_{n \to \infty} (x_{1_n} + y_{1_n}, x_{2_n} + y_{2_n}, \cdots, x_{k_n} + y_{k_n}) \\
&= \left(\lim_{n \to \infty} (x_{1_n} + y_{1_n}), \lim_{n \to \infty} (x_{2_n} + y_{2_n}), \cdots, \lim_{n \to \infty} (x_{k_n} + y_{k_n}) \right) \\
&\quad \text{（利用定理 15.2）} \\
&= (x_1 + y_1, x_2 + y_2, \cdots, x_k + y_k) = \boldsymbol{x} + \boldsymbol{y}.
\end{aligned}
$$

2. 根据定理 15.1 的性质 3，我们知道对于 1 和 k 之间的任意一个 j，有 $\beta_n x_{j_n} \to \beta x_j$. 于是，

$$
\begin{aligned}
\lim_{n \to \infty} \beta_n \boldsymbol{x}_n &= \lim_{n \to \infty} (\beta_n x_{1_n}, \beta_n x_{2_n}, \cdots, \beta_n x_{k_n}) \\
&= \left(\lim_{n \to \infty} \beta_n x_{1_n}, \lim_{n \to \infty} \beta_n x_{2_n}, \cdots, \lim_{n \to \infty} \beta_n x_{n_k} \right) \\
&\quad \text{（利用定理 15.2）} \\
&= (\beta x_1, \beta x_2, \cdots, \beta x_k) = \beta \boldsymbol{x}.
\end{aligned}
$$

3. 这个证明与其他性质的证明相似. 把下框中的空白填充完整.

证明定理 15.3 的性质 3

根据定理 15.1 的性质 3，我们知道对于任意 $1 \leqslant j \leqslant$ _____，有 $x_{j_n} y_{j_n} \to$ _____. 于是

$$
\begin{aligned}
\lim_{n \to \infty} (\boldsymbol{x}_n \cdot \boldsymbol{y}_n) &= \lim_{n \to \infty} (x_{1_n} y_{1_n} + x_{2_n} y_{2_n} + \cdots + x_{k_n} y_{k_n}) \\
&= \underline{\hspace{2cm}} + \underline{\hspace{2cm}} + \cdots + \underline{\hspace{2cm}} \\
&\quad \text{（利用} \underline{\hspace{2cm}} \text{的性质 1）} \\
&= x_1 y_1 + x_2 y_2 + \cdots + x_k y_k = \underline{\hspace{2cm}}.
\end{aligned}
$$

我们换一种技术含量稍低，但可能更有趣的方式.

定义 15.4（子序列）.

设 $\{p_n\}$ 是度量空间 X 中的任意一个序列，$\{n_k\}$ 是由自然数构成的序列，其中 $n_1 < n_2 < \cdots$. 那么，序列 $\{p_{n_k}\}$ 是 $\{p_n\}$ 的**子序列**.

如果 $\{p_{n_k}\}$ 收敛到某个 $p \in X$，那么 p 是 $\{p_n\}$ 的**子序列极限**.

这里的序列 n_k 就是一列递增的自然数. 例如, 如果 $\{n_k\} = 1, 3, 100, \cdots$, 那么 $\{p_{n_k}\} = p_1, p_3, p_{100}, \cdots$. 索引列表 n_k 不是所讨论的子序列, 元素列表 p_{n_k} 才是子序列.

由于 $\{n_k\}$ 是一个序列, 所以它一定是无限的. 因此, 诸如 $p_1, p_3, p_{100}, \cdots$ 之类的是 $\{p_n\}$ 的子序列, 但 p_1, p_3, p_{100} 这样的则不是. (注意, 没有省略号表示这个列表不是无限的, 因此索引 1, 3, 100 本身不是一个序列). 这意味着, 跟序列一样, 子序列必须是无限延伸的.

例 15.5 (子序列).

下面所有的例子都放在度量空间 $\mathbb{R}$ 或 $\mathbb{C}$ 中考察.

1. 对于任意 $n \in \mathbb{N}$, 令 $s_n = 1$, 对于任意 $k \in \mathbb{N}$, 取 $n_k = 2k - 1$. 那么, 子序列 $\{s_{n_k}\} = s_1, s_3, s_5, \cdots$, 即 $1, 1, 1, \cdots$, 它与 $\{s_n\}$ 本身相同.

2. 对于任意 $n \in \mathbb{N}$, 令 $s_n = \mathrm{i}^n$, 对于任意 $k \in \mathbb{N}$, 取 $n_k = 4k$. 那么, 子序列 $\{s_{n_k}\} = s_4, s_8, s_{12}, \cdots$, 即 $1, 1, 1, \cdots$, 它收敛到点 1. 所以, 1 是 $\{s_n\}$ 的子序列极限, 但它不是 $\{s_n\}$ 的极限.

3. 对于任意 $n \in \mathbb{N}$, 令 $p_n = (-1)^n + \frac{(-1)^n}{n}$, 对于任意 $k \in \mathbb{N}$, 取 $n_k = 2k$. 那么, 子序列 $\{p_{n_k}\} = p_2, p_4, p_6, \cdots$, 即 $\frac{3}{2}, \frac{5}{4}, \frac{7}{6}, \cdots$, 它可以表示为 $\{p_{n_k}\} = 1 + \frac{1}{2k}$. 这个子序列收敛到点 1. 所以, 1 是 $\{p_n\}$ 的子序列极限, 但不是 $\{p_n\}$ 的极限.

同样地, 通过取 $n_k = 2k - 1$, 我们得到子序列 $\{p_{n_k}\} = p_1, p_3, p_5, \cdots$. 这个子序列收敛到 -1, 因此 -1 也是 $\{p_n\}$ 的子序列极限.

因此, 如果 $\{p_n\}$ 在两个"准极限"之间"交替", 那么它不会收敛, 但这些"准极限"是 $\{p_n\}$ 的子序列极限 (再看一看图 14.4 和图 14.5). 这一概念将在第 17 章中更详细地加以探讨.

定理 15.6 (收敛 $\iff$ 所有子序列均收敛).

设 $\{p_n\}$ 是度量空间 X 中的任意一个序列. $\{p_n\}$ 收敛到 $p \in X$, 当且仅当 $\{p_n\}$ 的每一个子序列都收敛到 p.

证明. 由于子序列就是 $\{p_n\}$ 中元素的子集, 因此子序列中第 N 项之后的每一个元素与 p 之间的距离仍然小于 ϵ. 更严格地说: 如果 $p_n \to p$, 那么对于任意 $\epsilon > 0$, 存在 $N \in \mathbb{N}$ 使得

$$n \geqslant N \implies d(p_n, p) < \epsilon.$$

由于 n_k 随着 k 的增加而变大, 所以 $k \geqslant N \implies n_k \geqslant N$, 因此对于 $\{p_n\}$ 的每一

个子序列 $\{p_{n_k}\}$，均有

$$k \geqslant N \implies n_k \geqslant N \implies d(p_{n_k}, p) < \epsilon.$$

其中 ϵ 和 N 与前面相同. 因为这对每一个 $\epsilon > 0$ 均成立，所以我们有 $p_{n_k} \to p$.

证明的另一个方向很简单. 由于 $\{p_n\}$ 是其自身的子序列（即 $n_k = k$），所以如果 $\{p_n\}$ 的每一个子序列都收敛，那么 $\{p_n\}$ 也必须收敛. □

下一个定理与推论 14.9 相似.

定理 15.7 (紧集中的子序列).

设 $\{p_n\}$ 是紧度量空间 X 中的任意一个序列. 那么 $\{p_n\}$ 的某个子序列将收敛到某个点 $p \in X$.

推论 14.9 和定理 15.7 有什么区别？前者认为紧集中的无限集 E 都包含一个收敛序列，但 E 的元素没有特定顺序（E 甚至可以是不可数的）. 这个新的定理说明了紧集中的任何序列都有一个收敛的子序列.

设 E 是 $\{p_n\}$ 的范围，当 E 是无限集时，你可能会认为推论 14.9 能够帮助我们证明定理 15.7. 但是，下面的论述是有问题的.

如果 $\{p_n\}$ 的范围 E 是紧度量空间 X 的一个无限子集，那么根据推论 14.9，我们知道 E 中存在某个序列 $\{s_n\}$ 将收敛到一个点 $p \in X$. 因为 $\{s_n\}$ 的范围是 E 的一个子集，所以 $\{s_n\}$ 就是 $\{p_n\}$ 的子序列. 因此，我们找到了 $\{p_n\}$ 的一个子序列，它收敛到 X 中的点.

你能猜出哪里出错了吗？只知道 $\{s_n\}$ 包含在 $\{p_n\}$ 的范围 E 中，我们无法确定 $\{s_n\}$ 是 $\{p_n\}$ 的子序列. 为什么？因为点的排列顺序可能不同！

举一个简单的例子. 对于任意 $n \in \mathbb{N}$，令 $\{p_n\} = n^2$，那么 $E = \{1, 4, 9, \cdots\}$，因此 E 包含序列 $s_n = 1, 1, 1, \cdots$. 但是，这个 $\{s_n\}$ 不是 $\{p_n\}$ 的子序列，因为 $\{p_n\}$ 中的元素 1（对于不同的 n_k）不会出现无穷多次.

别担心，这个定理的证明不需要任何我们从未见过的疯狂技巧. 但你一定要明白为什么我们不能使用上面的方法.

证明. 我们先考察简单的情形，即 $\{p_n\}$ 的范围 E 是有限的. 由于 $\{p_n\}$ 中的 n 趋向于无穷大，但 $\{p_n\}$ 只包含有限多个不同的点，所以这些点中至少有一个必须重复无限次. 取出一个这样的点，称其为 p，那么存在无穷多个索引 $\{n_k\}$: $n_1 < n_2 < n_3 < \cdots$ 使得 $p_{n_1} = p_{n_2} = p_{n_3} = \cdots = p$（我们只取 $\{p_n\}$ 中元素值为 p 的索引）. 因为 p 是 $\{p_n\}$ 的一个元素，所以 $p \in E$，从而 $p \in X$，并且 $\{p_{n_k}\} \to p$.

如果 E 是无限的，那么我们可以利用定理 11.13 得到 E 的一个极限点 p，并构造 $\{p_n\}$ 的一个收敛到 $p \in X$ 的子序列 $\{p_{n_i}\}$。

回顾我们在定义 13.2 中的讨论，任何无限结构都应该像归纳法那样来构造. 它必须有第一步和由给定的第 i 步来确定的第 $i+1$ 步.

1. p 的每个邻域都包含 E 中无穷多个点. 我们从 $N_1(p)$ 开始，它包含 E 中的某个元素，我们把这个元素记作 p_{n_1}，于是有 $d(p_{n_1}, p) < 1$.

2. 假设我们已经取出了点 $p_{n_1}, p_{n_2}, \cdots, p_{n_i}$，其中 $n_1 < n_2 < \cdots < n_i$，并且对于任意 $k \leqslant i$，有 $d(p_{n_k}, p) < \frac{1}{k}$. 那么该如何找到 $p_{n_{i+1}}$ 呢？$N_{\frac{1}{i+1}}(p)$ 包含 E 中无穷多个点，所以即使它已经包含所有的点 $p_{n_1}, p_{n_2}, \cdots, p_{n_i}$，它也必须至少再包含一个新点. 我们把这个新点记作 $p_{n_{i+1}}$，并得到 $d(p_{n_{i+1}}, p) < \frac{1}{i+1}$.

我们如何保证 $n_i < n_{i+1}$？换句话说，如何确定 $p_{n_{i+1}}$ 在序列 $\{p_n\}$ 中位于 p_{n_i} 之后？小于 n_i 的索引只有有限多个，但是 $N_{\frac{1}{i+1}}(p)$ 包含 E 中无穷多个点. 因此，在 n_i 之后肯定至少还有另一个索引 n_{i+1} 使得 $p_{n_{i+1}} \in N_{\frac{1}{i+1}}(p)$. 那么，$n_i < n_{i+1}$，并且我们可以继续这样构造 $i+2, i+3, i+4, \cdots$.

现在我们得到了一个子序列 $\{p_{n_i}\}$，其中 $d(p_{n_i}, p) < \frac{1}{i}$ 对任意 $i \in \mathbb{N}$ 均成立. 对于任意 $\epsilon > 0$，我们令 $N = \left\lceil \frac{1}{\epsilon} \right\rceil + 1$，那么利用与定理 14.8 相同的论证，不难看出 $p_{n_i} \to p$. $\qquad\square$

下一个定理被称为波尔查诺-魏尔斯特拉斯定理，请注意不要与魏尔斯特拉斯定理（定理 12.8）混淆.（魏尔斯特拉斯一定是个大忙人！）

定理 15.8 (波尔查诺-魏尔斯特拉斯定理).

设 $\{p_n\}$ 是 $\mathbb{R}^k$ 中的任意一个序列. 如果 $\{p_n\}$ 是有界的，那么 $\{p_n\}$ 的某个子序列将收敛到某个点 $p \in \mathbb{R}^k$.

证明. 设 E 为 $\{p_n\}$ 的范围. 因为 E 是有界的，由定理 12.5 可知 E 是某个 k 维格子 I 的子集，由定理 12.4 可知 I 是紧集. 那么序列 $\{p_n\}$ 包含在紧集 I 中，于是根据定理 15.7，$\{p_n\}$ 包含一个收敛到点 $p \in I$ 的子序列. $\qquad\square$

定理 15.9 (子序列极限的集合是闭集).

设 $\{p_n\}$ 是度量空间 X 中的任意一个序列. 由 $\{p_n\}$ 的全体子序列极限组成的集合 E^* 是相对于 X 的闭集.

注意，E^* 包含 $\{p_n\}$ 的**所有**收敛子序列的极限.

证明. 设 q 是 E^* 的一个极限点. 我们想证明 $q \in E^*$, 这意味着 $\{p_n\}$ 的某个子序列 $\{p_{n_i}\}$ 收敛到 q. 我们要构造一个子序列 $\{p_{n_i}\}$, 它与定理 15.7 证明中的子序列几乎是相同的.

在开始构造之前, 我们希望能够排除这样的情况, 即存在某个 k, 使得对于所有 $n \geqslant k$ 均有 $p_n = q$. 如果 $\{p_n\}$ 是这样的序列, 那么它看起来就是 $p_1, p_2, \cdots, p_{k-1}, q, q, q, \cdots$. 于是 $\{p_n\}$ 的每个子序列都会收敛到 q, 所以 $E^* = \{q\}$, 根据例 9.26, 这个 E^* 是闭集.

1. 选取一个 $n_1 \in \mathbb{N}$, 使得 p_{n_1} 是 $\{p_n\}$ 中满足 $p_{n_1} \neq q$ 的元素. 为了以后方便, 设 $\delta = d(p_{n_1}, q)$.

2. 假设我们已经取出了点 $p_{n_1}, p_{n_2}, \cdots, p_{n_i}$, 其中 $n_1 < n_2 < \cdots < n_i$, 并且对于任意 $k \leqslant i$ 均有 $p_{n_k} \neq q$ 和 $d(p_{n_k}, q) < \frac{\delta}{k}$.

如何找到 $p_{n_{i+1}}$ 呢? 基本思路是, 对于 q 附近的任意一点 $x \in E^*$, $\{p_n\}$ 中有一个收敛到 x 的子序列. 因为 q 是 E^* 的极限点, 所以可以让 x 任意接近 q.

严格地说, 因为 q 是 E^* 的一个极限点, 所以它的每个邻域都至少包含 E^* 的一个非 q 点. 因此, 存在一个 $x \in E^*$ 使得 $d(x, q) < \frac{\delta}{2(i+1)}$. 因为 x 是 $\{p_n\}$ 的某个子序列的极限, 所以在某个 $N \in \mathbb{N}$ 之后, 这个子序列的每一个元素与 x 的距离都小于 $\frac{\delta}{2(i+1)}$. 如果我们选取 $n_{i+1} > \max\{N, n_i\}$, 那么 $n_i < n_{i+1}$ 并且 $d(p_{n_{i+1}}, x) < \frac{\delta}{2(i+1)}$. 于是,

$$d(p_{n_{i+1}}, q) \leqslant d(p_{n_{i+1}}, x) + d(x, q) < \frac{\delta}{2(i+1)} + \frac{\delta}{2(i+1)} = \frac{\delta}{i+1}.$$

现在我们得到了一个子序列 $\{p_{n_i}\}$, 并且对于任意 $i \geqslant 2$ 有 $d(p_{n_i}, q) < \frac{\delta}{i}$. 对于任意 $\epsilon > 0$, 令 $N = \lceil \frac{\delta}{\epsilon} \rceil + 1$, 那么利用与定理 14.8 相同的论证, 不难看出 $p_{n_i} \to p$.

等等, 到处可见的 δ 有什么用? 为什么我们不能像定理 15.7 的证明那样, 构造一个 $d(p_{n_i}, q) < \frac{1}{i}$ 的子序列呢? 在构造的第一步中, 我们无法保证 $d(p_{n_1}, q) < 1$, 只能确保 $d(p_{n_1}, q) = \delta > 0$. 因此在整个构造过程中, 我们都要使用 δ. 但最后一步仍然有效, 因为 δ 只是一个常数, 所以只要 $n_i \geqslant N = \lceil \frac{\delta}{\epsilon} \rceil + 1$, 我们就有

$$d(p_{n_i}, q) < \frac{\delta}{\lceil \frac{\delta}{\epsilon} \rceil + 1} < \epsilon. \qquad \square$$

希望这些子序列不会太让你为难. 如果被难住的话, 那就重新阅读前面的证明, 并试着凭记忆去独立完成. 在下一章深入研究柯西序列之后, 我们将再次更深入地探讨子序列的极限.

第 16 章　柯西序列与单调序列

在讨论收敛性时，我们看到一些序列可能在一个度量空间中收敛，但在另一个度量空间中却发散. 因此，与闭集和开集一样，收敛性取决于序列所在的度量空间. 那么是否存在一种与收敛性相似，但不依赖于度量空间的性质呢? 是的，有! 就像紧性那样，**柯西序列**是在任何度量空间中都成立的性质: 某个度量空间中的柯西序列在任何度量空间中都是柯西序列.

定义 16.1 (柯西序列).

设 $\{p_n\}$ 是度量空间 X 中的任意一个序列. 如果对于任意 $\epsilon > 0$，存在某个自然数 N，使得对于任意大于等于 N 的 n 和 m 均有 $d(p_n, p_m) < \epsilon$，那么 $\{p_n\}$ 就是一个**柯西序列**.

用符号来表示，即如果

$$\forall \epsilon > 0, \ \exists N \in \mathbb{N} \ \text{使得} \ n, m \geqslant N \implies d(p_n, p_m) < \epsilon,$$

那么 $\{p_n\}$ 就是一个柯西序列.

这与定义 14.3 中的收敛性不一样吗? 不一样! 关键区别在于，柯西序列满足 $d(p_n, p_m) < \epsilon$，这与收敛序列中的 $d(p_n, p) < \epsilon$ 不同. 柯西序列并不是越来越接近于某一点，而是元素之间的距离会越来越小. 在柯西序列中，给定任意距离 $\epsilon > 0$，在某一项之后，序列中任意两个元素之间的距离都会小于 ϵ.

N_ϵ 挑战在这里同样适用，但要稍作修改. 给定任意 $\epsilon > 0$，你能找到一个 N 使得 $p_N, p_{N+1}, p_{N+2}, \cdots$ 彼此之间的距离都小于 ϵ 吗?

例 16.2 (柯西序列).

定义柯西序列的过程引出了以下问题: 如果元素之间的距离越来越近，那么它们怎么可能不收敛到某一个点呢?

举一个简单的例子，对于任意 $n \in \mathbb{N}$，令 $p_n = \frac{1}{n}$，并设 $\{p_n\}$ 所在的度量空间为 $X = \mathbb{R} \setminus \{0\}$. 那么 $\{p_n\}$ 在 X 中不收敛，因为 0 不是 X 的元素. 但 $\{p_n\}$ 是柯西序列. 为什么? 如果 $n, m \geqslant N$，我们有

$$d(p_n, p_m) = \left| \frac{1}{n} - \frac{1}{m} \right| \leqslant \max\left\{ \frac{1}{n}, \frac{1}{m} \right\} \leqslant \frac{1}{N}.$$

对于任意 $\epsilon > 0$，我们希望 $1 < N\epsilon$，所以令 $N = \left\lceil \frac{1}{\epsilon} \right\rceil + 1$ 就是个不错的选择.

再举一个例子，在度量空间 $\mathbb{Q}$ 中，设 s_n 为 $\sqrt{2}$ 保留前 n 位小数的近似值. 因此，$s_n = 1.4, 1.41, 1.414, \cdots$，序列中的每个元素都是有理数，因为我们可以将这些小数改写为 $\frac{14}{10}, \frac{141}{100}, \frac{1414}{1000}, \cdots$. 由于这个序列收敛到 $\sqrt{2}$，所以 $\{s_n\}$ 在 $\mathbb{Q}$ 中不收敛. 但是 $\{s_n\}$ 是柯西序列. 为什么? 如果 $n, m \geqslant N$，我们有

$$d(p_n, p_m) \leqslant 10^{-N}.$$

对于任意 $\epsilon > 0$，我们希望 $-N < \log_{10}(\epsilon)$，所以令 $N = \max\{0, \lceil -\log_{10}(\epsilon) \rceil\} + 1$ 就是个不错的选择.

这可能会导致你认为柯西序列只能在类似于 $\mathbb{R}$ 的度量空间中收敛，而关键因素是最小上界性 (因此柯西序列不可能收敛到任何 "洞"). 你是对的! 我们很快就会看到 $\mathbb{R}$ 具有一个被称为**完备性**的性质，这意味着 "每个柯西序列都收敛".

虽然仅在完备度量空间中才有 "柯西序列 $\Longrightarrow$ 收敛序列"，但事实证明在任何度量空间中，"收敛序列 $\Longrightarrow$ 柯西序列".

定理 16.3 (收敛序列 $\Longrightarrow$ 柯西序列).

　　设 $\{p_n\}$ 是度量空间 X 中的任意一个序列. 如果 $\{p_n\}$ 收敛到某个 $p \in X$，那么 $\{p_n\}$ 是一个柯西序列.

证明. 对于任意 $\epsilon > 0$，存在一个 $N \in \mathbb{N}$，使得当 $n \geqslant N$ 时 $d(p_n, p) < \frac{\epsilon}{2}$. 当然，对于任意 $m \geqslant N$，我们也有 $d(p_m, p) < \frac{\epsilon}{2}$. 那么对于任意 $n, m \geqslant N$，由三角不等式可得

$$d(p_n, p_m) \leqslant d(p_n, p) + d(p, p_m) < \frac{\epsilon}{2} + \frac{\epsilon}{2} = \epsilon.$$

因为这对每一个 $\epsilon > 0$ 均成立，所以 $\{p_n\}$ 肯定是一个柯西序列. $\qquad\square$

在继续研究柯西序列之前，我们先定义**直径**的概念. 虽然一开始看起来很棘手，但它会为我们提供一种更直观的方法来考察柯西序列，并将帮助我们证明一些原本很难证明的定理.

定义 16.4 (直径).

　　设 E 是度量空间 X 的任意一个非空子集. E 的**直径**是 E 中每两个元素之间的距离的上确界.

　　用符号来表示，即:

$$\operatorname{diam} E = \sup\{d(p, q) \mid p, q \in E\}.$$

例 **16.5** (直径).

下列集合均视为度量空间 $\mathbb{R}$ 的子集:

1. 如果 $E = \{1, 2, 3\}$, 那么

$$\operatorname{diam} E = \sup\{d(1,2), d(2,3), d(1,3)\} = \sup\{1, 1, 2\} = 2.$$

2. 如果 $E = [-3, 3]$, 那么 $\operatorname{diam} E = 6$. 这表明直径基本上就是它听起来的样子: 从集合的一端到另一端的长度.

3. 如果 $E = [-3, 3)$, 那么 $\operatorname{diam} E$ 仍等于 6, 因为

$$\{d(-3, p) \mid p \in [-3, 3)\} = [0, 6),$$

这个区间的最小上界是 6.

4. 如果 $E = [0, \sqrt{2})$, 那么 $\operatorname{diam} E = \sqrt{2}$. 即使我们将 E 看作度量空间 $\mathbb{Q}$ 的子集, E 的直径仍然是 $\sqrt{2}$, 因为直径不必是所在度量空间中的元素. 为什么? 因为直径是一组距离的上确界. 回忆一下定义 9.1, 任何距离都是一个实数, 所以每个直径也都是实数.

5. 如果 $E = [0, \infty)$, 那么 E 没有直径, 因为 E 中各点之间的距离是无界的.

6. 我们还可以考虑直径的序列. 例如, 对于任意 $n \in \mathbb{N}$, 令 $A_n = [0, \frac{1}{n})$, 现在取序列

$$\operatorname{diam} A_1, \operatorname{diam} A_2, \operatorname{diam} A_3, \cdots,$$

即 $1, \frac{1}{2}, \frac{1}{3}, \cdots$. 那么

$$\lim_{n \to \infty} \operatorname{diam} A_n = \lim_{n \to \infty} \frac{1}{n} = 0.$$

注意, 直径序列都是正实数序列.

下面的讨论将有助于阐明即将给出的定理.

设 $\{p_n\}$ 是任意一个序列, E_N 是该序列从第 N 项开始的范围, 那么 $E_N = \{p_N, p_{N+1}, p_{N+2}, \cdots\}$. 我们可以构造序列 $\operatorname{diam} E_1, \operatorname{diam} E_2, \operatorname{diam} E_3, \cdots$, 并通过考察 $\lim_{N \to \infty} \operatorname{diam} E_N$ 来判断 E_N 是否收敛. 需要说明的是, 这是序列

$$\operatorname{diam} \{p_1, p_2, p_3, p_4, \cdots\}, \operatorname{diam} \{p_2, p_3, p_4, \cdots\}, \operatorname{diam} \{p_3, p_4, \cdots\}, \cdots,$$

的极限, 如图 16.1 所示.

如果 $p_n \to p$, 那么 $\lim_{N \to \infty} \operatorname{diam} E_N = 0$. 为什么? 对于任意 $\epsilon > 0$, 存在一个 $N \in \mathbb{N}$, 使得当 $n \geqslant N$ 时有 $d(p_n, p) < \frac{\epsilon}{2}$. 换句话说, 对于每一个 $\epsilon > 0$, 存在

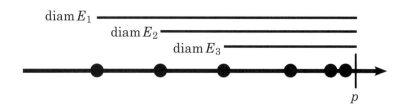

图 16.1 给定的序列 $\{p_n\}$ 收敛到 p（其前几个元素由直线上的点来表示），序列 $\{\mathrm{diam}\, E_n\}$ 的前几个元素如图所示

某个 E_N，其直径 $\mathrm{diam}\, E_N < \epsilon$.（为什么这里是 ϵ，而不是最初使用的 $\frac{\epsilon}{2}$ 呢？因为可能出现 $p_n = p - \frac{\epsilon}{2}$ 且 $p_{n+1} = p + \frac{\epsilon}{2}$ 的情况. 因为每个点到 p 的距离最多为 $\frac{\epsilon}{2}$，所以任意两点之间的距离最多为 ϵ.）因此，对于任意 $\epsilon > 0$，序列 $\{\mathrm{diam}\, E_n\}$ 中存在一个小于 ϵ 的点 $\mathrm{diam}\, E_N$.

实际上，当 $n \geqslant N$ 时，对于所有 E_n 都是如此，因为我们知道 $E_n \subset E_N$，于是

$$\{d(p,q) \mid p,q \in E_n\} \subset \{d(p,q) \mid p,q \in E_N\}$$
$$\implies \sup\{d(p,q) \mid p,q \in E_n\} \leqslant \sup\{d(p,q) \mid p,q \in E_N\}$$
$$\implies \mathrm{diam}\, E_n \leqslant \mathrm{diam}\, E_N,$$

所以 $\mathrm{diam}\, E_n$ 也小于 ϵ. 因此，$\lim_{N\to\infty} \mathrm{diam}\, E_N = 0$.

另外，只有当 $\{p_n\}$ 收敛时，我们才能确保这是成立的. 但等一下，有惊喜！下面的定理断言对于任意柯西序列，上述结论也仍然成立.

定理 16.6（柯西序列的直径）.

设 $\{p_n\}$ 是度量空间 X 中的任意一个序列，E_N 是子序列 $p_N, p_{N+1}, p_{N+2}, \cdots$ 的范围. 那么，$\{p_n\}$ 是柯西序列当且仅当 $\lim_{N\to\infty} \mathrm{diam}\, E_N = 0$.

这个定理很直观：这两种表述都意味着 $\{p_n\}$ 中点之间的距离会变得任意小.

 证明. 我们先假设 $\{p_n\}$ 是柯西序列. 这部分证明类似于我们在前面讨论中所作的论述. 我们知道，对于任意 $\epsilon > 0$，存在一个 $N \in \mathbb{N}$，使得当 $n, m \geqslant N$ 时有 $d(p_n, p_m) < \epsilon$. 那么，对于每一个 $\epsilon > 0$，都有一个 N 使得

$$\mathrm{diam}\, E_N = \sup\{d(p_n, p_m) \mid p_n, p_m \in E_N\}$$
$$= \sup\{d(p_n, p_m) \mid n, m \geqslant N\}.$$

我们知道 ϵ 是上述集合的上界，所以 $\mathrm{diam}\, E_N \leqslant \epsilon$. 因为 E_{N+1} 就是去掉点 p_N 的集合 E_N，所以 $E_{N+1} \subset E_N$，那么 $\mathrm{diam}\, E_{N+1} \leqslant \mathrm{diam}\, E_N$（记住 $A \subset B \implies$

$\sup A \leqslant \sup B$）．因此，对于任意 $n \geqslant N$ 均有 $\operatorname{diam} E_n \leqslant \epsilon$．于是，对于每一个 $\epsilon > 0$，存在一个 $N \in \mathbb{N}$，使得当 $n \geqslant N$ 时有 $|\operatorname{diam} E_n - 0| \leqslant \epsilon$，因此 $\lim_{N \to \infty} \operatorname{diam} E_N = 0$．

（等等，我们得到了 $\leqslant \epsilon$，而不是 $< \epsilon$，这不会有问题吗？没什么问题的．在第一步中，我们可以取一个 N 使得 $d(p_n, p_m) < \frac{\epsilon}{2}$，从而有 $\operatorname{diam} E_N \leqslant \frac{\epsilon}{2} < \epsilon$，这样就得到了 $|\operatorname{diam} E_n - 0| < \epsilon$．如果需要写 100% 精确的证明，那么我们会这样做，但这看起来会更混乱一些．）

反过来，假设 $\operatorname{diam} E_N \to 0$．那么对于每一个 $\epsilon > 0$，存在一个 $N \in \mathbb{N}$，使得当 $n \geqslant N$ 时有 $|\operatorname{diam} E_n - 0| < \epsilon$．于是

$$\epsilon \geqslant \sup\{d(p_n, p_m) \mid n, m \geqslant N\},$$

这意味着只要 $n, m \geqslant N$，就有 $d(p_n, p_m) \leqslant \epsilon$．因此 $\{p_n\}$ 是一个柯西序列． $\square$

下面给出直径的两条性质，它们将帮助我们证明柯西序列的重要定理．

定理 16.7 (闭包的直径).
对于度量空间 X 的任意子集 E，有 $\operatorname{diam} \overline{E} = \operatorname{diam} E$．

证明. 为了证明相等，我们将分别证明 $\operatorname{diam} \overline{E} \geqslant \operatorname{diam} E$ 和 $\operatorname{diam} \overline{E} \leqslant \operatorname{diam} E$．第一个不等式很容易证明，因为 $E \subset \overline{E} \Longrightarrow \operatorname{diam} E \leqslant \operatorname{diam} \overline{E}$．

对于第二个不等式，如果可以证明对于每一个给定的 $\epsilon > 0$ 都有 $\operatorname{diam} \overline{E} \leqslant \operatorname{diam} E + \epsilon$，那么我们就得到了 $\operatorname{diam} \overline{E} \leqslant \operatorname{diam} E$．（因为如果 $\operatorname{diam} \overline{E} > \operatorname{diam} E$，那么会存在一个 $c > 0$ 使得 $\operatorname{diam} \overline{E} = \operatorname{diam} E + c$，令 $\epsilon = \frac{c}{2}$，则有 $\operatorname{diam} \overline{E} > \operatorname{diam} E + \epsilon$，这是一个矛盾．）

对于任意 $\epsilon > 0$，从 $\overline{E}$ 中任取一点 p．要么 $p \in E$，要么 p 是 E 的极限点．如果 $p \in E$，令 $p' = p$，那么 $d(p, p') = 0 < \frac{\epsilon}{2}$．如果 p 是 E 的极限点，那么在 $N_{\frac{\epsilon}{2}}(p)$ 中存在 E 的一个点 $p' \neq p$ 使得 $d(p, p') < \frac{\epsilon}{2}$．同样地，对于任意 $q \in \overline{E}$，我们都可以找到一个 $q' \in E$ 使得 $d(q, q') < \frac{\epsilon}{2}$．于是

$$\begin{aligned}
d(p, q) &\leqslant d(p, p') + d(p', q) \quad \text{（三角不等式）} \\
&\leqslant d(p, p') + d(p', q') + d(q', q) \quad \text{（三角不等式）} \\
&< \tfrac{\epsilon}{2} + d(p', q') + \tfrac{\epsilon}{2} \\
&\leqslant \operatorname{diam} E + \epsilon.
\end{aligned}$$

因为 $p', q' \in E$，并且 $\mathrm{diam}\, E$ 是 E 中各点之间距离的上界，所以上式最后一步是正确的. 由于 $d(p,q) \leqslant \mathrm{diam}\, E + \epsilon$ 对 $\overline{E}$ 中任意可能的点 p 和 q 均成立，因此 $\mathrm{diam}\, \overline{E} \leqslant \mathrm{diam}\, E + \epsilon$. $\qquad\square$

定理 16.8 (嵌套紧集的直径).

设 $\{K_n\}$ 是度量空间 X 中的一族非空紧集，并且对于任意 $n \in \mathbb{N}$ 有 $K_n \supset K_{n+1}$. 如果 $\lim_{n \to \infty} \mathrm{diam}\, K_n = 0$，那么 $\bigcap_{n=1}^{\infty} K_n$ 恰好包含一个点.

证明. 在下框中，把这个简单的证明补充完整.

证明定理 16.8

根据＿＿＿＿＿＿＿＿，我们知道 $\bigcap_{n=1}^{\infty} K_n$ 至少包含一个点. 如果它包含多个点，比如 p 和 q，那么令 $r = d(p,q)$，于是 $\mathrm{diam}\, \bigcap_{n=1}^{\infty} K_n \geqslant r > 0$. 因此，对于任意 $m \in \mathbb{N}$，$\bigcap_{n=1}^{\infty} K_n \subset$＿＿＿＿＿＿＿＿ 意味着

$$\mathrm{diam}\, K_m \underline{\qquad} \mathrm{diam}\, \bigcap_{n=1}^{\infty} K_n \geqslant r.$$

但是＿＿＿＿＿＿＿＿ $\to 0$，如果序列 $\{\mathrm{diam}\, K_n\}$ 的每个元素均 $\geqslant r$，那么这是不可能的，因为 r 是一个固定的正数.

$\qquad\square$

现在我们准备证明定理 16.3 在两种特殊情况下的逆命题：所有柯西序列都在紧度量空间中收敛，所有柯西序列都在 $\mathbb{R}^k$ 中收敛.

定理 16.9 (在紧集中，柯西序列 $\Longrightarrow$ 收敛序列).

如果 $\{p_n\}$ 是紧度量空间 X 中的柯西序列，那么 $\{p_n\}$ 收敛到某个 $p \in X$.

证明. 设 E_N 是子序列 $p_N, p_{N+1}, p_{N+2}, \cdots$ 的范围，根据定理 16.6，$\lim_{N \to \infty} \mathrm{diam}\, E_N = 0$. 为了利用定理 16.8，我们需要一列包含 E_N 的嵌套紧集. 由于每个 $\overline{E_N}$ 都是紧集 X 的子集，所以由定理 11.8 可知每个 $\overline{E_N}$ 本身也是紧集. 对于任意 $N \in \mathbb{N}$，$E_N \supset E_{N+1}$ 意味着 $\overline{E_N} \supset \overline{E_{N+1}}$（根据推论 10.9）. 根据定理 16.7，我们还有

$$\lim_{N \to \infty} \mathrm{diam}\, \overline{E_N} = \lim_{N \to \infty} \mathrm{diam}\, E_N = 0.$$

于是，由定理 16.8 可知，交集 $\bigcap_{N=1}^{\infty} \overline{E_N}$ 中恰好只有一个点 p. 接下来我们将证明 $p_n \to p$.

对于任意 $\epsilon > 0$，存在一个 $N \in \mathbb{N}$，使得当 $n \geqslant N$ 时有 $d(\operatorname{diam}\overline{E_n}, 0) < \epsilon$，因此只要 $n \geqslant N$ 就有 $\operatorname{diam}\overline{E_n} < \epsilon$（因为任何直径都是非负实数）。因为 $p \in \overline{E_n}$，所以对于任意 $q \in \overline{E_n}$ 有

$$
\begin{aligned}
d(p, q) &\leqslant \sup\{d(p, q) \mid p, q \in \overline{E_n}\} \\
&= \operatorname{diam}\overline{E_n} \\
&< \epsilon.
\end{aligned}
$$

只要 $n \geqslant N$，那么上述结论对每一个 $q \in \overline{E_n}$ 都成立，从而对每一个 $q \in E_n$ 也成立，因此对每一个 p_n 也是成立的。于是，对于任意 $n \geqslant N$ 有 $d(p, p_n) < \epsilon$。由于这对每一个 $\epsilon > 0$ 均成立，因此我们有 $p_n \to p$。　　　□

等等，我们为什么要用定理 16.8 呢？我们不能用推论 11.12 来证明 $\bigcap_{N=1}^{\infty} \overline{E_N}$ **至少包含**（而不是**恰好**只有）一个点 p，然后推出 $p_n \to p$ 吗？是的，我们可以这样做。（事实上，我们可以证明 $\bigcap_{N=1}^{\infty} \overline{E_N}$ 在这种情况下只能包含一个元素。取一点 $p' \in \bigcap_{N=1}^{\infty} \overline{E_N}$，利用与 p 相同的论述来证明 $p_n \to p'$，那么根据定理 14.6，我们得到 $p' = p$。）但是证明定理 16.8 仍然是非常有用的练习，我相信你和我一样，为我们做了这件事而感到高兴，对吗？

定理 16.10（在 $\mathbb{R}^k$ 中，柯西序列 $\Longrightarrow$ 收敛序列）.

设 $\{\boldsymbol{x}_n\}$ 是度量空间 $\mathbb{R}^k$ 中的任意一个序列。如果 $\{\boldsymbol{x}_n\}$ 是柯西序列，那么 $\{\boldsymbol{x}_n\}$ 收敛到某个 $\boldsymbol{x} \in \mathbb{R}^k$。

证明. 如果我们能证明 $\{\boldsymbol{x}_n\}$ 是有界的，那么根据定理 12.5，$\{\boldsymbol{x}_n\}$ 的范围将包含在某个 k 维格子 I 中，并且由定理 12.4 可知 I 是一个紧集。因此，$\{\boldsymbol{x}_n\}$ 包含在一个紧集中，那么根据定理 16.9，$\{\boldsymbol{x}_n\}$ 是收敛的。

设 E_N 是子序列 $\boldsymbol{x}_N, \boldsymbol{x}_{N+1}, \boldsymbol{x}_{N+2}, \cdots$ 的范围，那么根据定理 16.6，$\lim_{N \to \infty} \operatorname{diam} E_N = 0$。于是，存在一个 $N \in \mathbb{N}$ 使得 $d(\operatorname{diam} E_N, 0) < 1$。因此 E_N 中任意两点之间的距离都小于 1，所以 E_N 是有界的。注意，$\{\boldsymbol{x}_n\}$ 的范围是集合 $\{\boldsymbol{x}_1, \boldsymbol{x}_2, \cdots, \boldsymbol{x}_{N-1}, \boldsymbol{x}_N, \boldsymbol{x}_{N+1}, \cdots\}$，即 $\{\boldsymbol{x}_1, \boldsymbol{x}_2, \cdots, \boldsymbol{x}_{N-1}\} \cup E_N$。因为 $\{\boldsymbol{x}_1, \boldsymbol{x}_2, \cdots, \boldsymbol{x}_{N-1}\}$ 是有限集，所以我们可以用该集合中两点之间的最大距离来限定它。那么 $\{\boldsymbol{x}_n\}$ 的范围就是两个有界集的并集，由定理 9.5 可知 $\{\boldsymbol{x}_n\}$ 是有界的，所以 $\{\boldsymbol{x}_n\}$ 确实是收敛的。　　　□

定义 16.11（完备性）.

如果 X 中的每个柯西序列都收敛到 X 中的某个点，那么度量空间 X 就是

完备的.

例 16.12 (完备度量空间).

根据定理 16.9, 任何紧度量空间都是完备的. 根据定理 16.10, 任何欧几里得空间 $\mathbb{R}^k$ 都是完备度量空间.

另一方面, 度量空间 $\mathbb{Q}$ 是不完备的, 因为例 16.2 给出了一个不收敛到 $\mathbb{Q}$ 中任何点的有理柯西序列.

正如我们在例 16.2 中注意到的, 最小上界性似乎是保证 $\mathbb{R}$ 中所有柯西序列都收敛的原因. 事实上, 对于任意有序域 F, 下面两个命题是等价的:

命题 1. F 有最小上界性.

命题 2. F 是完备的并且有阿基米德性质.

注意, F 必须是一个有序域, 而不仅仅是一个度量空间, 这样我们才能定义一个有意义的上界. (记住, 每个有序域都是度量空间, 其距离函数为 $d(p,q) = |p - q|$.)

这个等价性的证明很长而且很无聊, 所以这里就饶了你吧. 你可以用理解这个证明所需的时间来做一个馅饼! (请注意馅饼是 "完备的", 因为任何柯西填补序列都会收敛到一个干巴巴的极限.)

定理 16.13 (完备度量空间的闭子集).

设 E 是完备度量空间 X 的子集. 如果 E 是闭集, 那么 E 也是完备的.

证明. 设 $\{p_n\}$ 是 E 中的柯西序列, 那么 $\{p_n\}$ 也在 X 中, 所以它收敛到某个点 $p \in X$. 根据定理 14.5 中收敛性的另一个定义, 我们知道 p 的每个邻域都包含 E 的无穷多个点, 所以 p 是 E 的一个极限点 (这不包括当 n 充分大时, $p_n = p$ 的情形 (常数尾部), 在这种情况下, 我们立刻得到了 $p_n \to p$). 因为 E 是闭集, 所以 $p \in E$, 那么 $\{p_n\}$ 在 E 中收敛, 因此 E 是完备的. $\qquad\square$

我们现在换个角度来学习一种不同类型的序列, 即**单调序列**.

定义 16.14 (单调序列).

设 $\{s_n\}$ 是有序域 F 中的任意一个序列. 如果对于任意 $n \in \mathbb{N}$ 均有 $s_n \leqslant s_{n+1}$, 那么 $\{s_n\}$ 是**单调递增**的; 如果对于任意 $n \in \mathbb{N}$ 均有 $s_n \geqslant s_{n+1}$, 那么 $\{s_n\}$ 是**单调递减**的.

如果 $\{s_n\}$ 是单调递增或单调递减的, 那么我们说 $\{s_n\}$ 是一个**单调序列**.

例 16.15 (单调序列).

序列 $1, 2, 3, \cdots$ 是单调递增的. 对于任意 $n \in \mathbb{N}$, 令 $s_n = \frac{1}{n}$, 那么序列 $\{s_n\}$ 是单调递减的. 序列 $1, 1, 1, \cdots$ 既是单调递增的又是单调递减的.

在定理 14.7 中, 我们看到所有的收敛序列都是有界的. 但反之则未必成立 ($s_n = (-1)^n$ 有界但不收敛).

事实证明, 在具有最小上界性的有序域中, 有界单调序列确实收敛. 因此, 在这样的域中, 柯西序列和有界单调序列都可以确保收敛.

定理 16.16 (有界单调序列).

设 $\{s_n\}$ 是有序域 F 中的单调序列, 并且 F 具有最小上界性. 那么 $\{s_n\}$ 在 F 中收敛当且仅当 $\{s_n\}$ 有界.

证明. 我们已经得到了证明的一个方向: 如果 $\{s_n\}$ 是收敛的, 那么由定理 14.7 可知 $\{s_n\}$ 是有界的.

另一个方向的主要思路是: 取有界序列 $\{s_n\}$ 的最小上界 s, 并证明在 s 和 $s - \epsilon$ 之间始终存在 $\{s_n\}$ 中的元素 (否则 s 就不是 $\{s_n\}$ 的上确界).

下面给出严格的证明. 取一个有界序列 $\{s_n\}$, 并假设 $\{s_n\}$ 是单调递增的. 设 E 是 $\{s_n\}$ 的范围, 那么 E 是有界的. 于是, 根据定理 9.6, E 有上界, 又因为 F 具有最小上界性, 所以 $s = \sup E$ 在 F 中存在.

选取一个 $\epsilon > 0$. 因为 s 是最小上界, 所以在 $s - \epsilon$ 和 s 之间肯定存在一个 E 的元素 (否则 $s - \epsilon$ 就是 E 的上界). 因此存在某个 $N \in \mathbb{N}$ 使得 $s - \epsilon < s_N \leqslant s$.

现在, 对于任意 $n \geqslant N$, 我们有 $s_n \geqslant s_N$ (因为 $\{s_n\}$ 是单调递增的), 但 s_n 仍然 $\leqslant s$, 因为 s 是 E 的上界. 那么, 对于任意 $n \geqslant N$ 有

$$s - \epsilon < s_N \leqslant s_n \leqslant s < s + \epsilon,$$

即 $d(s_n, s) < \epsilon$.

当 $\{s_n\}$ 单调**递减**时的证明基本是一样的. 把下框中的空白填充完整.

证明关于单调递减序列的定理 16.16

在 F 中任取一个有界单调递减序列 $\{s_n\}$, 设 E 为 $\{s_n\}$ 的范围, 那么 E 有下界. 因为 F 具有最小上界性, 所以由定理 4.13 可知 F 也具有＿＿＿＿＿ 性质, 因此 $s =$＿＿＿＿＿ 在 F 中存在.

选取一个 $\epsilon > 0$. 因为 s 是最大下界, 所以在 s 和＿＿＿＿＿ 之间肯定存在一个 E 的元素. (否则, ＿＿＿＿＿＿ 就是＿＿＿ 的下界.) 因此, 存在某个 $N \in \mathbb{N}$ 使得＿＿＿＿ $\leqslant s_N < s + \epsilon$.

现在, 对于任意 $n \geqslant N$, 我们有 s_n＿＿＿＿ s_N (因为 $\{s_n\}$ 是单调递减的), 但是 s_n 仍然 $\geqslant s$, 因为 s 是 E 的＿＿＿＿＿. 那么, 对于任意 $n \geqslant N$ 有

$$s - \epsilon < s \leqslant s_n \leqslant s_N < s + \epsilon,$$

即 $d(s_n, s) <$＿＿＿＿.

□

这就是你想知道的有关柯西序列和单调序列的所有信息. 记住本章的主要结论: 任何紧度量空间和欧几里得空间都是完备的, 这意味着在这些空间中每一个柯西序列都收敛, 并且在任意具有最小上界性的有序域 (如 $\mathbb{R}$) 中, 每一个有界单调序列都是收敛的.

接下来, 我们将回到第 15 章, 继续考察子序列的定义和定理, 并更深入地研究它们的极限.

第 17 章　子序列极限

回顾一下"交替"序列的经典例子，即对于任意 $n \in \mathbb{N}$ 有 $p_n = (-1)^n + \frac{(-1)^n}{n}$（参见图 14.4 和图 14.5）. 虽然这个序列看起来好像确实收敛到了两个不同的极限，但它是发散的. 为了更好地理解这类序列，我们应该建立这样一种序列理论，即序列发散但又有非常显著的子序列极限.

在定理 15.9 中，我们得到序列 $\{p_n\}$，并考察了集合 E^*，它是由全体子序列极限（即 $\{p_n\}$ 的收敛子序列的极限）组成的. 因此，我们的目标是更加详细地研究这类集合，尤其是研究它的上下界性质. 为什么？因为这些界限有时候可以为我们提供诸如 $p_n = (-1)^n + \frac{(-1)^n}{n}$ 这类序列的有价值的信息.

为了考察一个序列的全体子序列极限的边界，仅仅知道哪些子序列收敛是不够的. 我们还想知道发散的子序列是否都趋向于无穷大或者无穷小. 例如，取序列 $1, 2, 1, 3, 1, 4, 1, 5, \cdots$. 这里唯一的子序列极限是 1（因为 $1, 1, 1, \cdots$ 是一个子序列），但是还有其他子序列（比如 $2, 3, 4, \cdots$）会增加到无穷大. 因此，认为全体子序列极限的上界是 1 并不合理. 实际上，这里的子序列极限没有上界，因为很多子序列都变得任意大.

考虑到所有这些复杂情况，我们需要一种方法来区分发散序列和虽然发散但却变得任意大的序列. 因此，在本章的其余部分中，我们将讨论扩张的实数系 $\mathbb{R} \cup \{+\infty, -\infty\}$ 中的序列，定义 5.10 对扩张的实数系做出了解释.

不要惊慌！这至少比考察 $\mathbb{R}^k$ 或任意度量空间中的序列要容易. 我们所做的一切应该适用于任何一个满足下列条件的有序域，即具有最小上界性且 $+\infty$ 和 $-\infty$ 有合理定义.

定义 17.1（发散到无穷大）.

设 $\{s_n\}$ 是度量空间 $\mathbb{R}$ 中的任意一个序列. 如果对于任意 $M \in \mathbb{R}$，存在某个自然数 N，使得对于每一个大于等于 N 的 n 有 $s_n \geq M$，那么 $\{s_n\}$ 就**发散到无穷大**.

用符号来表示，即如果

$$\forall M \in \mathbb{R}, \exists N \in \mathbb{N} \quad \text{使得} \quad n \geq N \implies s_n \geq M,$$

则记作 $\lim_{n \to \infty} s_n = +\infty$（或简写成 $s_n \to +\infty$）.

同样地, 如果对于任意 $M \in \mathbb{R}$, 存在某个自然数 N, 使得对于每一个大于等于 N 的 n 有 $s_n \leqslant M$, 那么 $\{s_n\}$ 也发散到无穷大.

用符号来表示, 即如果

$$\forall M \in \mathbb{R},\ \exists N \in \mathbb{N}\quad 使得\quad n \geqslant N \implies s_n \leqslant M,$$

则记作 $\lim_{n \to \infty} s_n = -\infty$ (或简写成 $s_n \to -\infty$).

将极限符号和箭头符号 ($\to$) 用于发散到无穷大的序列是对符号的滥用. 我们**并不是**说 $\{s_n\}$ 以某种方式收敛. 相反, 我们说的是 $\{s_n\}$ 发散并且可以变得任意大. 这里使用与收敛序列相同符号的唯一原因是, 当定义由子序列极限组成的集合时, 我们会更加方便 (因为这个集合可能包含 $+\infty$ 和 $-\infty$).

例 17.2 (发散到无穷大).

对于任意 $n \in \mathbb{N}$, 如果 $s_n = n^2$, 那么序列 $\{s_n\}$ 发散到无穷大, 记作 $s_n \to \infty$. 如果 $s_n = -5n$, 那么 $s_n \to -\infty$. 如果 $s_n = (-1)^n$, 那么序列 $\{s_n\}$ 是发散的, 但它不发散到无穷大.

同样地, 如果对于任意 $n \in \mathbb{N}$, 令 $s_n = (-1)^n n$, 那么 $\{s_n\}$ 是发散的, 但它不发散到无穷大. 为什么? $\{s_n\}$ 的值不是任意趋向于 $+\infty$ 和 $-\infty$ 吗? 是的, 但这正是问题所在! 序列在大正数和大负数之间波动. 给定任意 $M \in \mathbb{R}$, 我们不能说存在某个 $N \in \mathbb{N}$, 使得对于**所有**大于等于 N 的 n 均有 $s_n \geqslant M$, 因为 $s_{n+1} = -(s_n + 1) < M$. 如果我们让 $s_n \leqslant M$, 则会出现相同的问题. 另一方面, $\{s_n\}$ 确实有一个发散到 $+\infty$ 的子序列, 而剩下的部分则发散到 $-\infty$.

定理 17.3 (无界 $\iff$ 一个子序列发散到无穷大).

设 $\{s_n\}$ 是度量空间 $\mathbb{R}$ 中的任意一个序列. $\{s_n\}$ 是无界的当且仅当 $\{s_n\}$ 的某个子序列发散到无穷大.

证明. 如果 $\{s_n\}$ 是无界的, 那么对于任意 $q \in \mathbb{R}$ 和任意 $M \in \mathbb{R}$, 序列中存在一个元素 s_n 满足 $|s_n - q| > M$. 因此对于任意 M, 有一个元素 s_n 使得 $s_n \geqslant M$ (或 $s_n \leqslant M$). 由于 M 是任意数, 所以 $\{s_n\}$ 中还有另一个满足 $s_n \geqslant M+1$ (或 $s_n \leqslant M-1$) 的元素, 另一个满足 $s_n \geqslant M+2$ (或 $s_n \leqslant M-2$) 的元素, 等等. 因此, $\{s_n\}$ 中有无穷多个元素大于 (或小于) M, 那么由这些元素组成的子序列将发散到无穷大.

如果 $\{s_n\}$ 的某个子序列 $\{s_{n_k}\}$ 发散到无穷大, 那么对于任意 $M \in \mathbb{R}$, 我们都可以找到一个 $N \in \mathbb{N}$, 使得当 $k \geqslant N$ 时 $s_{n_k} \geqslant M$ (为了简单起见, 我们假设它

发散到正无穷大; 如果是负无穷大, 相同的论证仍然适用). 因此, 给定任意 $q \in \mathbb{R}$ 和任意 $M < \infty$, $\{s_n\}$ 中有无穷多个元素满足 $s_n \geq M + q + 1$, 即 $s_n - q > M$. 同样地, $\{s_n\}$ 中也有无穷多个元素满足 $s_n \geq -M + q + 1$, 即 $s_n - q > -M$. 所以 $\{s_n\}$ 中至少有一个元素使得 $|s_n - q| > M$, 因此 $\{s_n\}$ 无界. □

下面是我们致力于给出的重要定义.

定义 17.4 (上极限和下极限).

设 $\{s_n\}$ 是度量空间 $\mathbb{R}$ 中的任意一个序列, E 是满足下列条件的数 $x \in \mathbb{R} \cup \{+\infty, -\infty\}$ 的集合: 存在某个子序列 $\{s_{n_k}\}$ 使得 $s_{n_k} \to x$.

设 $s^* = \sup E$, $s_* = \inf E$. 那么 s^* 是 $\{s_n\}$ 的**上极限**, 而 s_* 是 $\{s_n\}$ 的**下极限**. 记作 $\limsup_{n \to \infty} s_n = s^*$, $\liminf_{n \to \infty} s_n = s_*$.

在定理 15.9 中, 我们把子序列极限的集合记作 E^*. 这里的集合 E 则略有不同. 如果 $\{s_n\}$ 的某个子序列 $\{s_{n_k}\}$ 发散到无穷大, 那么 E 就是 $\{s_n\}$ 的全体子序列极限再加上 $+\infty$ 和 $-\infty$. 这样定义是合理的, 因为如果 x 在扩张的实数系中, 并且 $s_{n_k} \to x$, 那么 x 可以是实数, 但如果子序列 $\{s_{n_k}\}$ 发散到无穷大, 那么 x 也可以是 $+\infty$ 或 $-\infty$.

记住, 在扩张的实数系中, 如果一个集合没有上界, 那么它的上确界就是 $+\infty$; 如果一个集合没有下界, 那么它的下确界就是 $-\infty$. 因此, 如果 $\{s_n\}$ 的某个子序列 $\{s_{n_k}\}$ 满足 $s_{n_k} \to +\infty$, 那么 $s^* = +\infty$; 如果 $s_{n_k} \to -\infty$, 那么 $s_* = -\infty$.

为了方便起见, 在本章的其余部分, 我们不写 "E 是满足下列条件的数 $x \in \mathbb{R} \cup \{+\infty, -\infty\}$ 的集合: 存在某个子序列 $\{s_{n_k}\}$, 使得 $s_{n_k} \to x$", 而只写 "E 是 $\{s_n\}$ 的全体子序列极限 * 的集合". 这里的星号 (*) 表示 E 是所有子序列极限的集合, 但如果 $\{s_n\}$ 的某个子序列发散到无穷大, 那么 E 中就**包含** $+\infty$ 和 (或) $-\infty$. (但要记住, $+\infty$ 和 $-\infty$ 实际上**并不是极限**.)

抱怨. 我讨厌 "lim sup" 这个符号, 它太令人困惑了! 上极限**并不是**某一类上确界序列的极限, 但这个符号可能会让你产生这样的误解. 实际上, 上极限是全体子序列极限的上确界. 所以它应该写得更像 "sup lim" 才有助于你记忆.

另外, 上极限不是极限. 它是由**子序列极限**所组成的集合的边界. 这个符号中看不出任何与子序列相关的东西!

"$n \to \infty$" 让情况变得更糟. 在序列中, 符号 $\lim_{n \to \infty} s_n = s$ 和 $s_n \to s$ 的意义相同, 所以你可能认为我们也可以将 $\limsup_{n \to \infty} s_n = s^*$ 记作 $\sup s_n \to s^*$. 但不能这样做. 写 $\sup s_n \to s^*$ 就等同于写 $\lim_{n \to \infty} \sup s_n = s^*$ (注意, 这里的

"$n \to \infty$" 放在了 "lim" 下面, 而不是 "sup" 下面). 无论哪种方式, 这都没有多大意义, 因为每个 s_n 都是一个点, 不是集合, 而你只能对集合取上确界.

最糟糕的是, 大多数人把 "lim sup" 读作 "limb soup", 这听起来并不特别开胃.

我们使用 lim sup 的通用定义, 但你应该知道还存在其他的 (等价) 定义. 另一个定义确实将 lim sup 定义为一个上确界序列的极限, 这与符号更一致, 但这个定义在证明接下来的定理时很难使用.

例 17.5 (上极限和下极限).

对于度量空间 $\mathbb{R}$ 中的以下每个序列, 设 E 是其全体子序列极限 * 的集合.

1. 对于任意 $n \in \mathbb{N}$, 令 $s_n = [(-1)^n + 1]n$, 那么如图 17.1 所示, 当 n 为奇数时, $s_n = 0$; 当 n 为偶数时, $s_n = 2n$. 所以 $\{s_n\}$ 的每个子序列要么收敛到 0, 要么发散到无穷大. (记住, 像 12 这样的数并不是子序列的极限, 因为任何一个以 $4, 8, 12$ 为开头的子序列其后都必须有无穷多项.)

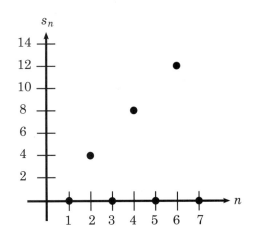

图 17.1　序列 $s_n = [(-1)^n + 1]n$ 的前几个元素

对于任意 $k \in \mathbb{N}$, 令 $n_k = 2k$, 那么子序列 $\{s_{n_k}\}$ 就是 $s_2, s_4, s_6, \cdots = 4, 8, 12, \cdots$. 换句话说, 对于每一个 $k \in \mathbb{N}$ 有 $s_{n_k} = 4k$, 并且我们想证明它发散到无穷大. 给定任意 $M \in \mathbb{R}$, 我们需要找到一个 $N \in \mathbb{N}$, 使得当 $k \geqslant N$ 时有 $s_{n_k} \geqslant M$. 令 $N = \lceil \frac{M}{4} \rceil$, 于是有

$$k \geqslant N \implies s_{n_k} = 4k \geqslant 4 \left\lceil \frac{M}{4} \right\rceil \geqslant M.$$

因此 $\{s_n\}$ 的子序列极限 * 的集合就是二元集 $E = \{0, +\infty\}$. 那么 $s^* = +\infty$ 且 $s_* = 0$, 或者换句话说

$$\limsup_{n \to \infty} s_n = +\infty \text{ 且 } \liminf_{n \to \infty} s_n = 0.$$

2. 对于任意 $n \in \mathbb{N}$, 令 $s_n = 1$, 那么 $\{s_n\}$ 的每一个子序列都收敛到 1. 因此 $E = \{1\}$, 所以 $s^* = 1$ 且 $s_* = 1$, 也就是说

$$\limsup_{n \to \infty} s_n = 1 \text{ 且 } \liminf_{n \to \infty} s_n = 1.$$

3. 回顾例 14.2, $\mathbb{Q}$ 的元素可以排列成一个序列 $\{s_n\}$. 任意给定一个实数 x, 我们实际上可以构造一个 $\{s_n\}$ 的子序列, 使其收敛到 x. 如例 16.2 所示, 只需对 x 进行越来越精确的十进制展开即可.

等等, 该怎么做呢? 我们从未见过从 $\mathbb{N}$ 到 $\mathbb{Q}$ 的显式映射, 所以我们对 $\{s_n\}$ 中元素的排列顺序一无所知. 如果想找到一个收敛到 $\sqrt{2}$ 的子序列, 我们不一定非要取 $1.4, 1.41, 1.414, \cdots$, 因为在序列 $\{s_n\}$ 中 1.41 可能位于 1.4 之前; 另一方面, 我们知道有无穷多个有理数接近 $\sqrt{2}$. 于是, 在序列中首先找到 1.4, 然后找到 1.41. 如果在 $\{s_n\}$ 中已经出现了 1.41, 那就查找 1.414; 如果在 $\{s_n\}$ 中已经出现了 1.414, 则查找 1.4142, 以此类推. 由于存在无穷多个点趋向于 $\sqrt{2}$, 并且在 $\{s_n\}$ 中只有有限多个点可能出现在 1.4 之前, 因此 1.4 之后肯定有无穷多个点, 所以这个子序列是有效的.

按照相同的逻辑, 由于 $\{s_n\}$ 的范围是 $\mathbb{Q}$, 而 $\mathbb{Q}$ 既无上界也无下界, 所以 $\{s_n\}$ 存在发散到 $+\infty$ 和 $-\infty$ 的子序列. 因此, E 实际上就是整个扩张的实数系, 所以 $s^* = +\infty$, $s_* = -\infty$, 换句话说,

$$\limsup_{n \to \infty} s_n = +\infty \text{ 且 } \liminf_{n \to \infty} s_n = -\infty.$$

4. 以经典的 "交替" 序列为例, 对于任意 $n \in \mathbb{N}$, 令 $p_n = (-1)^n + \frac{(-1)^n}{n}$ (参见图 14.4 和图 14.5). 这个序列是发散的, 但是偶数元素收敛到 1, 而奇数元素收敛到 -1. 注意, 任何子序列都不可能收敛到其他极限.

因此 $E = \{-1, 1\}$, 所以 $s^* = 1$ 且 $s_* = -1$, 也就是说,

$$\limsup_{n \to \infty} s_n = 1 \text{ 且 } \liminf_{n \to \infty} s_n = -1.$$

这就是上极限和下极限对我们有用的原因. 如果只说 "这个序列是发散的", 那么我们就完全忽略了它看起来确实收敛到两个不同的点这一事实.

定理 17.6 (收敛序列的上极限和下极限).

设 $\{s_n\}$ 是度量空间 $\mathbb{R}$ 中的任意一个序列. $\{s_n\}$ 收敛到有限数 $s \in \mathbb{R}$ 当且仅当

$$\limsup_{n \to \infty} s_n = \liminf_{n \to \infty} s_n = s.$$

证明. 为了证明第二个方向, 我们要证明 $\{s_n\}$ 的每个子序列都是有界的. 然后利用波尔查诺-魏尔斯特拉斯定理 (定理 15.8) 得出, $\{s_n\}$ 的每个子序列都有一个收敛到 s 的子序列. 如果 $\{s_n\}$ 不收敛到 s, 那么 $\{s_n\}$ 就有一个不收敛到 s 的子序列, 从而产生矛盾.

为了严格地说明这一点, 假设对于同一个有限数 $s \in \mathbb{R}$, $\limsup_{n \to \infty} s_n = s$ 且 $\liminf_{n \to \infty} s_n = s$. 那么 $\{s_n\}$ 的全体子序列极限 * 的集合 E 就由单个点 s 组成, 因此 $\{s_n\}$ 的每个收敛子序列都会收敛到 s.

另外, $\{s_n\}$ 的子序列不可能发散到无穷大 (否则 $\limsup_{n \to \infty} s_n = +\infty$, 或者 $\liminf_{n \to \infty} s_n = -\infty$). 因此, 根据定理 17.3, $\{s_n\}$ 是有界的.

如果序列 $\{s_n\}$ **不**收敛到 s, 那么存在一个 $\epsilon > 0$, 使得对于无穷多个自然数 n 有 $s_n - s \geqslant \epsilon$ (或 $s - s_n \geqslant \epsilon$). 设 $\{s_{n_k}\}$ 是由 $\{s_n\}$ 中所有这些元素组成的子序列. 因为 $\{s_n\}$ 是有界的, 所以 $\{s_{n_k}\}$ 也是有界的, 那么根据波尔查诺-魏尔斯特拉斯定理, $\{s_{n_k}\}$ 的某个子序列 $\{s_{n_{k_j}}\}$ 收敛. 但是 $\{s_{n_k}\}$ 的每个元素都 $\geqslant s + \epsilon$ (或 $\leqslant s - \epsilon$), 所以 $\{s_{n_{k_j}}\}$ 的每个元素也都 $\geqslant s + \epsilon$ (或 $\leqslant s - \epsilon$), 因此 $\{s_{n_{k_j}}\}$ 不可能收敛到 s. (这种收敛是不可能的, 因为 ϵ 是一个固定的正数.) 因此, 我们找到了 $\{s_n\}$ 的一个子序列, 它收敛到 s 之外的某个数, 这是一个矛盾. 因此 $\{s_n\}$ 一定收敛到 s.

另一个方向要容易得多. 假设 $\{s_n\}$ 收敛到某个点 $s \in \mathbb{R}$. 那么根据定理 15.6, $\{s_n\}$ 的每个子序列都收敛到 s. 于是, $\{s_n\}$ 的全体子序列极限 * 的集合 E 由单个点 s 组成, 所以

$$\limsup_{n \to \infty} s_n = \sup E = \sup\{s\} = s = \inf\{s\} = \inf E = \liminf_{n \to \infty} s_n. \qquad \square$$

我们要问的下一个问题是: "每个序列的上极限和下极限都一定是某个子序列的极限吗?" 我们已经看到了一些不包含其上确界和下确界的集合的例子. 那么, 每个序列的全体子序列极限 * 的集合是否一定包含其上确界和下确界? 答案是……请击鼓欢呼……是的!

定理 17.7 (上极限和下极限都是子序列极限 *).

设 $\{s_n\}$ 是度量空间 $\mathbb{R}$ 中的任意一个序列, E 是其子序列极限 * 的集合. 那么,

$s^* = \limsup_{n\to\infty} s_n$ 是 E 的一个元素, $s_* = \liminf_{n\to\infty} s_n$ 也是 E 的一个元素.

换句话说, $\{s_n\}$ 的某个子序列收敛到 s^*, 并且 $\{s_n\}$ 的某个子序列收敛到 s_*.

证明. 我们首先考察 lim sup. 这里有三种可能的情形.

情形 1. $s^* = +\infty$. 此时 E 在 $\mathbb{R}$ 中无上界, 那么对于任意给定的 $N \in \mathbb{R}$, 存在一个 $\{s_n\}$ 的子序列 $\{s_{n_k}\}$ 将收敛到某个 $\geqslant N$ 的值. 对于任意 $\epsilon > 0$, $\{s_{n_k}\}$ 中有无穷多个元素 $\geqslant N - \epsilon$. 于是固定 ϵ, 令 $M = N - \epsilon$, 注意 $\{s_{n_k}\}$ 的每个元素也都是 $\{s_n\}$ 的元素. 因此, 对于任意 $M \in \mathbb{R}$, $\{s_n\}$ 中有无穷多个元素 $\geqslant M$, 因此存在某个子序列发散到 $+\infty$. 所以 $+\infty \in E$, 从而有 $s^* \in E$.

情形 2. $s^* \in \mathbb{R}$. 此时 E 有上界, 并且由定理 15.9 可知 E 是闭集. 根据推论 10.11, 有上界的闭集包含其上确界, 因此 $s^* \in E$.

情形 3. $s^* = -\infty$. 此时 E 中不存在大于 $-\infty$ 的元素, 所以 $-\infty$ 一定是 E 的唯一元素. 因此 $s^* \in E$.

对 lim inf 的证明基本上是一样的. 请把下框中的空白填充完整.

证明定理 17.7 中关于 lim inf 的部分

　　情形 1. $s_* = +\infty$. 此时 E 中不存在 ＿＿＿＿＿ $+\infty$ 的元素, 所以 $+\infty$ 一定是 E 的唯一元素. 因此 $s_* \in$ ＿＿＿＿.

　　情形 2. $s_* \in \mathbb{R}$. 此时 E 有 ＿＿＿ 界, 并且由定理 ＿＿＿ 可知 E 是闭集. 根据推论 10.11, 有下界的 ＿＿＿ 集包含其下确界, 因此 ＿＿＿ $\in E$.

　　情形 3. $s_* = $＿＿＿＿. 此时 E 在 $\mathbb{R}$ 中无＿＿＿＿, 那么对于任意给定的 $N \in \mathbb{R}$ 和任意 $\epsilon > 0$, $\{s_{n_k}\}$ 中有无穷多个元素 $\leqslant$＿＿＿＿. 因此, 对于任意 $M \in \mathbb{R}$, $\{s_n\}$ 中有＿＿＿＿ 个元素 $\leqslant M$, 因此存在某个子序列发散到 ＿＿＿＿. 所以 $-\infty \in E$, 从而有 $s_* \in E$.

$\square$

我们可能还想知道, 精确指出一个序列的上极限能否得到关于这个序列本身的所有信息, 而不仅仅是其子序列的信息. 事实证明, 上极限其实就是序列中 (在某一项之后) 所有元素的上界.

定理 17.8 (作为序列边界的上极限和下极限).

　　设 $\{s_n\}$ 是度量空间 $\mathbb{R}$ 中的任意一个序列, E 是其子序列极限 * 的集合, 并

设 $s^* = \limsup_{n\to\infty} s_n$. 那么对于任意 $x > s^*$, 存在一个 $N \in \mathbb{N}$, 使得当 $n \geqslant N$ 时有 $s_n < x$.

同样地, 设 $s_* = \liminf_{n\to\infty} s_n$. 那么对于任意 $x < s_*$, 存在一个 $N \in \mathbb{N}$, 使得只要 $n \geqslant N$ 就有 $s_n > x$.

换句话说, 任何大于上极限的数也大于序列中（在某一项之后）的任何元素.

注意, 只有当 s^* 不是 $+\infty$ 时, 我们才能取到满足 $x > s^*$ 的 x. 同样地, 如果 $s_* = -\infty$, 那么我们不可能取到满足 $x < s_*$ 的 x.

证明. 我们利用反证法来证明. 如果存在一个 $x > s^*$, 使得对于任意 $N \in \mathbb{N}$ 存在某个 $n \geqslant N$ 满足 $s_n \geqslant x$, 那么就有无穷多个 n 满足 $s_n \geqslant x$. 于是, 所有这些元素构成了 $\{s_n\}$ 的一个子序列 $\{s_{n_k}\}$, 其中每个元素都满足 $s_{n_k} \geqslant x$.

现在我们按照定理 17.6 的证明给出相同的论述.

情形 1. 如果 $\{s_{n_k}\}$ 是无界的, 那么根据定理 17.3, 它有一个发散到无穷大的子序列 $\{s_{n_{k_j}}\}$. 那么 $+\infty \in E$（$s_{n_{k_j}} \to -\infty$ 是不可能的, 因为 $\{s_{n_k}\}$ 的每个元素都大于一个固定的数 x）, 这是一个矛盾, 因为 $+\infty > x > s^*$, 但 s^* 是 E 的上确界.

情形 2. 如果 $\{s_{n_k}\}$ 是有界的, 那么根据波尔查诺-魏尔斯特拉斯定理, 它有一个收敛的子序列 $\{s_{n_{k_j}}\}$. 因为 $\{s_{n_k}\}$ 的每个元素都 $\geqslant x$, 所以 $\{s_{n_{k_j}}\}$ 的每个元素也都 $\geqslant x$, 因此这个子序列一定收敛到某个 $y \geqslant x$, 并且 $y \in E$. 这样就产生了一个矛盾, 因为 $y \geqslant x > s^*$, 但 s^* 是 E 的上确界.

请留意我们是如何利用看似不必要的 x 值的. 如果定理说的是"存在一个 $N \in \mathbb{N}$, 使得当 $n \geqslant N$ 时有 $s_n \leqslant s^*$", 那么该定理不一定成立, 因为我们可能只找到了一个收敛到 $y \geqslant s^*$ 的子序列. 这不会给我们带来矛盾, 因为 y 可能等于 s^*, 这与 $s^* = \sup E$ 的事实并非不一致. 我们需要一个严格大于 s^* 的 x 来得出 $y > s^*$.

对 s_* 的证明基本上是一样的. 请把下框中的空白填充完整.

> **证明定理 17.8 中关于 lim inf 的部分**
>
> 如果存在一个 $x < s_*$, 使得对于任意 $N \in \mathbb{N}$, 存在某个 $n \geqslant N$ 满足 $s_n \leqslant x$, 那么我们可以构造一个子序列 $\{s_{n_k}\}$, 其中每个元素都满足 $s_{n_k} \leqslant$ _____.
>
> **情形 1.** 如果 $\{s_{n_k}\}$ 是无界的, 那么根据定理_____, 它有一个_____无穷大的子序列 $\{s_{n_{k_j}}\}$. 于是, _____ $\in E$, 这是一个矛盾, 因为_____$<$ $x < s_*$.

> **情形 2.** 如果 $\{s_{n_k}\}$ 是有界的, 那么根据＿＿＿＿＿ 定理, 它有一个＿＿＿ 的子序列 $\{s_{n_{k_j}}\}$. 因为 $\{s_{n_k}\}$ 的每个元素都 $\leqslant x$, 所以＿＿＿ 的每个元素也都 $\leqslant x$, 因此这个子序列一定收敛到某个 $y \leqslant x$, 所以＿＿＿ $\in E$. 这样就产生了一个矛盾, 因为＿＿＿ $\leqslant x < s_*$.

□

前面几个定理帮助我们证明了, 对于任意一个序列, 总是恰好有一个上极限和一个下极限. 这相当于断言了存在性 (即至少有一个上极限和一个下极限) 和唯一性 (即最多有一个上极限和一个下极限).

定理 17.9 (上极限和下极限的存在性与唯一性).

设 $\{s_n\}$ 是度量空间 $\mathbb{R}$ 中的任意一个序列. (在扩张的实数系中) $s^* = \limsup\limits_{n \to \infty} s_n$ 存在且是唯一的, (在扩张的实数系中) $s_* = \liminf\limits_{n \to \infty} s_n$ 存在且是唯一的.

证明. 为了证明存在性, 我们只需证明子序列极限 * 的集合 E 是非空的. 如果 E 无上界, 那么在这种情况下 $s^* = +\infty$; 如果 E 有上界, 那么可以利用 $\mathbb{R}$ 的最小上界性来断言 $s^* = \sup E$ 存在. 同样地, 如果 E 无下界, 那么 $s_* = -\infty$; 否则, 我们可以利用 $\mathbb{R}$ 的最大下界性来断言 $s_* = \inf E$ 存在.

为了证明 E 是非空的, 我们将使用经典的论证方法. 如果 $\{s_n\}$ 是无界的, 那么根据定理 17.3, 某个序列会发散到无穷大, 所以要么 $+\infty \in E$, 要么 $-\infty \in E$. 否则, $\{s_n\}$ 是有界的, 那么根据波尔查诺-魏尔斯特拉斯定理, 存在一个子序列收敛到某个点 s, 所以 $s \in E$.

为了证明唯一性, 我们从 $\limsup$ 开始. 如果存在两个不同的数 p 和 q (其中 $p < q$), 并且 $p = \limsup_{n \to \infty} s_n$, $q = \limsup_{n \to \infty} s_n$, 那么我们会得到一个矛盾. 为什么? 任取一个满足 $p < x < q$ 的实数 x. 那么根据定理 17.8, 存在一个 $N \in \mathbb{N}$, 使得只要 $n \geqslant N$ 就有 $s_n < x$. 于是, $\{s_n\}$ 的每个子序列都只能收敛到一个 $\leqslant x$ 的数, 因此 $\{s_n\}$ 的任何子序列都不可能收敛到 q (因为 $q > x$). 那么 $q \notin E$, 这与定理 17.7 相矛盾.

同样地, 如果存在两个不同的数 p 和 q (其中 $p < q$), 并且 $p = \liminf_{n \to \infty} s_n$, $q = \liminf_{n \to \infty} s_n$, 那么任取一个满足 $p < x < q$ 的实数 x. 根据定理 17.8, 存在一个 $N \in \mathbb{N}$, 使得只要 $n \geqslant N$ 就有 $s_n > x$. 于是, $\{s_n\}$ 的任何子序列都不可能收敛到 p, 这与定理 17.7 相矛盾.

□

定理 17.10 (上极限和下极限的比较).

设 $\{s_n\}$ 和 $\{t_n\}$ 是度量空间 $\mathbb{R}$ 中的任意两个序列, N 是任意一个自然数. 如果对于每一个 $n \geqslant N$ 均有 $s_n \leqslant t_n$, 那么 $\{t_n\}$ 的上极限大于等于 $\{s_n\}$ 的上极限, $\{t_n\}$ 的下极限大于等于 $\{s_n\}$ 的下极限.

用符号来表示, 即

$$\forall N \in \mathbb{N}, \text{ 如果 } \forall n \geqslant N, \; s_n \leqslant t_n, \text{ 那么}$$

$$\limsup_{n \to \infty} s_n \leqslant \limsup_{n \to \infty} t_n,$$

$$\liminf_{n \to \infty} s_n \leqslant \liminf_{n \to \infty} t_n.$$

证明. 设 E 是 $\{s_n\}$ 的子序列极限 * 的集合, F 是 $\{t_n\}$ 的子序列极限 * 的集合. 固定一个 $N \in \mathbb{N}$, 任取一个序列 $\{n_k\}$. 那么对于无穷多个 k 有 $s_{n_k} \leqslant t_{n_k}$. 因此, 如果 $s_{n_k} \to s$ 且 $t_{n_k} \to t$, 那么 $s \leqslant t$; 如果 $s_{n_k} \to +\infty$, 那么显然有 $t_{n_k} \to +\infty$; 如果 $t_{n_k} \to -\infty$, 那么显然有 $s_{n_k} \to -\infty$.

因为这对每一个可能的序列 $\{n_k\}$ 都成立, 所以 E 的每一个元素都小于或等于 F 的相应元素, 因此 $\sup E \leqslant \sup F$, $\inf E \leqslant \inf F$. $\qquad\square$

哦! 这么多定理都是关于上极限和下极限的. 还记得我们考察实数序列 $\{s_n\}$ 的全体子序列极限 * 的集合 E 时所采用的主要技巧吗? 将来它们会派上用场:

1. 如果 $\{s_n\}$ 中有无穷多个元素具有某种共性, 那么我们就可以从这些元素中提取出一个子序列.

2. 如果 $\{s_n\}$ (或 $\{s_n\}$ 的任何一个子序列) 是无界的, 那么根据定理 17.3, 它有一个或多个发散到 $+\infty \in E$ 或 $-\infty \in E$ 的子序列.

3. 如果 $\{s_n\}$ (或 $\{s_n\}$ 的任何一个子序列) 是有界的, 那么根据波尔查诺-魏尔斯特拉斯定理, 它有一个收敛到某个点 $s \in \mathbb{R}$ 的子序列, 因此 $s \in E$.

第 18 章　特殊序列

在结束对序列的研究并继续考察级数之前，让我们先来看看 $\mathbb{R}$ 中的一些重要序列（它们在实分析研究中反复出现）并证明它们是收敛的. 这些序列（及其极限）分别是：

1. $\frac{1}{n^p} \to 0$（当 $p > 0$ 时）.
2. $\sqrt[n]{p} \to 1$（当 $p > 0$ 时）.
3. $\sqrt[n]{n} \to 1$.
4. $\frac{n^\alpha}{(1+p)^n} \to 0$（当 $p > 0$ 且 $\alpha \in \mathbb{R}$ 时）.
5. $x^n \to 0$（当 $|x| < 1$ 时）.

为了证明它们的收敛性，首先需要证明实数序列的夹逼定理.

定理 18.1（夹逼定理）.

设 $\{s_n\}$, $\{a_n\}$ 和 $\{b_n\}$ 是度量空间 $\mathbb{R}$ 中的序列，并且对于每一个 $n \in \mathbb{N}$ 有 $a_n \leqslant s_n \leqslant b_n$. 如果 a_n 和 b_n 收敛到相同的实数 s，那么 s_n 也收敛到这个实数 s.

用符号来表示，即对于 $\mathbb{R}$ 中的任意序列 $\{s_n\}$, $\{a_n\}$, $\{b_n\}$：

$$a_n \leqslant s_n \leqslant b_n \ \forall n \in \mathbb{N}, \ \lim_{n \to \infty} a_n = s \ \text{且} \ \lim_{n \to \infty} b_n = s \implies \lim_{n \to \infty} s_n = s.$$

从根本上说，正如我们在图 18.1 中所看到的，对于任意一个序列 $\{s_n\}$，如果 $\{s_n\}$ 夹在两个收敛到同一点的序列之间，那么当 n 趋向于无穷大时，s_n 就被"压缩"到这个点.

证明. 对于任意 $\epsilon > 0$，可以利用收敛的定义来得到两个自然数 N_1 和 N_2，使得

$$n \geqslant N_1 \implies d(a_n, s) < \epsilon,$$
$$n \geqslant N_2 \implies d(b_n, s) < \epsilon.$$

令 $N = \max\{N_1, N_2\}$，那么当 $n \geqslant N$ 时，我们有

$$s_n - s \leqslant b_n - s \leqslant |b_n - s| < \epsilon,$$
$$-s_n + s \leqslant -a_n + s \leqslant |a_n - s| < \epsilon.$$

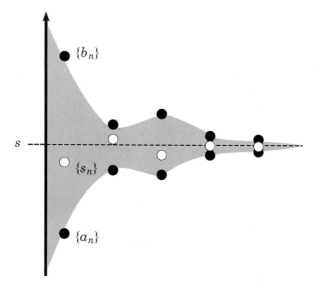

图 18.1 收敛到同一点 s 的两个序列之间的任何序列都将被"压缩"到极限 s

于是有

$$|s_n - s| = \max\{s_n - s, -(s_n - s)\} < \epsilon.$$

因为这对每一个 $\epsilon > 0$ 都成立, 所以我们有 $s_n \to s$. □

正如之前所承诺的, 本章的其余部分将专门介绍这些超级的特殊序列.

定理 18.2 (序列 n^p).

如果 $p > 0$, 那么 $\lim\limits_{n \to \infty} \frac{1}{n^p} = 0$. (换句话说, 如果 $p < 0$, 那么 $\lim\limits_{n \to \infty} n^p = 0$.)

证明. 我们想找到一个 $N \in \mathbb{N}$, 使得

$$n \geqslant N \implies d(\frac{1}{n^p}, 0) < \epsilon.$$

所以我们需要 $n^p \epsilon > 1$. 根据定理 5.8, $\sqrt[p]{\frac{1}{\epsilon}}$ 在 $\mathbb{R}$ 中存在, 因此只需要令

$$N = \left\lceil \frac{1}{\sqrt[p]{\epsilon}} \right\rceil + 1.$$

当然, 我们还没有利用收敛的定义给出这个定理的具体证明, 现在只考虑了如何找到一个合适的 N. 但是我们已经做过这么多次收敛性的证明, 相信你能搞定严格的证明! □

定理 18.3. (序列 $\sqrt[n]{p}$) 如果 $p > 0$, 那么 $\lim\limits_{n \to \infty} \sqrt[n]{p} = 1$.

证明. 这里有 3 种可能的情形.

情形 1. $p > 1$. 设 $x_n = \sqrt[n]{p} - 1$, 那么 $x_n > 0$. 我们的目标是证明 $\{x_n\}$ 的每个元素都小于某个收敛到 0 的序列 s_n 的相应元素. 这样就得到了 $0 \leqslant x_n \leqslant s_n$, 根据夹逼定理, $\lim_{n \to \infty} x_n = 0$ (因为序列 $0, 0, 0, \cdots$ 收敛到 0). 根据定理 15.1, 我们可以让该极限加上一个常数, 于是有

$$1 = 1 + \lim_{n \to \infty} x_n = \lim_{n \to \infty} (x_n + 1) = \lim_{n \to \infty} \sqrt[n]{p}.$$

该如何选取这样一个有效的序列 $\{s_n\}$? 这一步需要一些创造力, 所以让我们认真思考一下. 我们知道序列 $\frac{1}{n}$ 收敛到 0. 但另一方面, 我们不能确保对每一个 $n \in \mathbb{N}$ 都有 $x_n \leqslant \frac{1}{n}$. 我们知道 p 可以用 x_n 来表示, 所以不妨尝试把 p 合并到 $\frac{1}{n}$ 中, 从而得到一个大于 x_n 的序列. 因为 p 是一个常数, 所以由定理 15.1 可知,

$$\lim_{n \to \infty} \frac{p}{n} = p \lim_{n \to \infty} \frac{1}{n} = 0.$$

该如何证明 $\frac{p}{n} > x_n$? 这里要利用二项式定理 (源自基本代数), 它告诉我们如何展开形如 $(a + b)^n$ 的幂:

$$\begin{aligned}
(a + b)^n &= \sum_{k=0}^{n} \binom{n}{k} a^{n-k} b^k \\
&= \sum_{k=0}^{n} \frac{n!}{(n-k)!k!} a^{n-k} b^k \\
&= a^n + n a^{n-1} b + \frac{n(n-1)}{2} a^{n-2} b^2 + \cdots \\
&\quad + \frac{n(n-1)}{2} a^2 b^{n-2} + n a b^{n-1} + b^n.
\end{aligned}$$

正如你在这个等式中所看到的, 符号 $\binom{n}{k}$ 表示 $\frac{n!}{(n-k)!k!}$, 读作 "从 n 个中选出 k 个", 这个符号经常出现在概率研究中. 你可能也不熟悉 $n!$ 这个符号, 其含义是让 n 乘以比它小的所有连续自然数, 即 $n! = n(n-1)(n-2) \cdots 1$. 这个式子读作 "$n$ 的阶乘", 但我觉得你可以大声地喊 "n!".

接下来计算

$$\begin{aligned}
p &= (1 + x_n)^n \\
&= \sum_{k=0}^{n} \binom{n}{k} 1^{n-k} x_n^k \quad \text{(利用二项式定理)}
\end{aligned}$$

$$= (1)\left(x_n^0\right) + (n)\left(x_n^1\right) + \left(\tfrac{n(n-1)}{2}\right)\left(x_n^2\right) + \cdots$$
$$+ \left(\tfrac{n(n-1)}{2}\right)\left(x_n^{n-2}\right) + (n)\left(x_n^{n-1}\right) + (1)\left(x_n^n\right)$$
$$> 1 + nx_n.$$

在最后一步中，我们去掉了前两项之后的所有项，因为 $x_n > 0$ 保证了后面所有项都是正的，于是 $0 < x_n < \frac{p-1}{n}$（注意，我们并没有得到 $\frac{p}{n} > x_n$，因为这里多了一个 1，但这并不重要，因为 $p-1$ 仍然是一个常数.）

因此，根据夹逼定理，$x_n \to 0$（注意，如果把 $\leqslant$ 替换成 $<$，那么夹逼定理仍然有效）. 于是，

$$\lim_{n\to\infty} \sqrt[n]{p} = \lim_{n\to\infty} (x_n + 1) = 1 + \lim_{n\to\infty} x_n = 1 + 0 = 1.$$

情形 2. $p = 1$. 此时有 $\lim_{n\to\infty} \sqrt[n]{p} = \lim_{n\to\infty} 1 = 1$.

情形 3. $0 < p < 1$. 我们可以采用与情形 1 相同的论证，但不等式是反向的. 试着把下框中的空白填充完整.

当 $0 < p < 1$ 时，证明 $\sqrt[n]{p} \to 1$.

　　设 $x_n = \underline{\hspace{3cm}}$，那么 $x_n < 0$. 于是

$$p = (1 + x_n)^n$$
$$= \sum_{k=0}^{n} \binom{n}{k} 1^{n-k} \underline{\hspace{2.5cm}} \quad (\text{利用二项式定理})$$
$$= (1)(x_n^0) + (n)(x_n^1) + \left(\tfrac{n(n-1)}{2}\right)(x_n^2) + \cdots$$
$$+ \underline{\hspace{2cm}} + \underline{\hspace{2cm}} + \underline{\hspace{2cm}}$$
$$< 1 + nx_n \quad (\text{因为 } x_n < 0 \text{ 意味着前两项之后的每一项都} < 0.)$$

　　于是，$\frac{p-1}{n} < x_n < 0$，那么根据 $\underline{\hspace{3cm}}$，$x_n \to 0$.
因此，$\lim_{n\to\infty} \sqrt[n]{p} = 1$.

定理 18.4. （序列 $\sqrt[n]{n}$） $\lim\limits_{n\to\infty}\sqrt[n]{n}=1$.

这和前面的定理有什么不同呢？回头看一看，前面考察的是序列 $\{\sqrt[n]{p}\}$，其中 $p>0$ 是一个常数. 但在这里，作 n 次方根的数就是 n 本身，所以这个序列是：

$$\{\sqrt[n]{n}\}=1,\ \sqrt{2},\ \sqrt[3]{3},\ \sqrt[4]{4},\ \sqrt[5]{5},\ \sqrt[6]{6},\ \sqrt[7]{7},\ \cdots$$

如果我们看一下小数形式的序列（四舍五入到小数点后两位），不难看出它从 1 开始，跳到 1.4 以上，然后开始递减，并且越来越接近于 1：

$$\{\sqrt[n]{n}\}\approx 1.00,\ 1.41,\ 1.44,\ 1.41,\ 1.38,\ 1.35,\ \cdots$$

并不能马上看出这个序列收敛到 1，因为它下降得不是很快. 这就是弄清楚如何证明将很有用的原因！

证明. 我们可以使用与之前相同的技巧：设 $x_n=\sqrt[n]{n}-1$. 这次就更简单了，因为对于每一个 $n\in\mathbb{N}$ 均有 $x_n\geqslant 0$，这意味着我们只需要考虑一种情形.

我们希望 x_n 小于某个收敛到 0 的序列，但是要注意，如果我们使用上一个定理中的序列 $\frac{p-1}{n}$，那么这里它将是 $\frac{n-1}{n}$. 由于分子不是常数，所以我们不确定这个序列是否收敛到 0（事实上，它不收敛到 0！）. 与之前一样，我们利用二项式定理，但这次要找的是一个额外的 n，目的是把分子中的 n"消掉".

$$\begin{aligned}
n&=(1+x_n)^n\\
&=\sum_{k=0}^{n}\binom{n}{k}1^{n-k}x_n^k\quad（利用二项式定理）\\
&=(1)(x_n^0)+(n)(x_n^1)+\left(\tfrac{n(n-1)}{2}\right)(x_n^2)+\cdots\\
&\quad+\left(\tfrac{n(n-1)}{2}\right)(x_n^{n-2})+(n)(x_n^{n-1})+(1)(x_n^n)\\
&\geqslant\left(\tfrac{n(n-1)}{2}\right)(x_n^2)\quad（x_n\geqslant 0\text{ 意味着其他的项都}\geqslant 0）.
\end{aligned}$$

于是

$$0\leqslant x_n\leqslant\sqrt{\frac{n}{\frac{n(n-1)}{2}}}=\sqrt{\frac{2}{n-1}}.$$

如果能够证明 $\sqrt{\frac{2}{n-1}}\to 0$，那么由夹逼定理可得 $x_n\to 0$，从而有 $\sqrt[n]{n}\to 1$. 为此，我们只需要令定理 18.2 中的 $p=\frac{1}{2}$，这样就可以得到 $\frac{1}{\sqrt{n}}\to 0$. 那么，显然有 $\frac{1}{\sqrt{n-1}}\to 0$，因此 $\sqrt{2}\frac{1}{\sqrt{n-1}}\to 0$. $\qquad\square$

定理 18.5 (序列 $n^\alpha(1+p)^{-n}$). 如果 $p > 0$ 且 $\alpha \in \mathbb{R}$，那么 $\lim\limits_{n\to\infty} \dfrac{n^\alpha}{(1+p)^n} = 0$.

嘿，这是我在第 1 章末尾用来开玩笑的序列. 我猜这不太好笑……好吧，现在开始吧!

这个序列看起来可能有些随机，但我们将在下一个定理中看到它的一个应用. 注意，从直观上看，它似乎是收敛的，因为分母比分子"增长"得快. 一般来说，指数增长（比如 2^n）比多项式增长（比如 n^2）快得多.

 证明. 如果我们可以证明存在常数 $b, c \in \mathbb{R}$ 使得

$$0 < \frac{n^\alpha}{(1+p)^n} < cn^b,$$

并且 $b < 0$，那么由定理 18.2 可知 $cn^b \to 0$，于是根据夹逼定理，$\dfrac{n^\alpha}{(1+p)^n} \to 0$.

分母 $(1+p)^n$ 看起来是应用二项式定理的最佳选择. 我们希望得到 $(1+p)^n > \gamma n^\beta$，其中 γ 是一个常数并且 $\beta > \alpha$，这样就可以得到 $\dfrac{1}{(1+p)^n} < \dfrac{1}{\gamma} n^{-\beta}$. 于是有 $\dfrac{n^\alpha}{(1+p)^n} < \dfrac{1}{\gamma} n^{\alpha-\beta}$，并且 $\beta > \alpha \implies \alpha - \beta < 0$，这正是我们想要的.

我们首先证明关于 $\binom{n}{k}$ 的一般结论.

$$\begin{aligned}
\binom{n}{k} &= \frac{n!}{(n-k)!k!} \\
&= \frac{n(n-1)(n-2)\cdots(n-k+1)(n-k)(n-k-1)\cdots(3)(2)(1)}{(n-k)(n-k-1)(n-k-2)\cdots(3)(2)(1)k!} \\
&= \frac{n(n-1)(n-2)\cdots(n-k+1)}{k!} \\
&\geqslant \frac{(n-k+1)(n-k+1)(n-k+1)\cdots(n-k+1)}{k!} \\
&= \frac{(n-k+1)^k}{k!}.
\end{aligned}$$

注意，如果 $n > 2k$，我们就有

$$\begin{aligned}
\frac{n}{2} - k > 0 &\implies n - k > \frac{n}{2} \\
&\implies n - k + 1 > \frac{n}{2} \\
&\implies (n-k+1)^k > \frac{n^k}{2^k}.
\end{aligned}$$

因此，对于任意一个满足 $n > 2k$ 的 k，我们有 $\binom{n}{k} > \dfrac{n^k}{2^k k!}$. 这是 n^k 的常数倍，所以只要指定 $k > \alpha$，这个不等式就可以派上用场.

综上所述，我们固定一个满足 $k > \alpha$ 的 $k \in \mathbb{N}$. 那么对于任意 $n > 2k$，有

$$
\begin{aligned}
(1+p)^n &= \sum_{k=0}^{n} \binom{n}{k} 1^{n-k} p^k \quad \text{（利用二项式定理）} \\
&\geqslant \binom{n}{k} p^k \\
&> \frac{n^k p^k}{2^k k!}.
\end{aligned}
$$

于是，只要 $n > 2k$，就有

$$
0 < \frac{n^\alpha}{(1+p)^n} < \frac{2^k k!}{p^k} n^{\alpha-k}.
$$

因为 $\alpha - k < 0$，所以右端的序列收敛到 0. 那么由夹逼定理，$\frac{n^\alpha}{(1+p)^n}$ 也收敛到 0.

（我们要求 $n > 2k$ 这一点有问题吗？没有任何问题！对于任意一个序列 $\{s_n\}$，固定一个自然数 N，如果其子序列 $\{s_N, s_{N+1}, s_{N+2}, \cdots\}$ 是收敛的，那么 $\{s_n\}$ 也是收敛的. 因为我们要求当 $n \to \infty$ 时序列中的元素趋向于极限，所以从哪一项开始逼近并不重要.）$\qquad\square$

定理 18.6（序列 x^n）.　如果 $|x| < 1$，那么 $\lim\limits_{n \to \infty} x^n = 0$.

条件 $-1 < x < 1$ 至关重要. 如果 $|x| = 1$，那么序列可能收敛（比如 $1, 1, 1, \cdots$），也可能发散（比如 $-1, 1, -1, \cdots$）. 如果 $|x| > 1$，那么序列中的每一项都比前一项增加得更多，所以它会发散到无穷大. 只有当 $|x| < 1$ 时，我们才能确保它是收敛的.

证明. 这里有 3 种可能的情形.

情形 1. $x = 0$. 那么序列 $0, 0, 0, \cdots$ 收敛到 0.

情形 2. $0 < x < 1$. 现在序列 $\frac{n^\alpha}{(1+p)^n}$ 就可以派上用场了. 令 $p = \frac{1}{x} - 1$，那么 $x = \frac{1}{1+p}$ 且 $p > 0$（因为 $x < 1$）. 于是让 $\alpha = 0$，并利用定理 18.5 可得

$$
\lim_{n \to \infty} x^n = \lim_{n \to \infty} \frac{n^0}{(1+p)^n} = 0.
$$

情形 3. $-1 < x < 0$. 在这里，我们不能直接利用定理 18.5，因为如果让 $p = \frac{1}{x} - 1$，那么 p 不一定是正数（例如，当 $x = -\frac{1}{2}$ 时，$p = -3 < 0$）.

实际上，我们应该先证明 $|x|^n \to 0$. 设 $p = \frac{1}{|x|} - 1$，那么 $|x| = \frac{1}{1+p}$ 且 $p > 0$（因为 $|x| < 1$）. 于是让 $\alpha = 0$，并利用定理 18.5 可得

$$
\lim_{n \to \infty} |x|^n = \lim_{n \to \infty} \frac{n^0}{(1+p)^n} = 0.
$$

我们可以将序列 $|x|^n$ 乘上常数 -1, 那么 $-|x|^n$ 也收敛到 0. 因为

$$-|x|^n \leqslant x^n \leqslant |x|^n.$$

所以由夹逼定理可得, $x^n \to 0$. □

有了这些定理, 你应该可以求出数学或科学领域中几乎所有收敛序列的极限. 记住, 当遇到困难时, 试着利用夹逼定理或二项式定理.

接下来, 我们将介绍无穷级数. 事实证明, 级数其实就是一种特定类型的序列! 现在我们都知道你有多喜欢序列了……

第 19 章 级数

就像电视连续剧一样，数学级数也可以是喜剧、正剧、悲剧，甚至是肥皂剧. 级数有各种形状和大小，有时会表现得出人意料、不直观. 事实上，积分的计算经常使用级数，因此，许多人认为级数是实分析的基础（但我觉得这些人需要开始更全面的学习）.

在第 2 章中，我们简单地提到了级数是序列中所有元素之和. 但序列是无限的，而无限和的概念是有疑问的. 毕竟，对无穷多个元素求和意味着什么呢？不管每个元素有多小，如果我们把**无穷多**个元素相加，那么结果不总是无穷大吗？

答案是否定的. 就像序列一样，级数也可以收敛到一个极限，但为了弄清楚这是如何发生的，我们必须更精确地定义级数. 事实上，级数就是由一列和构成的序列.

为了简单起见，我们只定义由实数和复数构成的级数. 当然，我们也可以定义由 $\mathbb{R}^k$ 中向量构成的级数，或者由任何度量空间中元素构成的级数. 但为什么要把问题搞得这么复杂呢？

定义 19.1 (级数).

设 $\{a_n\}$ 是 $\mathbb{R}$ 中的任意一个序列. 我们把 $\{a_n\}$ 的**部分和** s_n 定义为

$$s_n = \sum_{k=1}^{n} a_k = a_1 + a_2 + a_3 + \cdots + a_n.$$

部分和序列 $\{s_n\}$ 称为**无穷级数**或简称为**级数**. 从技术上讲，它应该写成 $s_1, s_2, s_3, \cdots$，也就是

$$\{s_n\} = \{a_1, a_1 + a_2, a_1 + a_2 + a_3, \cdots\}.$$

但为了简洁，我们通常写成

$$\{s_n\} = \sum_{n=1}^{\infty} a_n = a_1 + a_2 + a_3 + \cdots$$

如果 $\{s_n\}$ 收敛到某个点 $s \in \mathbb{R}$ 或 $s \in \mathbb{C}$，那么我们说级数**收敛**，并记作

$$\sum_{n=1}^{\infty} a_n = s.$$

如果不存在这样的 s, 那么级数**发散**.

序列 $\{a_n\}$ 的元素称为该级数的**项**.

注意, 这里在符号的使用上有些可疑的地方. 实际上, $\sum_{n=1}^{\infty} a_n$ 是 $\lim_{n\to\infty} s_n$, 而且所讨论的"级数"就是 $\{s_n\}$. 但是, 我们通常把和式 $\sum_{n=1}^{\infty} a_n$ 称为级数. 这就像把 $\lim_{n\to\infty} p_n$ 称为序列, 而其实 $\{p_n\}$ 才是序列.

好吧, 我能说些什么呢? 这只是一个不精确的数学约定. 当你看到"级数 $\sum_{n=1}^{\infty} a_n$ 收敛到 s"时, 你应该把它看作

$$s = \lim_{n\to\infty} s_n = \lim_{n\to\infty} \sum_{k=1}^{n} a_k.$$

要牢牢记住级数**不是**和. 级数是元素的序列, 其中每个元素都是一个和. 级数收敛当且仅当这个和序列收敛.

因为级数就是变相的序列, 所以我们证明的关于序列的每一个定理也适用于级数! 不可能!

既然我们已经知道如何运用级数, 为什么还要费心去详细研究它呢? 事实证明, 级数之所以有用有两方面的原因:

1. 有些定理只适用于级数, 而不适用于一般的序列 (例如, 比较判别法).

2. 有一些特殊的级数存在许多应用, 因此值得研究 (但我们需要一些针对级数的定理来证明它们是收敛的).

有时候, 你可能会遇到 $\sum_{n=0}^{\infty} a_n$, 而不是 $\sum_{n=1}^{\infty} a_n$ (注意 n 从哪里开始). 不要惊慌! 这意味着该级数是 $\{a_n\}$ 的部分和序列, 但 $\{a_n\}$ 不是从 a_1 开始, 而是从 a_0 开始. 当然, $\{a_n\}$ 仍然是一个完全有效的序列, 因为存在从 $\mathbb{N}$ 到 $\{a_n\}$ 的一对一映射: $1 \to a_0, 2 \to a_1, 3 \to a_2, \cdots$

有时候, 当和式的起点和终点都很明显时, 我们可以把它简写为 $\sum a_n$.

检验级数是否收敛的一种方法是将我们的常规技巧应用于部分和序列. 但肯定有更简单的方法, 对吧?

定理 19.2 (级数的收敛性).

级数 $\sum a_n$ 收敛, 当且仅当对于任意 $\epsilon > 0$, 存在某个自然数 N, 使得对于任意大于等于 N 的 n 和 m 有 $|\sum_{k=n}^{m} a_k| \leqslant \epsilon$ (当然, 其中 $m \geqslant n$, 所以这个和式是有意义的).

用符号来表示, 即 $\sum a_n$ 收敛当且仅当:

$$\forall \epsilon > 0, \ \exists N \in \mathbb{N} \ \ \text{使得} \ \ m \geqslant n \geqslant N \implies \left| \sum_{k=n}^{m} a_k \right| \leqslant \epsilon.$$

绝对值符号内的和是有限和, 而不是级数. 注意, 它只是部分和 $s_m = a_1 + a_2 + \cdots + a_{n-1} + a_n + \cdots + a_m$ 减去部分和 $s_{n-1} = a_1 + a_2 + \cdots + a_{n-1}$. 因此, $|\sum_{k=n}^m a_k| \leqslant \epsilon$ 就是 $|s_m - s_{n-1}| \leqslant \epsilon$, 这与柯西序列非常相似.

记住, 根据定理 16.10, 欧几里得空间中的所有柯西序列都收敛. 由于我们把级数定义为 $\mathbb{R}$ 或 $\mathbb{C}$ 中的序列, 因此一个级数是柯西序列当且仅当该级数收敛. 这应该会让证明变得很简单!

证明. 如果 $\sum a_n$ 收敛, 那么它的部分和序列 $\{s_n\}$ 收敛, 根据定理 16.3, $\{s_n\}$ 是柯西序列. 于是, 给定 $\epsilon > 0$, 存在 $N - 1$ 使得

$$m \geqslant n \geqslant N - 1 \implies d(s_m, s_n) < \epsilon, \text{ 因此}$$

$$m \geqslant n \geqslant N \implies m \geqslant n - 1 \geqslant N - 1$$

$$\implies |s_m - s_{n-1}| < \epsilon$$

$$\implies \left| \sum_{k=n}^m a_k \right| < \epsilon$$

$$\implies \left| \sum_{k=n}^m a_k \right| \leqslant \epsilon.$$

为了证明另一个方向, 假设对于任意 $\epsilon > 0$, 存在一个 $N \in \mathbb{N}$, 使得当 $m \geqslant n \geqslant N$ 时有 $|\sum_{k=n}^m a_k| \leqslant \frac{\epsilon}{2}$. 于是, 给定 $\epsilon > 0$, 存在一个 N, 使得当 $m \geqslant n \geqslant N$ 时, 如果 $m = n$ 则有 $d(s_m, s_n) = 0 < \epsilon$, 否则有

$$m \geqslant n + 1 \geqslant N \implies \left| \sum_{k=n+1}^m a_k \right| \leqslant \frac{\epsilon}{2}$$

$$\implies \left| \sum_{k=n+1}^m a_k \right| < \epsilon$$

$$\implies |s_m - s_{n+1-1}| < \epsilon$$

$$\implies d(s_m, s_n) < \epsilon.$$

因此 $\{s_n\}$ 是柯西序列, 由于它是复数序列, 由定理 16.10 可知它是收敛的. $\quad\square$

这就引出了下面的推论, 它是级数收敛的必要条件, 但不是充分条件.

推论 19.3 (级数项的收敛性). 如果级数 $\sum a_n$ 收敛, 那么 $\lim\limits_{n \to \infty} a_n = 0$.

证明. 根据定理 19.2, 对于任意 $\epsilon > 0$, 存在一个 $N \in \mathbb{N}$, 使得当 $m \geqslant n \geqslant N$ 时有 $|s_m - s_{n-1}| \leqslant \frac{\epsilon}{2}$. 令 $m = n$, 则有

$$n \geqslant N \implies \epsilon > \frac{\epsilon}{2} \geqslant |s_n - s_{n-1}| = |a_n| = d(a_n, 0).$$

因为这对每一个 $\epsilon > 0$ 都成立, 所以有 $a_n \to 0$. $\qquad\square$

其逆否命题特别有用. 对于级数 $\sum a_n$, 如果 $\{a_n\}$ 不收敛到 0, 那么 $\sum a_n$ 一定是发散的.

注意, 这个推论的逆命题不一定成立. 例如, 我们知道 $\frac{1}{n} \to 0$, 但正如我们稍后将要学习的 (定理 19.10), 级数 $\sum \frac{1}{n}$ 实际上是发散的. 这里有一个关于 "$a_n \to 0 \implies \sum a_n$ 收敛" 的**错误的**证明. 看看你能否发现错误!

如果 $a_n \to 0$, 那么对于任意 $\epsilon > 0$, 存在一个 $N \in \mathbb{N}$, 使得当 $n \geqslant N$ 时有 $|a_n| < \epsilon$. 令 $s = \left| \sum_{n=1}^{N} a_n \right|$, 于是有

$$\left| \sum_{n=1}^{\infty} a_n \right| = \left| \sum_{n=1}^{N} a_n + \sum_{n=N}^{\infty} a_n \right|$$
$$\leqslant s + \left| \sum_{n=N}^{\infty} a_n \right|$$
$$< s + \epsilon.$$

因此, $\epsilon > \left| \sum_{n=1}^{\infty} a_n \right| - s \geqslant \left| \sum_{n=1}^{\infty} a_n \right|$, 因为这对每一个 $\epsilon > 0$ 都成立, 所以 $\sum a_n \to s$.

实际上, 这里的错误不止一个. 首先, 将级数 $\sum_{n=1}^{\infty} a_n$ "分解" 成两个和式 $\sum_{n=1}^{N} a_n$ 与 $\sum_{n=N}^{\infty} a_n$ 没有任何意义. $\sum_{n=1}^{\infty} a_n$ (或简写为 $\sum a_n$) 只是一个表示部分和序列 $\{s_n\}$ 的符号. 因此, $\sum_{n=1}^{N} a_n = s_N$, 而 $\sum_{n=N}^{\infty} a_n$ 则没有任何意义 (除非我们已经知道 $\{s_n\}$ 收敛到 s, 在这种情况下, 可以记作 $\sum_{n=N}^{\infty} a_n = s - s_N$, 但在这里没有什么帮助).

其次, 我们在计算中应用了这样一个事实: $\left| \sum_{n=N}^{\infty} a_n \right| < \epsilon$. 实际上, 我们并不知道这是否成立! 我们只知道, 当 $n \geqslant N$ 时, $a_n < \epsilon$, 但这并不意味着 $\epsilon + \epsilon + \epsilon + \cdots < \epsilon$. 这荒谬至极, 简直让我发疯, 你也要疯掉了吧!

定理 19.4 (有界非负级数).

如果级数 $\sum a_n$ 完全由非负项 ($\forall n \in \mathbb{N}, a_n \geqslant 0$) 组成, 那么 $\sum a_n$ 收敛当且仅当其部分和序列 $\{s_n\}$ 有界.

显然，"非负"这个字眼使得该定理只适用于 $\mathbb{R}$ 中的级数. 记住，在 $\mathbb{C}$ 中没有正负的概念，因为复数无法定义顺序.

证明. 因为 $\sum a_n$ 是部分和序列 $\{s_n\} = a_1, a_1 + a_2, a_1 + a_2 + a_3, \cdots$，并且每一项 a_n 都 ≥ 0，所以级数 $\{s_n\}$ 其实是一个单调递增序列. 那么根据定理 16.16，级数 $\{s_n\}$ 收敛当且仅当 $\{s_n\}$ 有界. □

在大多数情况下，我们可以通过比较判别法来确定级数的收敛性，这有点像序列的夹逼定理，但可能会更好.

定理 19.5 (收敛的比较判别法).

如果存在一个 $N_0 \in \mathbb{N}$，使得当 $n \geq N_0$ 时有 $|a_n| \leq c_n$，并且级数 $\sum c_n$ 收敛，那么级数 $\sum a_n$ 也收敛.

证明. 如果 $\sum c_n$ 收敛，那么根据定理 19.2，对于任意 $\epsilon > 0$，存在一个 $N \in \mathbb{N}$，使得

$$m \geq n \geq \max\{N, N_0\} \implies \left| \sum_{k=n}^{m} c_k \right| \leq \epsilon.$$

于是

$$
\begin{aligned}
\left| \sum_{k=n}^{m} a_k \right| &\leq \sum_{k=n}^{m} |a_k| \quad \text{（利用三角不等式）} \\
&\leq \sum_{k=n}^{m} c_k \quad \text{（因为 } n \geq N_0 \text{）} \\
&= \left| \sum_{k=n}^{m} c_k \right| \quad \text{（因为当 } n \geq N_0 \text{ 时有 } 0 \leq |a_n| \leq c_n \text{）} \\
&\leq \epsilon.
\end{aligned}
$$

因为这对每一个 $\epsilon > 0$ 都成立，所以由定理 19.2 可知 $\sum a_n$ 收敛. □

定理 19.6 (发散的比较判别法).

如果存在一个 $N_0 \in \mathbb{N}$，使得当 $n \geq N_0$ 时有 $a_n \geq d_n \geq 0$，并且级数 $\sum d_n$ 发散，那么级数 $\sum a_n$ 也发散.

注意，发散的比较判别法只适用于非负项级数. 例如，如果某个级数的每一项都 $\geq d_n = -1$，那么根据 $\sum d_n = (-1) + (-1) + (-1) + \cdots$ 发散，我们无法判断该级数是否发散.

证明. 我们来证明其逆否命题. 假设 $\sum a_n$ 收敛并试着证明 $\sum d_n$ 收敛. 我们可以用两种 (同样简单的) 不同方法来证明.

由于对每一个 $n \geqslant N_0$ 均有 $|d_n| = d_n \leqslant a_n$, 所以如果 $\sum a_n$ 收敛, 那么由收敛的比较判别法可知 $\sum d_n$ 也收敛. (注意, 为了得到 $|d_n| \leqslant a_n$, 我们使用了 $d_n \geqslant 0$ 这一事实.)

另外, 如果你愿意的话, 也可以利用定理 19.4 来证明. 如果 $\sum a_n$ 收敛, 那么它的部分和序列一定是有界的. 因此 $\sum d_n$ 的部分和也有一个上界, 所以 $\sum d_n$ 也是收敛的. (注意, 这里也使用了 $d_n \geqslant 0$ 这个事实, 因为定理 19.4 只适用于非负项级数. 实际上, 我们只知道 $d_n \geqslant 0$ 对每一个 $n \geqslant N_0$ 成立, 而非任意 $n \in \mathbb{N}$. 但这已经足够了, 因为如果 $\sum_{n=N_0}^{\infty} d_n$ 收敛, 那么 $\sum_{n=0}^{\infty} d_n$ 也收敛, 因为 $\sum_{n=0}^{\infty} d_n$ 就是 $\sum_{n=N_0}^{\infty} d_n$ 加上一个有限和.) $\qquad\square$

为了最大限度地利用比较判别法, 我们应该建立一个收敛和发散的简单级数的知识库, 以便我们可以经常拿其他级数来进行比较.

定理 19.7 (几何级数).

如果 $|x| < 1$ 级数 $\sum_{n=0}^{\infty} x^n$ 收敛到 $\frac{1}{1-x}$; 如果 $|x| \geqslant 1$ 级数 $\sum_{n=0}^{\infty} x^n$ 发散.

像这样项为 n 次方幂的级数都称为几何级数. 这些几何级数在数学中随处可见, 这个公式迟早会派上用场.

证明. $x \geqslant 1$ 时级数发散是最容易证明的部分. 因为对每一个 $n \in \mathbb{N}$ 均有 $x^n \geqslant 1$, 而级数 $1 + 1 + 1 + \cdots$ 显然是发散的, 所以由比较判别法可知 $\sum x^n$ 发散.

如果 $x \leqslant -1$, 那么对于每一个 $n \in \mathbb{N}$ 有 $|x^n| \geqslant 1$. 因此, 对于任意 $n \in \mathbb{N}$ 有 $|x^n - 0| \geqslant 1$, 所以 $x^n \to 0$ 不可能成立. 于是, 利用推论 19.3 的逆否命题, 该级数发散.

级数 $\sum x^n$ 的极限就是部分和序列 $\{s_n\}$ 的极限, 所以为了证明收敛性, 我们先求出部分和的表达式

$$s_n = \sum_{k=0}^{n} x^k = 1 + x + x^2 + \cdots + x^n.$$

通过一些代数运算, 我们得到

$$\begin{aligned}
(1-x)s_n &= (s_n - xs_n) \\
&= (1 + x + x^2 + \cdots x^n) - (x + x^2 + x^3 + \cdots + x^{n+1}) \\
&= 1 + (x - x) + (x^2 - x^2) + \cdots + (x^n - x^n) - x^{n+1} \\
&= 1 - x^{n+1},
\end{aligned}$$

因此 $s_n = \frac{1-x^{n+1}}{1-x}$. 根据定理 18.6, 当 $|x| < 1$ 时 $x^n \to 0$, 那么 $\frac{1-x\cdot x^n}{1-x} \to \frac{1}{1-x}$. 于是

$$\sum_{n=0}^{\infty} x^n = \lim_{n\to\infty} s_n = \frac{1}{1-x} \quad (|x| < 1).$$ □

注意, 如果级数从 $n = 1$ 开始 (而不是从 $n = 0$ 开始), 那么我们有

$$\sum_{n=1}^{\infty} x^n = \sum_{n=0}^{\infty} x^n - x^0 = \frac{1}{1-x} - 1 = \frac{x}{1-x}.$$

例 19.8 (几何级数).

几何级数有一个特别好的几何表示 (巧合吗?!) 以 $x = \frac{2}{3}$ 为例, 上述公式告诉我们

$$\sum_{n=1}^{\infty} \left(\frac{2}{3}\right)^n = \frac{\frac{2}{3}}{1 - \frac{2}{3}} = 2.$$

因此, 如果从一个面积为 2 的矩形开始, 那么我们应该能够用这个级数来 "填充它", 如图 19.1 所示.

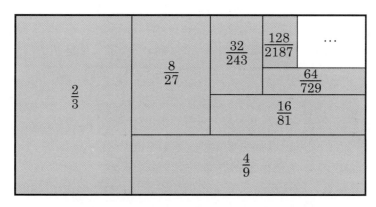

图 19.1 用级数 $\sum_{n=1}^{\infty} \left(\frac{2}{3}\right)^n$ 填充 1×2 的矩形

取一个 1×2 矩形, 并填充一个大小为 $\frac{2}{3}$ 的区域. 剩余部分的面积为 $2 - \frac{2}{3} = \frac{4}{3}$.

接下来, 我们将 $\left(\frac{2}{3}\right)^2 = \frac{4}{9}$ 的面积添加到阴影区域. 注意, $\frac{4}{9}$ 恰好是剩余面积的三分之一. 现在剩下部分的面积为 $\frac{4}{3} - \frac{4}{9} = \frac{8}{9}$.

接下来, 我们将 $\left(\frac{2}{3}\right)^3 = \frac{8}{27}$ 的面积添加到阴影区域, 这恰好是剩余面积的三分之一. 现在剩下部分的面积为 $\frac{8}{9} - \frac{8}{27} = \frac{16}{27}$.

总的来说, 我们每一步都填充剩余面积的三分之一. 如果一直这样做下去, 那么我们就会填满整个面积为 2 的矩形.

在给出另一个常用级数之前, 我们需要重新整理工具箱, 再引入一个级数收敛判别法.

定理 19.9 (柯西凝聚判别法).

设 $\sum_{n=1}^{\infty} a_n$ 是单调递减的非负项级数. 那么, 级数 $\sum_{n=1}^{\infty} a_n$ 收敛当且仅当级数 $\sum_{k=0}^{\infty} 2^k a_{2^k}$ 收敛.

因此, 从现在开始, 如果某个级数的项 $\{a_n\}$ 满足 $a_1 \geqslant a_2 \geqslant a_3 \geqslant \cdots \geqslant 0$, 那么我们就可以利用柯西凝聚判别法来检验其收敛性. 只需考察一个包含 $\{a_n\}$ 的很少元素 (即 $a_1, a_2, a_4, a_8, \cdots$) 的级数, 我们就可以确定 $\sum a_n$ 是收敛的还是发散的, 这很酷!

证明. 由于 $\sum_{n=1}^{\infty} a_n$ 和 $\sum_{k=0}^{\infty} 2^k a_{2^k}$ 都是非负项级数, 因此根据定理 19.4, 这两个级数收敛都等价于其部分和序列有界. 令

$$s_n = a_1 + a_2 + a_3 + \cdots + a_n \quad \left(\sum_{n=1}^{\infty} a_n \text{ 的第 } n \text{ 个部分和} \right),$$

$$t_k = a_1 + 2a_2 + 4a_4 + \cdots + 2^k a_{2^k} \quad \left(\sum_{k=0}^{\infty} 2^k a_{2^k} \text{ 的第 } k \text{ 个部分和} \right).$$

因此, 如果可以证明 "$\{s_n\}$ 有界 $\iff \{t_k\}$ 有界", 那么就证明了 "$\sum_{n=1}^{\infty} a_n$ 收敛 $\iff \sum_{k=0}^{\infty} 2^k a_{2^k}$ 收敛". 我们来证明 "当且仅当" 的两个方向.

1. $\{t_k\}$ **有界** $\implies \{s_n\}$ **有界**. 我们已经知道 $\{s_n\}$ 和 $\{t_k\}$ 的下界都是 0, 所以根据定理 9.6, 现在只需考虑上界. 假设存在一个 $M \in \mathbb{R}$, 使得 $t_k \leqslant M$ 对每一个 $k \in \mathbb{N}$ 均成立. 如果可以证明对于每一个 $n \in \mathbb{N}$ 都有一个 $k \in \mathbb{N}$ 使得 $s_n \leqslant t_k$, 那么我们就证明了 $\{s_n\}$ 的每个元素也都 $\leqslant M$.

嗯, 这并不难! 如果我们固定 n, 并选择一个 k 使得 $n < 2^k$, 那么

$$s_n = a_1 + a_2 + a_3 + \cdots + a_n$$
$$\leqslant a_1 + a_2 + a_3 + \cdots + a_{2^{k+1}-1} \quad (\text{因为 } n \leqslant 2^k \implies n+1 < 2(2^k)-1)$$
$$= a_1 + (a_2 + a_3) + (a_4 + a_5 + a_6 + a_7) + \cdots + (a_{2^k} + \cdots + a_{2^{k+1}-1})$$
$$\leqslant a_1 + 2a_2 + 4a_4 + \cdots + 2^k a_{2^k} \quad (\text{因为 } a_2 \geqslant a_3 \geqslant a_4 \geqslant \cdots)$$
$$= t_k.$$

因此, 对于每一个 s_n 都有

$$s_n \leqslant t_{\left\lceil \frac{\log(n)}{\log(2)} \right\rceil + 1} \leqslant M,$$

因此 $\{s_n\}$ 是有界的.（注意，我们选择 $k = \left\lceil \frac{\log(n)}{\log(2)} \right\rceil + 1$，以便得到 $2^k > n$.）

2. $\{t_k\}$ **无界** $\implies$ $\{s_n\}$ **无界**. 假设对于任意 $M \in \mathbb{R}$，存在一个 $k \in \mathbb{N}$ 使得 $t_k > M$. 我们想证明对于任意 $N \in \mathbb{R}$，都有一个 $n \in \mathbb{N}$ 使得 $s_n > N$.

现在做与前一个方向相反的操作：任取一个 k，然后选择一个 n 使得 $n > 2^k$，于是有

$$
\begin{aligned}
s_n &= a_1 + a_2 + a_3 + \cdots + a_n \\
&\geqslant a_1 + a_2 + a_3 + \cdots + a_{2^k} \quad （因为 n > 2^k） \\
&= a_1 + a_2 + (a_3 + a_4) + (a_5 + a_6 + a_7 + a_8) + \cdots + (a_{2^{k-1}+1} + \cdots + a_{2^k}) \\
&\geqslant \tfrac{1}{2}a_1 + a_2 + 2a_4 + 4a_8 + \cdots + 2^{k-1}a_{2^k} \quad （因为 a_2 \geqslant a_3 \geqslant a_4 \geqslant \cdots） \\
&= \tfrac{1}{2}(a_1 + 2a_2 + 4a_4 + \cdots + 2^k a_{2^k}) \\
&= \tfrac{1}{2}t_k.
\end{aligned}
$$

对于任意 $N \in \mathbb{N}$，令 $M = 2N$. 那么存在一个 $k \in \mathbb{N}$，使得 $t_k > M$，于是有

$$
s_{2^k+1} \geqslant \tfrac{1}{2}t_k > \tfrac{1}{2}(2N) = N.
$$

因此 $\{s_n\}$ 无界.（注意，我们选择 $n = 2^k + 1$，这样就可以得到 $n > 2^k$.）　□

柯西凝聚判别法的最佳应用之一是确定 p **级数**（形式为 $\sum \frac{1}{n^p}$）的收敛性.

最著名的 p 级数是 $\sum \frac{1}{n}$，称为**调和级数**. 这个名字来源于音乐中的泛音系列，是指泛音的波长分别是基本波长的 $\frac{1}{2}, \frac{1}{3}, \frac{1}{4}, \cdots$.

定理 19.10 (p 级数).

当 $p > 1$ 时，级数 $\sum_{n=1}^{\infty} \frac{1}{n^p}$ 收敛；当 $p \leqslant 1$ 时，级数 $\sum_{n=1}^{\infty} \frac{1}{n^p}$ 发散.

注意，这意味着调和级数 $\sum \frac{1}{n}$ 是发散的.

证明. 如果 $p < 0$，那么序列 $\{n^{-p}\}$ 是无界的，因此它不会收敛. 那么，根据推论 19.3 的逆否命题，$\sum \frac{1}{n^p}$ 也肯定发散.

如果 $p \geqslant 0$，那么序列 $\{\frac{1}{n^p}\}$ 的每个元素都小于等于前一个元素（当然它们都是正的），因此我们可以利用柯西凝聚判别法. 事实证明，

$$
\sum_{k=0}^{\infty} 2^k \left(\frac{1}{(2^k)^p} \right) = \sum_{k=0}^{\infty} (2^{1-p})^k
$$

是几何级数（其中 $x = 2^{1-p}$）. 根据定理 19.7，当 $0 \leqslant 2^{1-p} < 1$ 时（即 $1-p < 0$），该级数收敛；当 $2^{1-p} \geqslant 1$ 时（即 $1 - p \geqslant 0$），该级数发散. 因此，当 $p > 1$ 时，$\sum \frac{1}{n^p}$ 收敛；当 $p \leqslant 1$ 时，$\sum \frac{1}{n^p}$ 发散.　□

利用本章中的工具, 你应该能够处理各种各样的级数. 比较判别法(通常与几何级数或 p 级数进行比较)和柯西凝聚判别法只是级数判别法的开端. 此外还有根值判别法和比值判别法.

为什么要在意级数呢? 因为它们对你有帮助. 另外, 它们还被用于数 e 的定义, 以及 π 的复分析定义. 如果学习过泰勒级数, 那么你就会发现几乎所有函数都可以写成级数! 级数可以让你更好地理解收敛序列和无穷大的含意.

第 20 章 总结

我们已经讲了很多内容，这既是一种祝福，也是一种诅咒。祝福是，你现在已经熟悉了许多重要的课题，希望你将来能够很好地利用它们。诅咒则在于，当你面对家庭作业或考试中的新问题时，"利用所有可用信息"的建议听起来非常荒谬。有太多东西需要记住！这就是逆向思考问题会很有帮助的原因，从你需要证明的结论入手。

作为一份额外的礼物，这里汇总了本书的精华：我们从每一章中学到的最好的技巧，而且这些技巧后来又继续使用了很多次。

第 1 章. 当阅读任何数学相关的东西时，请积极阅读！慢慢地做笔记。

第 2 章. 有时候，一个看似复杂的证明可以利用一种简单的方法来完成：举反例、证明逆否命题、反证法或归纳法。（你可以参考例 2.1、例 2.2、例 2.3 和例 2.4。）

第 3 章. 为了证明两个集合满足 $A = B$，只需证明 $A \subset B$ 且 $B \subset A$（你可以回顾定理 3.12 的证明）。另外，记得使用德摩根律，该定律指出并集的补集是补集的交集（参见定理 3.17）。

第 4 章. 利用最小上界的两条性质：集合中的每一个数都不可能大于它，任何小于它的数都不是集合的上界。（回顾定理 4.9 的证明。）

第 5 章. 利用阿基米德性质，即对于任意实数 x 和 y，存在一个 $n \in \mathbb{N}$ 使得 $nx > y$（参见定理 5.5）。其最简形式为，始终存在一个 $n > y$。

第 6 章. 利用三角不等式（参见定理 6.7 的性质 5），或更一般的柯西-施瓦茨不等式（参见定理 6.8）。

第 7 章. 利用双射的三条性质：它是一个函数（所以它定义在整个定义域上，并且每个元素都不可能映射到两个不同的元素），它是单射（所以任意两个元素都不会映射到相同的元素），它是满射（所以上域中的每一个元素都会被映射到）。（回顾定理 7.16 的证明。希望你能牢记这些性质！）

第 8 章. 当证明一个集合可数时，如果你找到了一个可能的双射，但是它可能包含重复项，那么你可以把这个函数定义在原定义域的一个子集上。（回顾定理 8.16 的证明。）

第 9 章. 你经常需要构造满足某种条件的邻域（比如，包含在某个集合中的邻域，或者包含另一个点的邻域，等等），所以你要反向推算出该邻域的"神奇半径".（回顾定理 9.23 的证明.）

第 10 章. 有时使用补集要比使用原始集合更容易. 当你这样做时，开集和闭集就会颠倒过来.（回顾定理 10.7 的证明.）

第 11 章. 使用俄罗斯套娃的性质，即无穷多个嵌套紧集的交集是非空的（参见推论 11.12）.

第 12 章. 海涅-博雷尔定理告诉我们，在 $\mathbb{R}^k$ 中，紧集等价于有界闭集（参见定理 12.6）.

第 13 章. 很多时候，可以把一个拓扑问题分解成两种简单情形：如果 $p \in A$，这意味着什么？如果 $p \notin A$，这又意味着什么？（回顾定理 13.8 的证明.）

第 14 章. 如果你知道一个级数是收敛的，那么"对于任意 $\epsilon > 0, n \geqslant N \implies d(p_n, p) < \epsilon$"对任何一个 ϵ 都有效，包括像 $\frac{\epsilon}{2}$ 这样的数.（回顾定理 14.6 的证明.）

第 15 章. 你可以像归纳证明那样去构造一个特定的子序列：定义 p_1，然后假设某结论对 p_{n-1} 成立，并证明该结论对 p_n 也成立. 不要忘记首先处理 $\{p_n\}$ 的范围是有限的情形.（回顾定理 15.7 的证明.）

第 16 章. 在 $\mathbb{R}^k$（或任何完备度量空间）中，证明一个序列是柯西序列就足以证明它是收敛的（参见定理 16.10）.

第 17 章. 不要害怕取子序列的子序列！如果你可以证明一个子序列要么存在发散的子序列，要么存在有界的子序列（从而存在收敛的子序列），那么这一点就特别有用.（回顾定理 17.8 的证明.）

第 18 章. 利用夹逼定理（参见定理 18.1）. 另外，在处理指数时，通常需要使用二项式定理 $(a+b)^n = \sum_{k=0}^{n} \binom{n}{k} a^{n-k} b^k$ 来展开，然后当证明 $\geqslant$ 或 $>$ 某个值时，你可以把大部分项都删掉.（回顾定理 18.3 的证明.）

第 19 章. 级数不是和，它们是序列！所以你可以把你所知道的关于序列的所有知识都应用到级数中，另外级数还有比较判别法（参见定理 19.5 和定理 19.6）和柯西凝聚判别法（参见定理 19.9）.

当然，这只是你工具箱中的一小部分. 当你在证明中遇到困难时，试着反向思考：缩小要证明的范围，直到它变成一个显然的命题. 列出定理中使用的假设，并尝试使用所有假设. 在处理一般情形之前，先处理最简单的例子. 另外，要作图. 我是认真的！你笔记中的图越多，你（作为一名学生和一个人）就越优秀.

你的课程可能涵盖了级数之后更多的内容. 在宏大的实分析之旅中, 尽管你可能被所面临的威胁吓到——连续性、导数、积分、**函数**序列 (这得有多么恐怖!), 但请记住, 所有这些都要回到基础上. 这一切都依赖于实数、拓扑和序列. 如果你能熟练掌握这些内容, 那么剩下的就变得轻松多了! 真的是这样.

另外, 虽然你花费了一些时间来理解这些概念, 但可能至少要花这么多时间去弄清楚该如何证明. 到目前为止, 希望你已经掌握了证明的基本技巧 (读和写), 并很快能够完全专注于数学.

我希望你从这本书中学到的不止是如何证明序列收敛. (你**确实**学过这一点了, 对吧?) 你学会了如何严谨地思考, 你学会了在直觉无助的情况下该如何处理无穷大 (比如, 可数性和级数). 最重要的是, 我希望你能明白要慢慢来, 先理解定义会让一切都变得不同.

希望你学得开心! 这看起来似乎很可怕, 但实分析是非常有趣和令人振奋的. 你能做到的.

致　　谢

首先，非常感谢你，同学，感谢你阅读这篇致谢. 但说真的，你为什么要读这部分呢? 回到数学上来!

这本书开始于我在普林斯顿大学的论文项目. 我由衷地感谢一直在帮助我的热心顾问 Philippe Trinh 博士. 他教会了我好的风格、好的格式和好图片的价值. 从一开始，他就对这个项目抱有和我一样的热情，所以这里的一切都要归功于他.

感谢我的第二位顾问 Adrian Banner，感谢他的帮助，感谢他用惊人的《普林斯顿微积分读本》启发了这一系列的教科书.

感谢 Mark McConnell，感谢他细致的编辑和富有洞察力的反馈.

感谢普林斯顿大学出版社的工作人员，特别是我的编辑 Vickie Kearn，是她在早期的时候支持了我，并为这本书的出版付出了艰辛的努力.

感谢 TeX-LaTeX Stack Exchange 网站的慷慨用户，他们经常自愿抽出时间来帮助完全陌生的人解决 $\LaTeX$ 问题.

致我的妻子 Charlotte，她对于我，就像 sup 对于 inf，海涅对于博雷尔，N 对于 ϵ：谢谢你编辑这本书（或者至少只是致谢部分）. 我爱你.

致我的家人 Monica、Joel、Joshi、Greg、Jacquy、Eliane、Agar、Paul 和 Marnie：谢谢你们在本书撰写过程中以及我的整个生命中给予的支持.

感谢这些年来我遇到的许多出色的老师：谢谢你们激励我热爱学习和教学.

参考文献

1. **Walter Rudin**, *Principles of Mathematical Analysis*, 3rd edition (Mc-Graw-Hill, 1976).

本书遵循 Rudin 的全部课程. 大多数定义和证明都归功于他.

2. **Steven R. Lay**, *Analysis with an Introduction to Proof*, 4th edition (Prentice Hall, 2004).

我极力推荐这本书：非常好的阐述；很多介绍逻辑、集合和函数的预备性章节；鼓励通过章内练习题和填空来积极阅读（我显然很喜欢）.

3. **Stephen Abbott**, *Understanding Analysis* (Springer, 2010).

这本书以章前的"讨论"和章后的"结语"为基础，结构优美，有许多新的主题和例题，丰富了传统的以 Rudin 为基础的课程. 这本书最棒的地方是作者采用了许多浅显易懂的引导性问题，这些问题单凭以往的数学直觉无法解决，借此充分说明了"为什么要学实分析". 他还强调构建统一的叙述来贯穿所有章节.（当然，这种叙述和历史方法只有当你已经通晓材料，并且有兴趣回头学习它的全部含义、它是如何产生的，以及为什么是相关的，才是有效的. 对于第一次学习分析的学生来说，理解抽象的定义和编写严格的证明就足够了，而不必再费劲把它们整合在一起.）

4. **Kenneth A. Ross**, *Elementary Analysis: The Theory of Calculus* (Springer, 2010).

Ross 显然放弃了数量，转而追求质量. 他的书页上满是详细的例子和清晰的解释，尽管他所写的材料有些漏洞，他的书也没有涵盖一些第一学期分析课程的范围. 如果你对"序列"有任何问题，一定要读他的书的第 2 章（特别是证明序列收敛和理解 lim sup ）.

5. **Robert G. Bartle** and **Donald R. Sherbert**, *Introduction to Real Analysis*, 3rd edition (Wiley, 2000).

这本书内容全面，注重细节. 它涵盖了 Rudin 的书的大部分内容（以某种混乱的顺序），并补充了许多可能有用的定理和例题的缺失部分. 对困难概念的解释是复杂的，但是如果需要通过归纳法或函数检查来帮助证明，你应该看看这本书.

6. **Robert Wrede** and **Murray Spiegel**, *Schaum's Outline of Advanced Calculus*, 3rd edition (McGraw-Hill, 2010).

Schaum 的书是一本大型的习题集, 其中一些习题有详细的解答. 解决问题总比阅读问题好, 所以你应该看看这本书.

7. **Burt G. Wachsmuth**, *Interactive Real Analysis*, version 2.0.1(c).

这本在线书提供了很好的互动的例题和证明, 你可以先思考一下, 然后点击查看答案.

索　引

符号

!（阶乘），181

$\binom{n}{k}$（从 n 个中选出 k 个），181

□（Q.E.D.），14

∩（交集），18

∘（复合函数），70

∪（并集），18

∅（空集），16

≡（等价关系），72

∃（存在某个），6

∀（对于所有的），6

gcd（最大公约数），82

⩾（大于等于），30

⟺（当且仅当），7

∈（属于），15

∞（无穷大），48

⌈⌉（上取整），33

⩽（小于等于），30

$\liminf_{n\to\infty}$（下极限），171

$\limsup_{n\to\infty}$（上极限），171

$\lim_{n\to\infty}$（极限），141

⟹（蕴涵），7

↦（映射成），64

ℂ（复数集），50

ℕ（自然数集），7

$\mathbb{N}_n$（自然数集的真子集），74

ℚ（有理数集），7

ℝ（实数集），7, 39

$\mathbb{R}^2$（二维实数集），50

$\mathbb{R}^k$（欧几里得空间），59

ℤ（整数集），7

| |（绝对值），54

¬（非），8

$\overline{E}$（闭包），102

$\bar{z}$（共轭），53

⊥（矛盾），41

→（映射成），64

\（补集），23

∼（势），72

$\sqrt[n]{\ }$（n 次方根），43

⊂（子集），17

⊆（子集），17

∑（求和符号），6

$\sum_{i=1}^{\infty}$（级数），7, 187

⊃（超集），17

⊇（超集），17

→（极限），141

^{C}（补集），23

E'（所有极限点的集合），102

$N_r(p)$（邻域），88

s^*（上极限），171

s_*（下极限），171

(a,b)（开区间），18

:（映射），64

<（小于），30

>（大于），30

$[a,b]$（闭区间），18

A

阿基米德性质，39

B

半开区间，18

闭包，102

闭集，90

闭区间, 18
闭区间套性质, 118
闭子集, 166
并集, 18
波尔查诺-魏尔斯特拉斯定理, 157
补集, 23
不可数的, 74
不连通, 134, 135
不相交, 18
部分和, 187

C

超集, 17
乘法单位元, 37
乘法的封闭性, 37
乘法交换律, 37
乘法逆元, 37
稠密, 41, 91
稠密集, 91
稠密性, 41
传递性, 72

D

大于, 30
大于等于, 30
戴德金分割, 39
单调递减, 166
单调递增, 166
单调序列, 166
单射, 68
单射函数, 68
等价, 7
等价关系, 72
等于, 17
点, 59, 85
定义域, 64
度量, 85
度量空间, 85
对称性, 72, 85

E

二项式定理, 181

F

发散到无穷大, 169
发散的比较判别法, 191
发散级数, 188
发散序列, 141
反证法, 10
范数, 60
范围, 140, 156
非空集, 16
分离, 133
分离集, 133
分离子集, 134
分两步直接证明, 13
分配律, 37
否命题, 8
复共轭, 53
复合函数, 70
复数, 50
复数集, 50

G

根, 43
共轭, 53
孤立点, 89
归纳步骤, 12
归纳假设, 12
归纳证明, 11

H

海涅-博雷尔定理, 123
函数, 64

J

基本情形, 12
基数, 72
极限, 141
极限点, 89

级数, 7, 187
级数的收敛性, 188
级数项的收敛性, 189
集合, 15
集合族, 16
几何级数, 192, 193
加法单位元, 37
加法的封闭性, 37
加法交换律, 37
加法结合律, 37
加法逆元, 37
夹逼定理, 179
交集, 18
阶乘, 181
紧度量空间, 110
紧集, 108
举反例证明, 9
聚点, 89
距离函数, 85
绝对值, 54

K

k 维格子, 119
k 维向量, 50
k 向量, 50
开覆盖, 107
开集, 92
开球, 88
开区间, 18
康托尔对角线法, 77
康托尔集, 131
柯西-施瓦茨不等式, 56
柯西凝聚判别法, 194
柯西序列, 159
可逆的, 67
可数的, 74
空集, 16
扩张的实数系, 48

L

累积点, 89
连通, 134
连通集, 134
良序原理, 42
邻域, 88

M

满射, 67
满射函数, 67
矛盾, 41

N

内点, 92
内积, 60
逆否命题, 8
逆函数, 67
逆命题, 8

O

欧几里得空间, 60
偶数, 8

P

p 级数, 195

Q

Q.E.D., 14
求和符号, 6
区间, 18

S

三角不等式（度量空间）, 85
三角不等式（复数）, 55
三角不等式（欧几里得空间）, 61
上极限, 171
上界, 31
上取整, 33
上确界, 28, 32
上域, 64

实部, 53

实平面, 59

实数, 7, 39

实完备集, 128

实线, 59

实向量, 152

势, 72

收敛的比较判别法, 191

收敛级数, 187

收敛序列, 141, 174

数乘运算, 59

数量积, 60

双射, 69

顺序, 30

索引, 6

索引集, 16

索引族, 16

T

调和级数, 195

W

完备度量空间, 166

完备集, 95

完备性, 39, 166

完备性公理, 39

无界, 170

无界集, 86

无穷级数, 7, 187

无限集, 15, 76

X

下极限, 171

下界, 31

下确界, 32

线段, 18

相对闭集, 106

相对紧, 110

相对开集, 104

相交, 18

像, 65

向量 **0**, 59

向量加法, 59

向量空间, 59

项, 188

小于, 30

小于等于, 30

虚部, 53

序列, 6, 140

序列边界, 175

Y

一对一, 68

一对一函数, 68

一一对应, 72

映上, 67

映上函数, 67

映射, 64

有界, 140

有界单调序列, 167

有界非负级数, 190

有界集, 86

有理数, 7

有上界, 31

有下界, 31

有限子覆盖, 107

有序集, 30

有序域, 38

域, 37

域公理, 37

元素, 15

原像, 66

Z

真子集, 17

整数, 7

证明逆否命题, 10

值域, 65

直径, 160

至多可数的, 74

自反性, 72

自然数, 7

子集, 17

子序列, 155

子序列极限, 155

子序列极限 *, 174

子域, 53

最大公约数, 82

最大下界, 32

最大值, 30

最小上界, 32

最小上界性, 34

最小值, 30

坐标, 59

版 权 声 明